Vogeltopographie

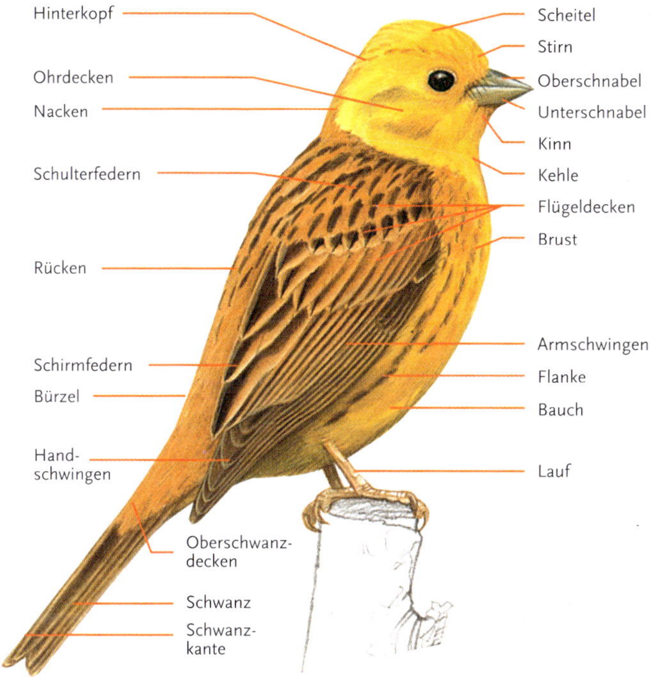

Körperregionen und Gefiederpartien einer Goldammer

Kopfzeichnung eines Sommergoldhähnchens

Detlef Singer

Was fliegt denn da?

Der Fotoband

KOSMOS

Umschlaggestaltung von eStudio Calamar unter Verwendung einer Farbaufnahme von Alfred Limbrunner.
Das Bild zeigt einen Eisvogel.

Das Bild auf den S. 2/3 zeigt einen Steinkauz. Aufnahme Dietmar Nill

Mit 718 Farbfotos von Barthel (1), Adam (6), Angermayer/Schmidt (2), Angermayer/Ziesler (3), Aquila/Reddick (1), Arndt (1), Bender (1), Bethge (1), Bracht (5), Brandl (13), Brossette (5), Buchner (5), Castell (5), Cramm (1), Danegger (18), Delpho (3), Diedrich (20), Diemer (1), Dierker (1), Eichhorn/Zingel (8), Fendrich (2), Fischer (3), Forsman (1), Fünfstück (4), Fürst (4), Fürst/Stahl (7), Giel (1), Gillieron (2), Groß (3), Grüner (13), Halley (1), Hautala (2), Hecker (7), Heinzelmann (1), Hiller (1), Hinz (1), Hlasek (1), Höfer (11), Hofmann (3), Hopf (1), Hortig (5), Hüttenmoser (1), Humperdinck (2), Juniors/Müller (1), Juniors/Rüttinghaus (1), Juniors/Thielscher (1), Keusch (1), Klees (21), König (1), Kujala (1), Kuppel (1), Layer (6), Leo (3), Limbrunner (86), Löhr (1), Löhrl (2), Moosrainer (9), Nill (3), Maier (4), Moosrainer (9), Partsch (7), Pott (17), Pröhl (1), Quedens (14), Reinhard/Angermayer (1), Reinichs (2), Rohdich (4), Schmidt (11), Schrempp (24), Schulz (2), Schulze (9), Schwammberger (8), Siegel (1), Silvestris (6), Silvestris/Arndt (1), Silvestris/Danegger (1), Silvestris/Gerlach (1), Silvestris/Groß (1), Silvestris/Lane (2), Silvestris/Lenz (1), Silvestris/Meyers (1), Silvestris/Schulz (1), Silvestris/Usher (2), Silvestris/Willner (1), Singer (11), Storsberg (1), Synatzschke (15), Swan (1), Swan/Cottridge (1), Thielscher (6), Vogt (2), Vollmer (1),Volmer (8), Walz (12), Weber (2), Wendl (21), Werle (2), Wernicke (30), Willner (1), Wisniewski (8), Wothe (47), Zeininger (99), Ziesler/Angermayer (2), Zimmermann (1),
177 farbige Flugbilder von Michal Skakuj und 69 farbige Ei-Darstellungen von Walter Söllner sowie 46 Schwarzweiß-Zeichnungen von Steffen Walentowitz. Auf den Umschlagklappen 11 Farbzeichnungen von Steffen Walentowitz, 30 Silhouetten von Wolfgang Lang und 5 Schwarzweiß-Zeichnungen von B. Burkart.

Bildnachweis siehe hintere Umschlagklappe

Dieses um 283 Farbfotos ergänzte, neu gestaltete und überarbeitete Buch erschien von 1988-2003 in vier Auflagen unter dem Titel "Die Vögel Mitteleuropas".

Bibliografische Information der Deutschen Bibliothek

Die Deutsche Bibliothek verzeichnet diese Publikation in der Deutschen Nationalbibliografie; detaillierte bibliografische Daten sind im Internet über http://dnb.ddb.de abrufbar.

Gedruckt auf chlorfrei gebleichtem Papier

ISBN 3-440-09810-9
Lektorat: Rainer Gerstle
Produktion: Siegfried Fischer
Gestaltungskonzept: eStudio Calamar
Printed in Italy / Imprimé en Italie

Was fliegt denn da? Der Fotoband

Zum Umgang mit diesem Buch

Im vorliegenden Naturführer sind die Vogelarten beschrieben, die regelmäßig in Mitteleuropa angetroffen werden können, in einem Gebiet also, das außer Deutschland die Beneluxländer, die Schweiz, Österreich, Ungarn, Tschechien, die Slowakei und Polen umfasst. Die Reihenfolge, in der die einzelnen Arten abgebildet und beschrieben sind, folgt der jetzt gültigen systematischen Ordnung; so wird der Leser gleich mit den verwandtschaftlichen Beziehungen in unserer Vogelwelt vertraut gemacht. Diese Systematik ist in den verschiedenen Vogelbüchern jedoch nicht immer identisch, denn sie wurde, wie bei den anderen Tier- und Pflanzengruppen auch, nach der stammesgeschichtlichen Verwandtschaft erstellt; die Abstammung der einzelnen Vogelformen ist in vielen Fällen jedoch noch nicht vollständig bekannt.
Die Farbfotos sind bis auf wenige Ausnahmen in freier Natur aufgenommen und zeigen den Vogel in seinem arttypischen Lebensraum. In der Regel ist das Männchen (♂) im Prachtkleid abgebildet, handelt es sich um das Weibchen (♀) oder ein anderes Kleid, so ist dies im Text vermerkt.
Zusätzliche Farbfotos ergänzen dort die Fotos, wo unterschiedliche Kleider (Weibchen-, Schlicht-, Jugendkleid), typische Flughaltungen oder Farbvarianten wichtige Bestimmungshinweise geben können.

Die in Mitteleuropa vorkommenden Vogelarten sind der Übersichtlichkeit halber in 6 farblich markierte Großgruppen unterteilt:

- Taucher, Sturmvögel, Kormorane, Reiher, Störche, Ibisse, Schwäne, Gänse und Enten
- Greifvögel und Falken
- Hühnervögel, Rallen, Kraniche, Trappen
- Schnepfenvögel, Möwen, Seeschwalben, Alken
- Tauben, Kuckucke, Eulen, Segler, Nachtschwalben, Racken, Spechte
- Singvögel

Zeichen und Abkürzungen

Status: Zu welcher Jahreszeit kann man die einzelnen Arten in Mitteleuropa antreffen:

J Jahresvogel: Vogelart, deren Angehörige kein Zugverhalten zeigen und daher das ganze Jahr über im Brutgebiet verbleiben. Während einige Jahresvögel das ganze Jahr innerhalb der engen Grenzen ihres Reviers verbringen (z. B. Kleiber), streifen andere (z. B. Meisen) in der weiteren Umgebung umher.

S Sommervogel: Vogelart, die Zugverhalten zeigt und nur in den Frühjahrs- und Sommermonaten anzutreffen ist.

Ü Übersommerer: Vogelart, die im Sommer beobachtet werden kann, jedoch nicht im behandelten Gebiet brütet.

W Wintergast, brütet nicht in Mitteleuropa.

(W) Seltener Wintergast

D Durchzügler: Diese Vogelart ist vorwiegend zur Zugzeit anzutreffen.

(D) Seltener Durchzügler

T Teilzieher: Ein Teil der Individuen dieser Vogelarten zieht im Herbst in ein Winterquartier ab, während der andere Teil im Brutgebiet überwintert. Angehörige dieser Arten kann man das ganze Jahr über antreffen, im Winter jedoch oft nur in sehr geringer Zahl (durch „(W)“ gekennzeichnet).

I–XII Römische Ziffern geben die Monate an, in denen die Vogelart im behandelten Gebiet angetroffen werden kann.

♂	Männchen
♀	Weibchen
ad.	adult (erwachsen)
juv.	juvenil (jung)
>	größer als
<	kleiner als
~	ungefähr so groß wie

bei uns: bezieht sich immer auf die Verhältnisse in Deutschland

O brütet nicht in Deutschland

Die Texte

Die Texte der Artbeschreibung enthalten alles Wissenswerte zum Bestimmen und Kennenlernen der verschiedenen Vogelarten in übersichtlicher und leicht verständlicher Form.
Unter dem Stichwort **Typisch** sind die Kennzeichen und Verhaltensweisen angegeben, die die betreffende Vogelart am besten charakterisieren. Das Stichwort **Merkmale** beschreibt in Ergänzung zu den Farbfotos das Aussehen des Vogels und weist – soweit erforderlich – auf das je nach Alter, Jahreszeit, Geschlecht und Farbvariante unterschiedliche Gefieder hin.
Die zur Bestimmung wichtigen Lautäußerungen der Vögel, unterteilt in Rufe und Gesänge, sind unter dem Stichwort **Stimme** erläutert.
Unter **Vorkommen** sind die Lebensraumtypen beschrieben, in denen die Vogelart zur Brutzeit und der übrigen Zeit des Jahres anzutreffen ist.
Das Stichwort **Verhalten** schildert die zum Kennenlernen und Bestimmen wichtigen Verhaltensweisen; es kann auch fehlen; Angaben zum Verhalten finden Sie auch unter anderen Stichwörtern behandelt.
Die arttypische Nahrung des Vogels wird unter dem Stichwort **Nahrung** angegeben.
Unter dem Begriff **Brut** stehen für die Arten, die in Mitteleuropa brüten, Informationen zur Brutzeit, zur Anzahl der Jahresbruten, zum Standort und zum Aussehen des Nestes.

Rote Liste

Rote Listen sind regionale Zusammenstellungen von gefährdeten und verschwundenen Tier- und Pflanzenarten und werden in abgestuften Gefährdungskategorien dargestellt. Sie spiegeln jeweils den Stand der Erkenntnisse über die Gefährdung der einzelnen Arten wider und lassen Rückschlüsse auf die ökologische Vielfalt eines bestimmten Gebiets zu. Rote Listen bilden die Grundlage für den Artenschutz und dienen als Entscheidungshilfen für Bewertungen und Planungen, die den Naturschutz tangieren. Viele mitteleuropäischen Staaten besitzen bereits Rote Listen; in Deutschland werden in regelmäßigen Abständen aktuelle Rote Listen für jedes der Bundesländer erstellt; aus deren Synthese geht jeweils die Rote Liste Deutschland hervor. Wegen der häufigen Aktualisierungen der Roten Listen und deren Vielfalt innerhalb der Länder Mitteleuropas wurde in diesem Buch auf entsprechende Statusangaben bei den Artbeschreibungen verzichtet. Allgemeine Informationen zum Thema Vogelschutz erhalten Sie auf Seite 13.

Die Infoleiste

Die farbig unterlegte Infoleiste am Schluss der Artbeschreibungen informiert auf einen Blick über die ungefähre Größe (im Vergleich mit einer bekannten Art), den Status (Jahresvogel, Teilzieher usw.), den Zeitraum des Aufenthaltes in Mitteleuropa (Monatsangaben in römischen Ziffern) sowie über die Arten, die regelmäßig in Deutschland brüten. Bei den Größenangaben wurde bewusst auf genaue Maße in Zentimeter verzichtet, da man sich z. B. unter 14 cm Vogel – von der Schnabelspitze zum Schwanzende gemessen – meistens nicht allzu viel vorstellen kann. Um sich die Größe eines Vogels vorstellen zu können, sind Angaben zur Gestalt wichtig; gleich groß in cm (14) sind Schwanzmeise und Kleiber, der gedrungene Kleiber wiegt jedoch fast das Dreifache der langschwänzigen und grazilen Schwanzmeise. Statt der cm-Angaben ist zu jeder der beschriebenen Vogelarten das Größenverhältnis zu einer bekannten Vogelart angegeben; die unbekannte Art kann mit dieser „Bezugsart“ verglichen werden, um die Größenabschätzung eines unbekannten Vogels zu erleichtern. Da die Größen der Bezugsarten als bekannt vorausgesetzt werden, stehen bei diesen Arten keine Größenangaben; am entsprechenden Platz in der Infoleiste steht statt dessen „Bezugsart“. Hier die ungefähren Maße der Bezugsarten:

Haussperling	15 cm/30 g
Amsel	25 cm/90 g
Haustaube	33 cm/300 g
Lachmöwe	36 cm/250 g
Rabenkrähe	47 cm/500 g
Mäusebussard	55 cm/800 g
Stockente	58 cm/1200 g
Silbermöwe	60 cm/1100 g

Darüber hinaus dienen noch einige weitere Arten als Bezugsarten (2. Ordnung), zur schnellen Orientierung für bereits Fortgeschrittene gedacht: Haubentaucher, Weißstorch, Graureiher, Graugans, Höckerschwan, Steinadler, Turmfalke, Rebhuhn, Haushuhn, Blässhuhn, Flussseeschwalbe, Mauersegler, Buntspecht, Rauchschwalbe und Star.
In den Infoleisten am Schluß der Bestimmungstexte wird jedoch auf eine der Bezugsarten 1. Ordnung verwiesen. Häufig ist es recht schwierig, die Größe eines gesehenen Vogels abzuschätzen, denn der subjektive Eindruck täuscht oft stark. Einmal hängt er von der Entfernung ab, in der sich der Vogel vom Beobachter befindet; dann beeinflusst die Umgebung des Vogels unsere Fähigkeit zur Größenabschätzung: Ein Uhu beispielsweise, der in einer hohen Felswand sitzt, wirkt klein, eine Amsel in einem kahlen Baum im Winter dagegen groß. Besonders in der Dämmerung und bei Nebel erscheinen uns die Vögel oft bedeutend größer, als sie in Wirklichkeit sind. Auch beim Beobachten durch ein Fernrohr erscheint ein Vogel in der Nähe kleiner als ein gleich großer, der sich weiter hinten befindet.

Was ist für die Bestimmung wichtig?

Das Erkennen von freilebenden Vogelarten ist nicht immer leicht, denn häufig kommt man nicht nah genug heran oder der Vogel ist ständig in Bewegung und von der Vegetation verdeckt; hat man sich endlich näher herangepirscht, fliegt er weg und lässt den Beobachter oft ratlos zurück. In der kurzen Zeit, in der man den Vogel sieht, muss man sich möglichst viele Details über Aussehen und Verhalten einprägen. Je mehr Vogelarten man bereits kennt, desto einfacher ist es, einen unbekannten Vogel richtig zu bestimmen. Es ist also sinnvoll, bereits daheim im Bestimmungsbuch zu blättern und sich vor allem die oben aufgeführten Bezugsarten möglichst genau einzuprägen. Dabei achte man besonders auf

- Größe und Gestalt des Vogels (im Flug: Flügelform und -länge)
- Größe und Form des Schnabels
- Länge und Form des Schwanzes
- Länge der Beine
- auffällige Gefiederkontraste und -färbungen, z. B. Augenstreifen oder Flügelbinden
- besondere Bewegungen und Verhaltensweisen (im Flug: Flügelschlagfrequenz)
- Lautäußerungen
- Lebensraum
- Jahreszeit der Beobachtung

Die Gewichtung der einzelnen „Feldkennzeichen“ kann sehr verschieden sein: so erkennt man Kuckuck und Zilpzalp vorwiegend an ihren Stimmen, den Eisvogel an seiner stahlblauen Oberseitenfärbung oder die Schwanzmeise an ihrer Gestalt (kleiner Vogel mit langem Schwanz). Sind diese typischen Merkmale jedoch nicht wahrzunehmen, so können andere Kennzeichen an Bedeutung gewinnen und zum Ziel der richtigen Diagnose führen. Häufig hilft nur eine Kombination aus mehreren Merkmalen weiter. Doch selbst erfahrene Beobachter haben nicht immer sofort die richtige Antwort parat und gelegentlich bleibt ein Vogel trotz intensiver Bemühungen unbestimmt.

Bestimmungsbeispiel

Um die Bestimmung der Vogelarten mit diesem Naturführer möglichst leicht zu machen, finden Sie auf den Seiten 15–22 einen „Familienschlüssel“: Zu jeder der im Buch behandelten Vogelfamilien ist mindestens eine typische Silhouette abgebildet; zusätzlich informiert ein kurzer Erläuterungstext über die wesentlichen Merkmale dieser Vogelfamilie; die angegebenen Seitenzahlen verweisen auf die entsprechenden Seiten im Bestimmungsteil.

So gehen Sie vor

Ein Beispiel: Sie sehen im November auf einem Parkteich einen schwarzen Vogel schwimmen, der wie ein Huhn mit dem Kopf nickt und ständig mit dem Schwanz zuckt; als er im Uferbewuchs verschwindet, fällt Ihnen der kurze Schwanz mit schneeweißer Unterseite auf. Beim Vergleich der Silhouetten im Familienschlüssel mit dem unbekannten Vogel stoßen sie auf eine Darstellung, die bei der Familie Rallen steht. Jetzt lesen Sie sich den Kurztext durch, um festzustellen, ob Ihre Entscheidung richtig sein kann; Sie finden hier Ihre Beobachtung „hühnerähnlich“ wieder. Nun schlagen Sie die angegebenen Seiten im Bestimmungsteil nach und sehen sich die Fotos der verschiedenen Rallenarten an; Ihre Wahl fällt zunächst auf die beiden einzigen schwarzen Rallen, das Teichhuhn und das Blässhuhn. Mit Hilfe des Artentextes und der Infoleiste überprüfen Sie Ihre Wahl: In den Infoleisten erfahren Sie, dass beide Arten das ganze Jahr über, also auch im Winter, anzutreffen sind und somit grundsätzlich in Frage kommen. Der angegebene Größenvergleich „kleiner als Rebhuhn“ erscheint Ihnen jedoch zutreffender als „kleiner als Stockente“. Unter „Typisch“ finden Sie bei der Artenbeschreibung des Teichhuhns Ihre Beobachtungen bestätigt. Letzte Zweifel werden ausgeräumt, wenn Sie sich auch noch das Stichwort „Merkmale“ durchlesen.

Vogelstimmen

Warum ist die Kenntnis der Vogelstimmen wichtig?

Die inner- und zwischenartliche Verständigung über Lautäußerungen spielt bei den Vögeln eine entscheidende Rolle. Darum ist es kein Wunder, dass gerade die Vögel ein so reichhaltiges Lautrepertoire entwickelt haben. Da die Lautäußerungen in der Regel artspezifisch sind, eignen sie sich sehr gut als Bestimmungshilfen. Ohne die Kenntnis ihrer Stimmen würden wir von der Anwesenheit vieler Vögel gar nichts merken, denn sie halten sich häufig in Gebüsch oder dichten Baumkronen auf, wo sie unseren Blicken verborgen sind. Es gibt nah verwandte Arten, die einander so ähnlich sind, dass man sie nach äußeren Merkmalen im Feld kaum voneinander unterscheiden kann. Glücklicherweise sind die Stimmen dieser „Zwillingsarten“ meist deutlich verschieden, dass wir sie anhand ihrer Rufe und Gesänge oft eindeutig der einen oder der anderen Art zuordnen können. Will man feststellen, wie viele verschiedene Vogelarten in einem bestimmten Waldgebiet leben, ist die Kenntnis der Vogelstimmen unerlässlich, denn mit rein optischen Methoden würde man nur einen Bruchteil der anwesenden Vögel erfassen können. Diese Bestandsaufnahmen (Vogelkartierungen) werden meist sogar vorwiegend akustisch durchgeführt.

Die genaue Kenntnis der Stimmen macht es dem Vogelkundigen nicht nur möglich, die Zusammensetzung der Vogelarten eines Gebietes anzugeben, sondern erlaubt auch Schätzungen zur Bestandsdichte der einzelnen Arten und zur Situation, in der sich ein Vogel gerade befindet: Heftiges Gezeter verrät beispielsweise die Anwesenheit einer Katze oder eines Wiesels (Bodenfeind), ein hohes, gedehntes „zieh" bedeutet, dass die Gefahr diesmal aus der Luft droht (z. B. ein Sperber), langanhaltender Gesang lässt auf einen unverpaarten Junggesellen schließen, und Bettelrufe von Jungvögeln zeugen von einer erfolgreichen Brut.

Vogelstimmen kennen lernen

Am besten nehmen Sie an vogelkundlichen Wanderungen teil, die von den Vogelschutzverbänden und anderen naturkundlichen Vereinigungen angeboten werden. Zusätzlich können Sie sich CDs oder Kassetten mit Vogelstimmen besorgen.

Konzentrieren Sie sich am Anfang auf die Rufe und Gesänge von wenigen und überall häufigen Vogelarten; wenn Sie im Frühjahr damit beginnen, sind die Zugvögel noch nicht zurückgekehrt, die mit ihren vielen unterschiedlichen Gesängen für Verwirrung sorgen können.

Vergleichen Sie einen unbekannten Ruf oder Gesang möglichst mit dem einer bekannten Art, und versuchen Sie, den Klangeindruck verbal auszudrücken, z. B. flötend, orgelnd, kratzend, monoton, melancholisch.

Stellen Sie fest, ob der Gesang deutlich in Strophen untergliedert ist oder mehr kontinuierlich abläuft. Ist er abwechslungsreich, werden Gesangsabschnitte wiederholt, oder besteht er aus der stetigen Wiederholung einer einfachen Strophe?

Versuchen Sie möglichst, den unbekannten Sänger auch zu Gesicht zu bekommen, denn der kombinierte optische und akustische Eindruck prägt sich besonders gut ein.

Rufe und Gesang

Man unterteilt die Lautäußerungen der Vögel ihrer Funktion nach in Rufe und Gesänge. Rufe sind in der Regel kurze Laute, die nicht gelernt werden müssen, sondern zum angeborenen „Stamminventar" gehören. Meist hört man die Rufe das ganze Jahr über, es gibt aber auch Rufe, die nur zu bestimmten Jahreszeiten auftreten, wie der Regenruf des Buchfinken (Brutzeit) oder das „zihdit" der Heckenbraunellen im Herbst. Je nach Funktion lassen sich Lockrufe, Stimmführungsrufe, Warnrufe, Drohrufe oder auch Bettelrufe unterscheiden.

Bis auf ein paar Ausnahmen wird der Gesang nur von den Männchen hervorgebracht. Im Gegensatz zu den Rufen, die man in der Regel das ganze Jahr über hört, ist der Gesang auf bestimmte Jahreszeiten beschränkt. Die Männchen der meisten Singvögel singen im Frühjahr, bei einigen Arten gibt es auch einen ausgeprägten Herbstgesang. Die Gesangsaktivität wird von den Keimdrüsen gesteuert; sie kann im Experiment durch die Gabe von männlichen Hormonen – auch bei Weibchen – ausgelöst werden. Der Gesang ist in der Regel komplizierter aufgebaut als die Rufe; er setzt sich aus Untereinheiten (Elementen bzw. Silben) zusammen, die größere Einheiten (Strophen) aufbauen oder ohne strophige Gliederung kontinuierlich „dahinplätschern". Die meisten Gesänge unserer Singvögel sind in Strophen unterteilt; es gibt Vogelarten mit nur einem Strophentyp, der ständig wiederholt wird, andere wie der Buchfink wechseln jeweils nach einer mehr oder weniger großen Anzahl von Strophen zu einem anderen Strophentyp, den sie wiederum eine Zeit lang singen. Einige gefiederte Meistersänger verfügen über ein erstaunlich großes Gesangsrepertoire; so beherrscht beispielsweise die Nachtigall über 200 unterschiedliche Strophen. Die Heidelerche kommt auf „nur" 100 verschiedene Strophen, die allerdings in einer festgelegten Reihenfolge vorgetragen werden. Die Funktion des Gesanges ist vor allem die akustische Abgrenzung und Verteidigung des Brutreviers; umherstreifende Männchen sollen durch den Gesang davon abgehalten werden, sich in dem besetzten „Grundstück" niederzulassen. Ist der Revierinhaber noch ledig, so dient sein Gesang auch dem Anlocken eines Weibchens. Bei Trauerschnäppern beispielsweise konzentriert sich die Gesangsaktivität vor allem auf die Weibchen; nach erfolgter Verpaarung stellt das Männchen seinen Gesang ein. Da die Männchen vieler Vogelarten auch nach der Verpaarung noch weitersingen, liegt es nahe, dass der Gesang auch eine Rolle bei der Synchronisation des Paares während der Balz spielt. Eine weitere Funktion des Gesanges, die des Paarzusammenhaltens, wurde nur bei wenigen Singvögeln gefunden: Bei den Tannenmeisen singen Männchen und Weibchen das ganze Jahr über, um sich nicht aus den Augen zu verlieren.

Vogelstimmen zu Papier gebracht

Will man eine gehörte Vogelstimme jemand anderem beschreiben, so ist das meist gar nicht so einfach – außer man hat gerade einen Kuckuck gehört oder den „pink"-Ruf eines Buchfinken. Schon bei einfacheren Singvogelgesängen versagen wir oft kläglich, wenn wir versuchen, den Klangeindruck wiederzugeben. Früher versuchte man dieses Problem zu lösen, indem man die Vogelgesänge mit Hilfe der Notenschrift und den entsprechenden Zeichen aus der Musik niederschrieb. Das führte natürlich dazu, dass die Stimmen der verschiedenen Vogelarten aufgrund des subjektiven Klangeindruckes jeweils anders beschrieben wurden.
Auch heute noch findet man in den meisten Vogelbestimmungsbüchern – auch im vorliegenden – die Umsetzung der Vogellaute in unsere Schrift, beispielsweise „zizi-bä" für den Gesang der Kohlmeise. Da diese Methode jedoch noch keinen Klangeindruck vermitteln kann, sind zusätzliche Umschreibungen wie flötend, orgelnd, klappernd oder ähnlich durchaus sinnvoll. Die Wiedergabe von Vogellauten in Worten kann jedoch keine so exakten Ergebnisse liefern, wie sie die Wissenschaft der Tierstimmenforschung (Bioakustik) fordert. Dies wurde erst mit der Einführung des Magnettonbandes und des Klangspektrographen (Sonagraphen) möglich. Der Sonagraph zeichnet mit rein physikalischen Mitteln Schallereignisse auf Papier auf und macht sie dadurch nicht nur unvergänglich, sondern auch objektivierbar. Die Aufzeichnung – auf einem speziell beschichteten Papier – wird als Sonagramm bezeichnet und wie unsere Schrift von links nach rechts gelesen. Auf einem Standardsonagramm sind die Schallereignisse von genau 2,5 Sekunden aufgezeichnet, es gibt jedoch auch Geräte, die „Endlossonagramme" liefern. Senkrecht zur horizontal verlaufenden Zeitachse (2,5 Sekunden) ist die Tonhöhe als Frequenz aufgezeichnet; der Sonagraph analysiert also die Schallereignisse nach ihrer Tonhöhe; tiefe Töne mit niedrigen Frequenzen sind unten, nahe der Basislinie, aufgezeichnet, höhere Töne entsprechend höher. Auf dem Sonagramm sieht man exakt den Verlauf der Tonhöhe und die Zahl der Einzellaute pro Zeiteinheit. Im Gegensatz zur Notendarstellung sind auch die Unter- und Obertöne dargestellt. Die Intensität des Tones – die Lautstärke – wird durch den Grad der Schwärzung sichtbar gemacht. Mit Hilfe des Sonagraphen ist es heute möglich, detaillierte Untersuchungen zu Fragen der Individualentwicklung von Lautäußerungen, zum akustischen Lernverhalten und zur Ausbildung von Dialekten anzustellen.

Bau und Funktion des Stimmorgans

Während bei den anderen Wirbeltieren und natürlich auch bei uns Menschen die Laute im Kehlkopf entstehen, haben die Vögel ein spezielles Stimmorgan im Brustraum entwickelt, die Syrinx. An der Stelle, an der sich die Luftröhre in die beiden Stammbronchien gabelt, sind zwischen den Knorpelringen zwei membranartige Häutchen aufgespannt, die durch den Strom der Atemluft in Schwingung gebracht werden. Bei den einzelnen Vogelgruppen ist die Ausprägung dieser schwingenden Häutchen (äußere und innere Syrinxmembran) verschieden. Offensichtlich können sie bei den Singvögeln unabhängig voneinander schwingen, denn es entstehen manchmal auch verschiedene Töne zur gleichen Zeit, die nicht zueinander harmonisch sind.
Die Syrinxmuskeln, also die Muskeln, die an den Membranen ansetzen, sind ebenfalls bei den einzelnen Vogelgruppen in unterschiedlicher Art und Weise ausgebildet. Die echten Singvögel sind dadurch charakterisiert, dass sie 4–9

Paar dieser Singmuskeln besitzen, während die übrigen Sperlingsvögel deren nur 3 Paar haben. Diese spezielle Muskulatur hat bei den Singvögeln eine große Bedeutung für die Variationsfähigkeit ihrer Stimmen und damit für deren außergewöhnliche Gesangsleistungen. Tatsächlich hat man herausgefunden, dass die Syrinxmuskeln bei den Gesangsvirtuosen wie Nachtigall, Sprosser, Drosseln und Lerchen wirklich auch am besten ausgebildet sind. Andererseits sind einige „Nichtsingvögel“ mit ihrem wesentlich weniger hoch entwickelten Stimmorgan den zu den Singvögeln zählenden Krähen gesanglich deutlich überlegen.

Die Ausrüstung des Vogelbeobachters

Ein gutes Fernglas ist wohl der wichtigste Ausrüstungsgegenstand des Vogelbeobachters. Das Glas sollte nicht zu schwer sein und einfach und schnell in der Handhabung. Damit es nicht gleich beim ersten Hinfallen kaputt ist, ist eine schützende Gummiarmierung sinnvoll. Erfahrungsgemäß haben sich Vergrößerungen von 8–10 mal in der Praxis am besten bewährt; die am häufigsten angebotenen Modelle sind 8 x 30, 8 x 40, 10 x 40 und 10 x 50. Man sieht bei 10facher Vergrößerung nicht unbedingt mehr als bei 8facher, denn je stärker die Vergrößerung, desto lichtschwächer wird die Optik, und desto stärker ist die Gefahr des „Verzitterns“. Im Fachhandel werden gute 8- oder 10fache Ferngläser zwischen rund 50 € und über 500 € angeboten. Die Entscheidung für ein Fabrikat wird wohl hauptsächlich von der Kapazität des Geldbeutels bestimmt. Bei billigeren Gläsern sollte man unbedingt mehrere gleiche Exemplare testen, um herauszufinden, mit welchem Glas man am besten zurechtkommt, denn die Justierung zeigt oft erhebliche Unterschiede. Bei einem 500-€-Fernglas ist dieser Test sicher nicht notwendig.

Um längere Entfernungen überbrücken zu können, beispielsweise bei der Beobachtung von Wasservögeln, empfiehlt sich die Verwendung eines Fernrohres. Die gebräuchlichsten Vergrößerungen liegen hier bei 25- bis 40fach, es gibt auch 80-, 100fach und noch stärker vergrößernde Fernrohre, die normalerweise für astronomische Zwecke eingesetzt werden – entsprechend hoch sind natürlich auch die Preise! Beim Kauf eines Fernrohres sollte man vor allem auf Schärfe und Lichtstärke achten, denn was nützt eine 60fache Vergrößerung, wenn die Helligkeit des Bildes bei bewölktem Himmel bereits nicht mehr ausreichend ist. Da das Erinnerungsvermögen bekanntlich seine Grenzen hat, ist es immer sinnvoll, ein Notizbuch mitzuführen, in das man seine Beobachtungen einträgt, denn die sind oft schon nach ein paar Stunden vergessen. Wichtig sind Ort, Lebensraum, Zeit und nähere Umstände der Beobachtung; bei unsicherer Artbestimmung sollte man möglichst viele Merkmale der gesehenen Vogelart notieren – neben den Feldkennzeichen auch Verhalten und Stimme – und zur Verdeutlichung eine Skizze anfertigen; damit ist es möglich, daheim in Ruhe seine Beobachtungen mit Beschreibungen und Abbildungen in Büchern zu vergleichen; in vielen Fällen wird man auf den Namen der gesehenen Vogelart kommen. Doch es bleiben auch bei sehr erfahrenen Vogelbeobachtern häufig noch Fragen offen, das liegt einfach in der Natur der Sache und sollte keinem den Spaß an der Vogelbeobachtung verderben.

Vogelschutz

Bei dem Schlagwort Vogelschutz denken die meisten Menschen an die Fütterung Not leidender Vögel oder an das Aufhängen von Vogelnistkästen. In der Tat ist diese klassische Art von Vogelschutz sehr populär und wird oft mit großem finanziellen Aufwand durchgeführt. Für die Erhaltung einer artenreichen Vogelwelt reichen diese Maßnahmen jedoch leider nicht aus. Denn Vogelschutz ist nur dann sinnvoll, wenn gleichzeitig der artgemäße Lebensraum für die Vogelwelt erhalten wird. Denn was nützt es, wenn beispielsweise Meisen in einem aufgehängten Nistkasten zur Brut schreiten, deren Junge aber verhungern müssen, weil es an Insekten, der natürlichen Jungennahrung, fehlt.

Um den Rückgang einer Vogelart zu verstehen und um sinnvolle Hilfe leisten zu können, ist es notwendig, sich eingehend mit den Lebensbedürfnissen dieser Art zu beschäftigen, also mit Biotopansprüchen, Lebensweise und Verhalten des Vogels. Am Beispiel zweier waldbewohnender Vogelarten, dem Auerhuhn und dem Buchfink, soll einmal verdeutlicht werden, wie unterschiedlich die Ansprüche an den Lebensraum sein können:

Das Auerhuhn, ein typischer Großvogel des aufgelockerten Nadelwaldes, stellt sehr hohe Ansprüche: Der Wald muss naturnah und lückig sein, der Abstand zwischen den einzelnen Bäumen darf nicht zu gering sein, damit die großen Hühner auf der Flucht zwischen den Stämmen hindurchfliegen können; außerdem ist eine reichhaltige Bodenvegetation mit Heidelbeere, verschiedenen Moosen und anderen Pflanzen für Deckung und Ernährung notwendig, weiterhin viel Totholz, alte Bäume mit starken Seitenästen für die Baumbalz der Hähne, kleine Moorflächen oder Lichtungen, ferner offene Bodenstellen, an denen die Hühner kleine Steinchen aufnehmen können, und schließlich Ameisenhaufen für die Kükenernährung. Es liegt nahe, dass eine Landschaft, in der lebensfähige Bestände des Auerhuhns vorkommen, von hohem ökologischen Wert sein muss; das Auerhuhn hat somit „Indikatorfunktion" für die Qualität eines Waldbiotops, d. h., wo das Auerhuhn leben kann, sind die Bedingungen für eine Vielzahl von – meist bedrohten – Pflanzen- und Tierarten ebenfalls günstig.

Der Buchfink dagegen kommt bei uns in jeder Art von Wald vor, im monotonen Fichtenstangenwald genauso wie im gut strukturierten Laub- oder Mischwald, selbst in Parks oder mit Bäumen bestandenen Gärten. Dieser Singvogel stellt keine besonderen Ansprüche an den Lebensraum, ihm genügt es, wenn nur ein paar höhere Bäume vorhanden sind. Sein Wert als Indikatorart ist dementsprechend gering.

Die beiden Beispiele stellen natürlich Extreme dar, denn nur wenige Vogelarten sind in ihren Biotopansprüchen so anspruchslos wie der Buchfink, beziehungsweise so anspruchsvoll wie das Auerhuhn. Es versteht sich von selbst, dass es einfacher ist, den Buchfinken zu schützen als das Auerhuhn!

Das Auerhuhn ist bezüglich seiner Biotopansprüche und der Ursachen für den katastrophalen Rückgang inzwischen ausreichend erforscht; man weiß also ziemlich genau, warum dieser Großvogel bei uns im Aussterben begriffen ist. Aus diesem Wissen heraus ist es möglich, sinnvolle Schutzmaßnahmen zu ergreifen. Andere bedrohte Arten sind in dieser Hinsicht noch nicht so gut erforscht, ein Schutzkonzept zu erstellen ist bei diesen Arten erheblich schwieriger – was man nicht kennt, kann man auch nicht schützen!

Bis vor einigen Jahren konzentrierten sich die Bemühungen der Vogelschützer auf die Vogelarten, die spezielle Lebensraumansprüche haben und daher besonders gefährdet sind, wie beispielsweise das Auerhuhn; heute sind es auch die vor kurzem noch häufigen Arten, deren Bestände in den letzten Jahren in besorgniserregender Weise zurückgegangen sind. Es sind also nicht nur ein paar „Spezialisten" gefährdet, sondern unsere Vogelwelt insgesamt ist bedroht. Allein durch das fortschreitende Waldsterben droht ein großer Teil unserer Vogelarten heimatlos zu werden (z. B. viele Singvögel, Spechte, die meisten Eulen und Greifvögel). Von diesem großen Sterben sind natürlich nicht nur Vögel betroffen, sondern auch Säugetiere, Amphibien, Reptilien und Insekten. Ökologisches Gleichgewicht – unsere Lebensgrundlage – ist nur durch die Vielzahl der Pflanzen- und Tierarten gewährleistet; der Verlust jeder einzelnen Art schwächt das Gesamtsystem.

Es reicht nicht, wenn sich nur die Biologen und Naturschützer über die besorgniserregende Situation unserer Vögel und der übrigen frei lebenden Tiere im Klaren sind. Wichtig ist, dass dieses Bewusstsein in allen Behörden und Gremien Einzug hält, die in irgendeiner Weise mit der Landschaftsplanung befasst sind. Der wichtigste Schritt zum schonenden Umgang mit der Natur ist die Vermittlung von biologischem Allgemeinwissen, denn allzu oft sind hier die Kenntnisse sehr gering. Der zweite Schritt besteht in der Erstellung von wissenschaftlichem Datenmaterial, das die Schutzbedürftigkeit von Tierarten bzw. -gruppen in einem bestimmten Gebiet dokumentiert. Ohne derartige Fachgutachten ist es oft sehr schwer, die mit der Planung beauftragten Behörden von zerstörerischen Eingriffen in der freien Natur abzuhalten. Gerade der Hobbyornithologe kann durch Freilandstudien, die er veröffentlicht, einen wichtigen Beitrag zum Vogel- und Naturschutz leisten.

Sehr wünschenswert wäre es, wenn er in seiner Umgebung Aufklärungsarbeit leistet und für den Gedanken des Vogelschutzes wirbt, eventuell Vorträge hält und dadurch andere auf die Notwendigkeit des rücksichtsvollen Umgangs mit Natur aufmerksam macht.

Als weiteres Betätigungsfeld für den Vogelinteressierten bieten sich praktische Artenschutzmaßnahmen an, wie die Horstbewachung der vom Aussterben bedrohten Vogelarten wie Kranich, Seeadler oder Wanderfalke. Er kann sich bei Aktionen beteiligen, die Nistplätze für Eisvögel oder Wasseramseln schaffen oder ähnliche Vorhaben unterstützen.

Da ein Verband wesentlich mehr erreichen kann als eine Privatperson, sollte jeder Vogelbeobachter einem Vogel- bzw. Artenschutzverband (siehe S. 68) beitreten, denn dort kann er seine geplanten Aktionen zusammen mit anderen am besten in die Tat umsetzen. Mitgliederstarke Artenschutzverbände haben heute die Möglichkeit, naturzerstörerische Vorhaben zu Fall zu bringen oder zumindest die negativen Auswirkungen der Eingriffe erheblich zu verringern. Je mehr Menschen in Naturschutzverbänden organisiert sind, desto größeres Gewicht erhält der Naturschutzgedanke in der Politik.

Zum Schluss noch ein Wort zum Thema Vogelfotografie. Dieses schöne Hobby, das sehr viel Freude bereiten kann, erfordert ein hohes Maß an Verantwortungsbewusstsein, damit Störungen der frei lebenden Tierwelt auf ein absolutes Mindestmaß beschränkt bleiben. Fotografie am Nest oder in Nestnähe sollte grundsätzlich tabu sein. Es gibt heute eine Fülle von guten Nestfotos nahezu jeder Vogelart, so dass kein Bedarf an neuen Nestfotos besteht. Die wenigen Nestfotos im vorliegenden Naturführer sind Dokumente aus altem Archivmaterial. Der Ehrgeiz des Vogelfotografen sollte darin bestehen, eine Vogelart in ihrem typischen Lebensraum ins Bild zu setzen, und zwar so ungestört, dass sie ihr natürliches Verhalten zeigt, denn das hat auch wissenschaftlichen Wert.

Familienschlüssel

Die Vogelfamilien, von denen mindestens eine Art in Mitteleuropa vorkommt:

Seetaucher (Gaviidae): Ungefähr gänsegroße, schlanke Tauchvögel mit spitzem Schnabel und weit hinten eingelenkten Füßen mit Schwimmhäuten; liegen tief im Wasser, tauchen ausdauernd. Wirken im Flug durch den gesenkten Hals etwas „buckelig". Die Jungen sind einfarbig dunkel. ______ S. 72

Lappentaucher (Podicipedidae): Ungefähr entengroße Tauchvögel mit schlankem, spitzem Schnabel; Füße weit hinten eingelenkt, mit Schwimmlappen an den Zehen (Name!). Wirken schwanzlos. Fliegen selten; tauchen häufig. Junge mit auffällig gestreiftem Dunenkleid. ______ S. 74

Sturmvögel (Procellariidae): Hochseevögel mit langen, schmalen und meist steif gehaltenen Flügeln; sehr elegante Flieger. Nasenöffnung röhrenförmig verlängert. Nur 1 Art in Mitteleuropa (Eissturmvogel), erinnert an eine Möwe. ______ S. 78

Kormorane (Phalacrocoracidae): Große, dunkle Wasservögel; Schnabel mit hakenartig nach unten gebogener Spitze. Ernähren sich von Fischen; sitzen oft mit ausgebreiteten Schwingen, um das Gefieder zu trocknen. Erinnern schwimmend etwas an Seetaucher ______ S. 79

Reiher (Ardeidae): Mittelgroße bis große Stelzvogel mit langen Beinen und langem Hals; Schnabel mittellang, spitz. Verharren oft regungslos in Lauerstellung. Fliegen mit S-förmig gekrümmtem Hals und an die Schultern zurückgezogenem Kopf. Feuchtlandbewohner. ______ S. 80

Ibisse (Threskiornithidae): An Störche erinnernde Stelzvögel, aber mit langem, gebogenem (nicht in Mitteleuropa) oder mit löffelförmig abgeplattetem Schnabel. Fliegen wie Störche mit lang ausgestrecktem Hals. ______ S. 87

Störche (Ciconiidae): Große Stelzvögel mit langen Beinen, langem Hals und langem, geradem Schnabel. Schreiten „majestätisch“; im Flug wird der Hals lang ausgestreckt; ausdauernde Segelflieger. ______ S. 88

Entenvögel (Anatidae): Kleine bis sehr große Wasservögel mit kurzen Beinen und Schwimmhäuten zwischen den Vorderzehen. **Schwäne** (S. 90): Sehr große Schwimmvögel mit langem, schlankem Hals; in Europa weiß. **Gänse** (S. 93): Große Wasservögel mit langem, dickem Hals, die hauptsächlich an Land Nahrung suchen; Geschlechter gleich gefärbt. **Halbgänse** (S. 99); Merkmale von Enten und von Gänsen (Brandgans). **Schwimmenten** (S. 100): Meist mit einem auffälligen Flügelspiegel; tauchen nur ausnahmsweise, „gründeln“ im Wasser; fliegen ohne „Anlauf“ auf. **Tauchenten** (S. 107): Ohne auffälligen Flügelspiegel; tauchen oft bei der Nahrungssuche; rennen beim Abflug über das Wasser. **Säger** (S. 117): Schlanker Schnabel, an der Spitze mit Haken und an den Rändern mit Hornzähnchen besetzt; Gestalt lang gestreckter als bei Enten.

Fischadler (Pandionidae): Gut bussardgroßer, unterseits heller Greifvogel mit langen, schmalen, oft gewinkelt gehaltenen Flügeln; meist an Seen und Flüssen anzutreffen. ______ S. 124

Habichtartige (Accipitridae): Kleine bis sehr große Greifvögel, die ihre Beutetiere (meist Wirbeltiere) mit den Fängen greifen und töten; Schnabel kräftig, an der Spitze nach unten gebogen. ______ S. 125

Falken (Falconidae): Kleine bis mittelgroße Vögel mit langen, spitzen Flügeln; Kopf rund mit großen dunklen Augen; fliegen schnell und gewandt, meist mit flachen Flügelschlägen; die Beute wird mit dem Schnabel getötet. ______ S. 142

Raufußhühner (Tetraonidae): Mittelgroße bis sehr große Bodenvögel, deren Läufe und Füße befiedert sind; kein auffällig langer Schwanz. Viele Arten sind Waldbewohner. ______ S. 150

Glattfußhühner (Phasianidae): Kleine bis mittelgroße Hühner mit unbefiederten Läufen; Schwanz kurz (Rebhuhn, Steinhuhn, Wachtel) oder sehr lang (Fasan). Leben in offener Landschaft bzw. im Gebirge. ______ S. 154

Rallen (Rallidae): Kleine bis mittelgroße, an Hühner erinnernde Bodenvögel mit seitlich zusammengedrücktem Körper und oft langen Zehen; viele Arten sind scheue Sumpfbewohner, die man kaum zu Gesicht bekommt. Das Blässhuhn ist ein wenig scheuer Wasservogel. ____________________ S. 157

Blässhuhn   Wasserralle

Trappen (Otididae): Mittelgroße bis sehr große, kräftige Bodenvögel, die in Steppen oder Kultursteppen leben; ♂ meist viel größer als das ♀. __________ S. 163

Kraniche (Gruidae): Sehr große, an Reiher oder Störche erinnernde Bodenvögel mit langem Hals und langen Beinen; der Schnabel ist jedoch kurz. Im Flug (oft in V-Formation) sind Hals und Beine ausgestreckt. Bezeichnende, laut trompetende Stimme. ___ S. 164

Austernfischer (Haematopodidae): Mittelgroße, schwarzweiße Strandvögel mit lauten Rufen und langem, rotem Schnabel. ____________________ S. 168

Triele (Burhinidae): Große, kräftige Watvögel mit langen, stämmigen Beinen, starkem Schnabel und großen Augen; Gefieder tarnfarben; vorwiegend dämmerungs- und nachtaktiv. ____________________ S. 169

Stelzenläufer (Recurvirostridae): Mittelgroße, bei uns schwarzweiß gefärbte Watvögel mit langen bis sehr langen Beinen und langem Hals; viel schlanker und langbeiniger als Austernfischer. ______________ S. 170

Regenpfeifer (Charadriidae): Relativ gedrungene, kleine bis mittelgroße Watvögel mit großen Augen und ziemlich kurzem, kräftigem Schnabel: suchen vor allem pickend nach Nahrung. ______________ S. 172

Schnepfenvögel (Scolopacidae): Kleine bis große Watvögel, meist mit langen Beinen und langem (auch nach unten gebogenem) Schnabel; in der Regel Bewohner von Küsten oder Feuchtgebieten. Nahrungssuche vorwiegend stochernd. ______________ S. 179

Wasserläufer   Strandläufer

Raubmöwen (Stercorariidae): Große, meist dunkel gefärbte Seevögel, die im Flugbild an Möwen oder Greifvögel erinnern: Flügel schmal und meist gewinkelt gehalten. Jungvögel ohne Schwanzspieße, schwer bestimmbar. ____________________ S. 201

Möwen (Laridae): Schlanke, langflügelige Seevögel (einige Arten auch im Binnenland) mit überwiegend weißem oder grauem Federkleid; einige Arten mit dunklem Mantel, dunkler Gesichtsmaske oder schwarzen Flügelspitzen. ______ S. 203

Seeschwalben (Sternidae): Schlanker, graziler und kurzbeiniger als Möwen, viele Arten weiß mit schwarzer Kappe; Schnabel meist schlank und spitz. Nahrungssuche häufig rüttelnd und sturztauchend; schwimmen im Gegensatz zu Möwen nur selten. ______ S. 210

Alken (Alcidae); Kurzhalsige Meeresvögel mit weit hinten eingelenkten Beinen, kurzen, schmalen Flügeln und spitzen Schnäbeln; geschickte Taucher, die an Land aufrecht sitzen. Gesellig. ______ S. 218

Tauben (Columbidae): Kleine bis mittelgroße, kleinköpfige Vögel von rundlicher Statur. Nahrungssuche vor allem auf dem Boden; Flug oft reißend. Typische gurrende Stimme. ______ S. 224

Kuckucke (Cuculidae): Schlanke und langschwänzige Vögel mit 2 nach vorne und 2 nach hinten gerichteten Zehen. Das Flugbild des Kuckucks erinnert etwas an das des Sperbers. Die Jungen sperren wie junge Singvögel. Typische Stimme. ______ S. 229

Eulen (Strigidae): Meist dämmerungs- und nachtaktive Jäger mit großen, nach vorne gerichteten Augen; Schnabel gebogen, zeigt nach unten; Krallen kräftig und spitz. Gesichtsschleier aus kranzförmig angeordneten Federn. Einige Arten mit deutlichen Federohren. Flug geräuschlos. ______ S. 230

Schleiereulen (Tytonidae): Helle, langbeinige Eulen mit herzförmigem Gesichtsschleier und relativ kleinen, dunklen Augen; Flügelunterseite im Flug auffallend hell. ______ S. 239

Segler (Apodidae): Größer als Schwalben, aber im Flugbild ähnlich; Flügel lang und sichelförmig, Schwanz kurz; Gefieder schwärzlich. Fliegt reißend schnell; nur selten sitzend zu sehen. ______ S. 240

Nachtschwalben (Caprimulgidae): Dämmerungs- und nachtaktive Insektenjäger mit langen, schmalen Flügeln und langem Schwanz; Augen groß und dunkel, Schnabel klein; Gefieder rindenfarbig. Sitzen am Tage bewegungslos am Boden oder in Längsrichtung auf einem Ast. ______ S. 242

Eisvögel (Alcedinidae): Auffällig gefärbte Vögel mit großem Kopf, langem, kräftigem Schnabel und kurzen Beinen. In Europa nur eine Art (sperlingsgroß), die sich von Fischen ernährt und in selbst gegrabenen Höhlen an Steilufern brütet. ______ S. 243

Spinte (Meropidae): Schlanke, auffällig gefärbte Luftjäger mit spitzem, etwas nach unten gebogenem Schnabel. Flug schwalbenähnlich, gleiten oft mit ausgebreiteten Flügeln. In Europa nur eine Art. ______ S. 244

Racken (Coraciidae): Lebhaft gefärbte Vögel mit an Häher erinnernder Gestalt; Schnabel kräftig. Jagt nach Würgerart von einer Warte aus Insekten. In Europa nur eine Art. ______ S. 245

Wiedehopfe (Upupidae): Durch die große, aufrichtbare Federhaube, den dünnen, gebogenen Schnabel und die auffälligen, schwarzweiß quer gebänderten Schwingen unverkennbar. Nur eine Art. ______ S. 246

Spechte (Picidae): Kleine bis mittelgroße, baumbewohnende Vögel mit kräftigem Meißelschnabel und steifen Schwanzfedern als Stützorgan. Zur Brutzeit trommeln Spechte häufig auf dürren Ästen. Eine Art, der Wendehals, ist rindenartig gefärbt, ohne spechttypisches Verhalten. ______ S. 247

Lerchen (Alaudidae): Vorwiegend gestreifte, bräunliche Singvögel, die hauptsächlich auf dem Boden leben; die Geschlechter sind in der Regel gleich; auffallende, zum Teil sehr wohltönende Gesänge. ______ S. 260

Schwalben (Hirundinidae): Schlanke und anmutige kleine Singvögel mit langen, spitzen Flügeln, die im Luftraum nach Insekten jagen; Schnabel und Füße klein. ______ S. 264

Pieper und Stelzen (Motacillidae): Vorwiegend bodenlebende Singvögel, die geschickt laufen und rennen (nicht hüpfen). **Stelzen** mit langem bis sehr langem Schwanz und langen Beinen. **Pieper** mit normaler Schwanzlänge, unauffällig braunstreifigem Gefieder und weißen Schwanzkanten; auffällige Singflüge. ______ S. 268

Seidenschwänze (Bombycillidae): Sehr gesellige Vögel, die in Gestalt und Flugbild an Stare erinnern und aus der Entfernung einheitlich braungrau aussehen; auffällige, aufrichtbare Federhaube. 1 Art, die nur im Winter bei uns anzutreffen ist. ________ S. 275

Wasseramseln (Cinclidae): Starengroße Singvögel von gedrungener, zaunkönigsartiger Gestalt. Brüten an fließenden Gewässern und suchen ihre Nahrung vorwiegend tauchend; knicksen häufig. In Europa nur 1 Art. ________ S. 276

Zaunkönige (Troglodytidae): Kleine, bräunliche, Insekten fressende Singvögel mit oft steil aufgerichtetem, fein quer gebändertem Schwanz; auffallende Rufe und Gesänge. In Europa nur 1 Art. ________ S. 277

Braunellen (Prunellidae): Unauffällige Singvögel, die stark an Sperlinge erinnern, aber mit schlankem und spitzem Schnabel. In Europa 2 Arten, davon eine nur im Hochgebirge. ________ S. 278

Drosseln (Turdidae): Kleine bis mittelgroße Singvögel mit relativ langen Beinen und schlanken Insektenfresserschnäbeln; oft auffallend wohltönende Stimmen; Nahrungssuche meist am Boden. Man unterscheidet: **Erdsänger**, wie Rotkehlchen und Nachtigall (S. 280), **Rotschwänze** (S. 284), **Wiesenschmätzer** (S. 286), **Steinschmätzer** (S. 288), **Steinmerlen** (S. 289) **Drosseln** ________ (S. 290).

Drossel

Steinschmätzer

Schnäpper (Muscicapidae): Kleine, nah mit Drosseln verwandte Singvögel, die meist aufrecht auf einer Warte stehen und von dort aus Jagd auf vorbei fliegende Insekten machen. Schnäpper brüten in Höhlen und Halbhöhlen, der Grauschnäpper oft auch an Gebäuden. In Europa 4 Arten. ____ S. 296

Fliegenschnäpper

Rotschwanz

Zweigsänger (Sylviidae): Kleine, meist unscheinbar gefärbte, Insekten fressende Singvögel mit schlanken Schnäbeln; viele Arten sind schwer zu bestimmen. Man unterscheidet: **Rohrsänger** (auch Schwirle, Seidensänger, Spötter; (S. 300), **Grasmücken** (S. 307), **Laubsänger** ________ (S. 312).

Rohrsänger

Laubsänger

Grasmücke

Goldhähnchen (Regulidae): Sehr kleine, zarte Insektenfresser mit olivgrünem Gefieder und auffallender Scheitelzeichnung; leben vorwiegend in Nadelbäumen. In Europa 2 Arten. ________ S. 316

Timalien (Timaliidae): Schilfbestände oder dichtes Gebüsch bewohnende Singvögel mit langen, abgerundeten Schwänzen; bauen napfförmige Nester. Typisch sind der geradlinig schwirrende Flug und die nasalen Rufe. In Europa nur 1 Art. S. 318

Schwanzmeisen (Aegithalidae): Kleine, Insekten fressende Singvögel mit sehr langem Schwanz und auffallend kurzem Schnabel; turnen geschickt an dünnen Zweigen außerhalb der Brutzeit in Trupps. In Europa 1 Art. S. 319

Meisen (Paridae); Kleine, rundliche Singvögel mit kurzem Schnabel, die geschickt im Gezweig umherturnen; brüten in Höhlen. Im Winter vielfach in gemischten Trupps. S. 320

Kleiber (Sittidae): Kleine, gedrungene Singvögel mit starkem, spechtartigem Schnabel und kurzem Schwanz; mit den kräftigen Füßen klettern sie geschickt auf- und abwärts an Baumstämmen. In Europa 4 Arten. S. 326

Mauerläufer (Tichodromadidae): Sperlingsgroße Singvögel mit langem, dünnem, abwärts gebogenem Schnabel: rundliche Flügel mit auffallender roter Zeichnung und weißen Flecken. Weltweit nur 1 Art, die im Hochgebirge lebt. S. 327

Baumläufer (Certhiidae): Kleine Singvögel mit schlankem, gebogenem Schnabel und baumrindenfarbenem Gefieder; klettern an Baumstämmen hoch. In Europa 2 Arten, die sich sehr ähnlich sehen. S. 328

Beutelmeisen (Remizidae): Kleine, mit Meisen nah verwandte Singvögel mit spitzem Schnabel. In Europa 1 Art, die an ihrer schwarzen Augenmaske und dem braunen Rücken leicht zu erkennen ist; baut sehr kunstvoll Nester. S. 330

Pirole (Oriolidae): Drosselgroße Singvögel, deren Männchen bei den meisten Arten auffällig gelb gefärbt sind. Pirole leben hauptsächlich in Afrika und Südasien; in Europa nur 1 Art. S. 331

Würger (Laniide): Größere Singvögel mit auffälligem Gefieder und hakenförmig gebogener Schnabelspitze; Verhalten greifvogelähnlich; Wartenjäger. Würger spießen bei Nahrungsüberschuss häufig Beutetiere auf Dornen auf oder klemmen sie in Astgabeln ein. S. 332

Krähenvögel (Corvidae): Weitaus die größten Singvögel, kräftiger Schnabel; Gefieder meist schwarz; Stimme meist rau, kein lauter Gesang, jedoch oft gut entwickeltes Nachahmungsvermögen. S. 336

Stare (Sturnidae): Knapp drosselgroße Vögel mit langem, spitzem Schnabel und kurzem Schwanz; suchen in wackelndem Gang (nicht hüpfend) auf dem Boden Nahrung; sehr gesellig, lebhaft und oft lärmend. S. 344

Sperlinge (Passeridae): Meist schlicht gefärbte, kräftige Singvögel mit finkenartigem Kegelschnabel; vielfach sehr gesellig und lärmend. In Mitteleuropa 3 Arten (eine ausgestorben), davon eine (Schneesperling) nur im Hochgebirge. S. 345

Finken (Fringillidae): Typische Körnerfresser mit kleinem, spitzem bis großem, klobigem Schnabel; Gefieder häufig mit auffallenden Farben, Weibchen meist schlichter gefärbt; viele verschiedene Arten. S. 348

Ammern (Emberizidae): Finkenähnliche, ziemlich lang gestreckte Singvögel mit relativ kurzem und dickem Schnabel, ernähren sich hauptsächlich von Körnern. ♂ sind meist auffallender gefärbt als ♀. Lebensraum häufig offene Landschaft mit Büschen und Bäumen. S. 362

Eier und Gelege

Geschlechtliche Fortpflanzung im Tierreich ist nicht möglich ohne das Ei, eine abgeschlossene Kapsel, in der alles enthalten ist, was das werdende Individuum zu seiner Entwicklung benötigt. Nur Vogeleier sind mit einer harten Kalkschale umgeben.
Vogeleier müssen nicht unbedingt die typische Eiform (Hühnerei) aufweisen: Fast kugelförmig sind beispielsweise Euleneier, elliptisch geformt die Eier des Mauerseglers. Einen auffallend spitzen Pol weisen die kreiselförmigen Lummeneier auf. Das Ei liegt auf einem schmalen Felssims und würde, wenn es „richtig" eiförmig wäre, leicht vom Felsen rollen; durch seine besondere Form kann es sich jedoch nur um seine eigene Achse drehen. Auch Watvogeleier sind an einem Ende spitz zulaufend; das Gelege besteht gewöhnlich aus 4 Eiern, die, mit den spitzen Polen zur Mitte zeigend, ähnlich einem Kleeblatt im Nest liegen. Da Watvogeleier im Verhältnis zur Größe der Vögel relativ groß sind, können sie nur in dieser Anordnung optimal vom brütenden Altvogel bedeckt werden.

Seite 23: *Das Gelege des Sandregenpfeifers ist auf dem Strandboden nur schwer zu entdecken, denn die Eier sind in ihrer Färbung und Fleckung hervorragend der Umgebung angepasst.*

Das Vollgelege des Höckerschwans ***(oben links)*** *enthält meist 5–7 rund 11 cm lange Eier; die Färbung schwankt zwischen blass blaugrau und leicht grünlich. Die anfangs stumpfe Schale glänzt am Ende der Bebrütungszeit. Die Jungen schlüpfen nach 34–38 Tagen Brutdauer. – Die grünlichen Eier der Eiderente* ***(oben rechts)*** *liegen in einem Kranz von Daunen. Nur das Weibchen bebrütet das Gelege – 25–26 Tage lang. – Die 4–6 rundlichen Eier des Turmfalken* ***(unten links)*** *sind rotbraun gefleckt. Während der Brutdauer von 4 Wochen sitzt überwiegend das Weibchen auf dem Gelege. – Gut 3 Wochen werden die dunkel gefleckten Eier des Blässhuhns* ***(unten rechts)*** *von Männchen und Weibchen abwechselnd bebrütet.*

Flussregenpfeifer brüten häufig auf Kies- und Sandbänken ***(oben links)*** *– Ebenfalls tarnfarben sind Kiebitzeier* ***(oben rechts)*** *– Bei Schleiereulen schwankt die Gelegegröße mit dem Beuteangebot zwischen 3 und 10* ***(rechts)*** *– Der Trauerschnäpper legt 5–7 zart bläulich grüne Eier (Mitte links) – die intensiv hellblau gefärbten Singdrosseleier sind sehr auffällig* ***(Mitte rechts)*** *–* ***Unten links*** *ein Gelbspöttergelege,* ***unten rechts*** *das einer Kohlmeise, Eier mit roten und einigen blassvioletten Punkten.*

Kleibereier sind zart rötlich braun gefleckt und gepunktet, besonders ausgeprägt um den stumpfen Pol; sie liegen auf einer Schicht von dürrem Laub oder Kiefernspiegelrinde ***(oben links).*** *– Die 4–6 Eier des Buchfinken* ***(oben rechts)*** *sind glänzend hellblau und meist dicht rötlich und bräunlich gefleckt. – Kernbeißereier* ***(links)*** *weisen auf hellblauem oder graugrünlichem Grund Punkte sowie zarte Schnörkel und Kritzel auf. Oft tritt die Zeichnung zum stumpfen Pol hin gehäuft auf.*

Manche Vogelarten legen nur ein Ei, z. B. Trottellumme, Tordalk und Basstölpel; die meisten Kleinvögel haben Gelegegrößen von 2–6, Meisen sogar von 6–10 Eiern, Hühnervögel haben besonders große Gelege, das Rebhuhn mit bis zu 22 Eiern hält den heimischen Mengenrekord.
Auch die Anzahl der Bruten pro Jahr ist nicht einheitlich; während die größeren Vogelarten nur eine Jahresbrut aufziehen, können Kleinvögel bis zu 4mal im Jahr brüten. Die Gelegegröße nimmt mit fortschreitender Jahreszeit ab – dieser „Kalendereffekt" der Gelegegröße hängt vermutlich damit zusammen, dass das Nahrungsangebot im Laufe des Sommers immer knapper wird.
Die Eier vieler Vogelarten sind weiß. Dies trifft besonders für Höhlenbrüter wie Spechte und Eulen zu, denn deren Eier benötigen in der dunklen Höhle keine Tarnung. Aber auch die Eier einiger frei brütender Arten, z. B. Tauben oder Enten, sind weiß; Enten tarnen ihr Gelege jedoch, indem sie es vor dem Verlassen mit Nistmaterial bedecken. Dagegen weisen die Eier von Bodenbrütern mit deckungslosen Nestern, wie Möwen, Seeschwalben und Kiebitzen, eine ausgeprägte Tarnfärbung auf, aber auch Eier von bodenbrütenden Singvögeln, wie Lerchen, Piepern und Rotkehlchen, sind hervorragend getarnt. Durch ihre intensive Blaufärbung sind dagegen die Eier von Heckenbraunellen oder Singdrosseln sehr auffällig. Beide Arten brüten aber in dichten Büschen und Jungbäumen, so dass die Brut schon dadurch geschützt ist. Eine ungewöhnliche Brutmethode hat unser Kuckuck entwickelt: Er legt seine Eier in fremde Nester und lässt sie dort von den Stiefeltern ausbrüten (Brutparasitismus). In vielen Fällen gleichen die Kuckuckseier in verblüffender Weise den Wirtsvogeleiern, obwohl sie meist etwas größer sind. Es gibt jedoch auch Ausnahmen; bisher hat man in Heckenbraunellennestern noch keine blauen Kuckuckseier gefunden, und trotzdem werden junge Kuckucke von Heckenbraunellen erbrütet und auf Kosten der eigenen Jungen aufgezogen.

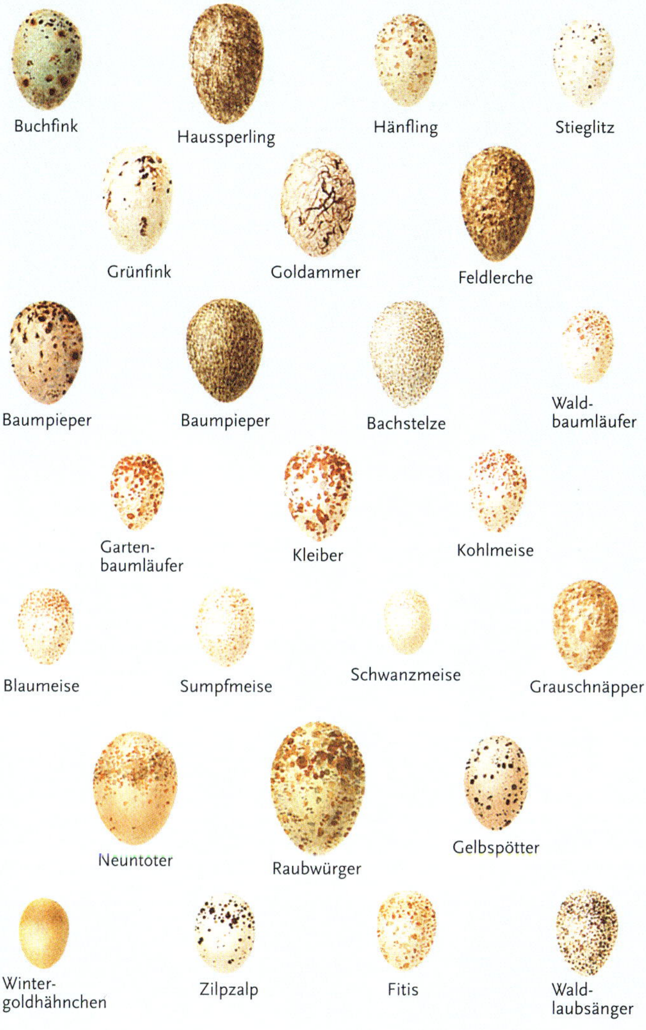
Buchfink
Haussperling
Hänfling
Stieglitz
Grünfink
Goldammer
Feldlerche
Baumpieper
Baumpieper
Bachstelze
Wald-
baumläufer
Garten-
baumläufer
Kleiber
Kohlmeise
Blaumeise
Sumpfmeise
Schwanzmeise
Grauschnäpper
Neuntoter
Raubwürger
Gelbspötter
Winter-
goldhähnchen
Zilpzalp
Fitis
Wald-
laubsänger

Sumpf-
rohrsänger
Mönch-
grasmücke
Klapper-
grasmücke
Teich-
rohrsänger
Drossel-
rohrsänger
Nachtigall
Stein-
schmätzer
Garten-
rotschwanz
Haus-
rotschwanz
Rot-
kehlchen
Braun-
kehlchen
Mauer-
segler
Wasseramsel
Ziegen-
melker
Mehl-
schwalbe
Hecken-
braunelle
Rauch-
schwalbe
Zaun-
könig
Sing-
drossel
Amsel
Pirol
Eichelhäher
Elster
Dohle
Star

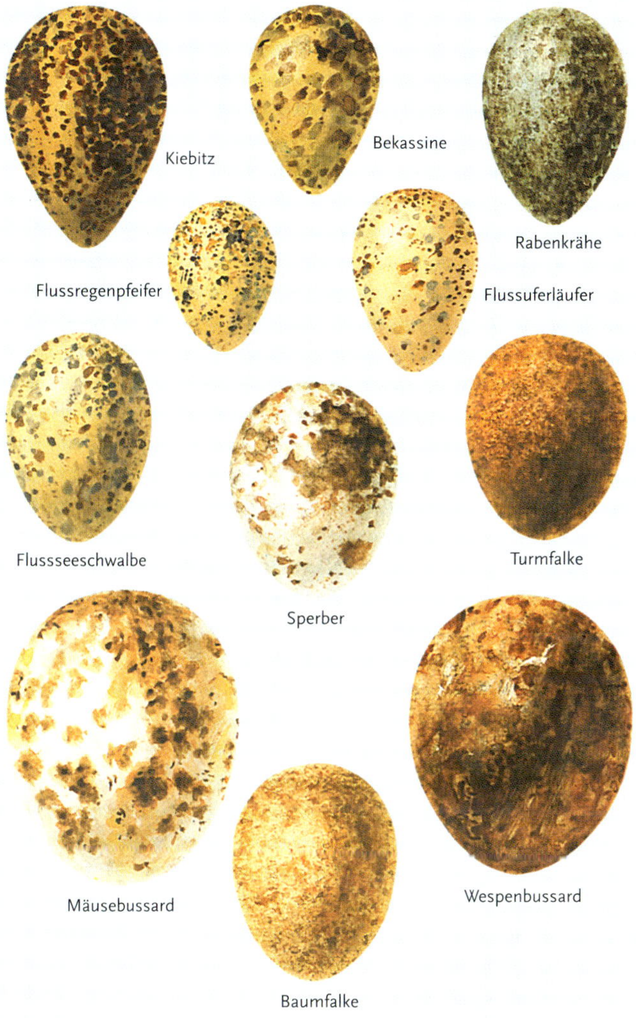
Kiebitz
Bekassine
Rabenkrähe
Flussregenpfeifer
Flussuferläufer
Flussseeschwalbe
Sperber
Turmfalke
Mäusebussard
Wespenbussard
Baumfalke

Teichhuhn

Schwarzmilan

Rebhuhn

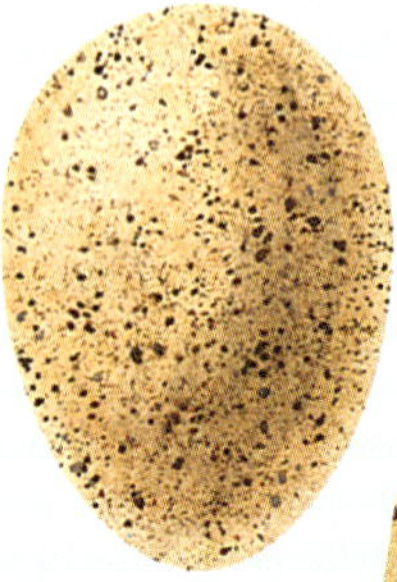

Blässhuhn

Fasan

Silbermöwe

Lachmöwe

Austernfischer

Nester und Höhlen

Nester schützen ihre Bewohner gegen Feinde sowie gegen Witterungseinflüsse wie Kälte, Nässe und Hitze; außerdem geben sie ihnen, um es menschlicht auszudrücken, Geborgenheit. Bei vielen Tiergruppen findet man Nester, beispielsweise bei Säugetieren und bei Insekten, doch fast alle Nester, die man in Wald und Flur sieht, sind von Vögeln gebaut. Die meisten Vogelnester findet man im Winterhalbjahr, denn dann sind auch die gut getarnten Nester in den unbelaubten Bäumen sichtbar; wir können sie genau betrachten und bestimmen und somit feststellen, was für Vogelarten z. B. am Waldrand oder in der Hecke gebrütet haben.

Seite 31: *Das stabile Nest des Teichrohrsängers ist aus Gras und Halmen gebaut; die Seiten sind wie bei allen Rohrsängernestern um mehrere aufrechte Schilfhalme geflochten; so schwankt es mit den Halmen im Wind und kann auch heftigen Stürmen standhalten.*

Das Nest der Dreizehenmöwe steht auf kleinen Felsvorsprüngen ***(oben links)****. – Sein umfangreiches Nest baut das Blässhuhn häufig im Flachwasser* ***(oben rechts)****. – Riesige Dimensionen hat das Höckerschwannest* ***(Mitte links)****; die Vögel brüten selbst an Parkteichen. – Bevor der Haubentaucher sein Nest verlässt, deckt er das Gelege sorgsam zu* ***(Mitte rechts)****. – Unter der dicken Schicht aus hervorragend isolierenden Daunen befindet sich das Nest der Eiderente* ***(links)****.*

Das lockere Nest der Mönchsgrasmücke ***(oben links)*** *ist mit den Zweigen der Trägerpflanze verflochten. – Der Sumpfrohrsänger baut mit Vorliebe in Brennnesseln (****oben rechts)****. – Das Nest des Kernbeißers (rechts) ist normalerweise besser versteckt. – Ein Singdrosselnest* ***(Mitte links)****. – Oft brüten Amseln direkt am Haus* ***(Mitte rechts****). – Das Neuntöternest* ***(unten links)*** *ist in Dornenbüschen gut versteckt. –* ***Unten rechts*** *ein Buchfinkennest.*

Die Ränder des kunstvollen Pirolnestes **(oben links)** *sind um die Trägerzweige geschlungen. – Die Rauchschwalbe baut nur innerhalb von Gebäuden* **(oben rechts)**. *– Graureiher horsten kolonieweise auf hohen Bäumen* **(Mitte links)** *– In ausgedehntem Röhricht nistet die Rohrweihe* **(Mitte rechts)** *– Der Steinadlerhorst* **(unten links)** *wird von Jahr zu Jahr höher. –* **Unten rechts** *ein alter Habichtshorst; innen ist er mit frischen Zweigen ausgelegt.*

Nur noch in wenigen ausgedehnten Waldgebieten Mitteleuropas nistet der Schwarzstorch; der große Horst ***(oben)*** *ist meist im Kronenbereich auf einer starken Astgabel gebaut. Wie bei vielen Greifvögeln wird das Nest Jahr für Jahr ausgebessert und erweitert, so dass es im Laufe der Zeit sehr umfangreich werden kann.*
Auch Saatkrähen legen ihre Nester im Kronenbereich an ***(Mitte)****; sie brüten kolonieweise auf benachbarten, großen Bäumen in offener Kultur- und Wiesenlandschaft. Die Horste werden von ♂ und ♀ gemeinschaftlich gebaut, häufig über Jahre hinweg benutzt und dabei ständig ausgebessert.*
Das umfangreiche, überdachte Elsternnest ***(unten)*** *findet man in hohen Hecken, Alleen, an Waldrändern und auf Einzelbäumen in offener Landschaft. Es besteht aus gröberen Zweigen und ist an einigen Stellen mit Erde verfestigt.*

Im Frühjahr und Sommer jedoch, zur Zeit der Brut und Jungenaufzucht, sollten wir unbedingt vermeiden, an entdeckte Nester heranzugehen, geschweige denn hineinzufassen! Allein schon durch unsere Anwesenheit in Nestnähe kann der Brutablauf gestört und der Sicht- und Witterungsschutz für Eier und Jungvögel erheblich beeinträchtigt werden. Auch können die von uns hinterlassenen Duftspuren Nesträuber und „Eierdiebe“ anlocken!
Jede Vogelart baut ein ganz bestimmtes Nest, das ihren Ansprüchen und Bedürfnissen entspricht. Diese Formenfülle bietet ein Paradebeispiel für die Anpassung an den Lebensraum; daher taugen Vogelnester auch nicht als Kriterium für den Grad der Verwandtschaft zwischen den einzelnen Arten. Ein Beispiel. Rauchschwalbe und Uferschwalbe sind nahe miteinander verwandt, ihre Nester bzw. Nistweisen sind jedoch grundverschieden; während die Rauchschwalbe im Inneren von Gebäuden schalenförmige Nester baut, gräbt die Uferschwalbe bis zu einem Meter lange Röhren in Steilwände.
Die große Vielfalt der Vogelnester teilt man zum einen nach ihrem Standort ein, zum anderen nach ihrer Bauweise. Viele Arten brüten am Boden (Bodenbrüter): auf Wiesen, Äckern, Feldern,

Das dickwandige, kugelige Moosnest des Zaunkönigs **(oben links)** *findet man häufig in Wurzeltellern umgefallener Bäume. – Beide Partner der Wasseramsel bauen ihr großes überdachtes Moosnest fast stets am Ufer eines Fließgewässers* **(oben rechts)**. *– Das eiförmige Schwanzmeisennest ist außen mit Flechten getarnt* **(Mitte)**. *– Das Nest der Beutelmeise wird an dünnen Zweigspitzen von Weiden frei hängend geflochten; typisch ist die vorgezogene Eingangsröhre* **(unten rechts)**, *die unten links („Henkelkorbstadium") noch nicht fertiggestellt ist.*

auf Mooren und anderen Feuchtflächen (fast alle Enten-, Hühner- und Watvögel). Einige Vogelarten bauen keine Nester; sie legen ihre Eier einfach auf den Erdboden (z. B. Ziegenmelker) oder auf das nackte Holz einer Baumhöhle (z. B. einige Eulen). Lappentaucher, Blässhühner und Höckerschwäne legen schwimmende Nester im Flachwasser an.
Die meisten Vogelarten, z. B. ein Großteil der Kleinvögel, Rabenvögel und der Greifvögel, und alle heimischen Tauben- und Spechtarten brüten in Büschen und Bäumen. Besonders die wehrlosen Kleinvögel müssen ihre Nester möglichst gut verbergen, um sie vor den Beutegreifern zu schützen.
Neben dem Standort ist vor allem die Bauweise des Nestes für den Bruterfolg ausschlaggebend. Die Mehrzahl unserer heimischen Vögel baut Nester mit mehr oder weniger tiefen Mulden (Napfnester). Geschlossene Nester mit seitlichem Eingang bauen Zaunkönig, Wasseramsel, Laubsänger und die „Meister" unter den heimischen Nestbauern, Schwanzmeise und Beutelmeise, deren Nester vollendete Kunstwerke darstellen. In flachen Reisignestern ziehen viele Taubenarten ihre Jungen auf, stabilere Reisignester bauen Krähen und Häher; große Reisighorste werden von Habichten und Seeadlern errichtet. Während Kleinvögel für jede Brut ein neues Nest bauen, setzen Reiher oder die größeren Greifvögel ihre Horst oft alljährlich wieder instand.
Viele Vogelarten nisten in Höhlen (Höhlenbrüter): denn dort sind sie vor schlechtem Wetter und Feinden sicherer als in einem Freinest. In Baumhöhlen ziehen Spechte, Meisen, Kleiber und Stare ihre Jungen hoch, aber auch Hohltauben, Wiedehopfe, Käuze und einige Entenarten. Doch nur die Spechte und Weidenmeisen sind in der Lage, sich eine eigene Höhle zu zimmern; sie schaffen damit Wohnraum für die anderen Höhlenbrüter. Einige Vogelarten, wie Hohltaube, Raufußkauz und Sperlingskauz, sind vollkommen auf Spechte als Höhlenlieferanten angewiesen.
Manche Vogelarten nisten auch in Felsspalten oder in Ritzen und Löchern von Gebäuden, beispielsweise Haussperlinge, Meisen und Mauersegler.

Im Gegensatz zur Rauchschwalbe nistet die Mehlschwalbe außen an Gebäuden; sie klebt ihr Nest so dicht unter das Dach, so dass nur noch ein rundliches Einflugloch frei bleibt **(oben)**. *– Der Kleiber hat eine wirksame Methode, um sich größere Höhlenkonkurrenten vom Leib zu halten: Er sperrt sie einfach aus, indem er das Flugloch so weit mit feuchtem Lehm zumauert, bis nur noch er selbst hindurchpasst* **(unten)**. *Vom Kleiber bezogene Nistkästen sind oft nur schwer zu öffnen, da der Vogel auch die Ritzen und Spalten am Deckel zumörtelt.*

Uferschwalben sind Koloniebrüter; sie graben an Steilufern und an Hängen von Sandgruben lange Röhren (oben); die Einfluglöcher sind quer oval geformt ***(unten links)****. – Eisvögel nisten an senkrechten Wänden von Bächen und Flüssen, meist 1–4 m über dem Wasserspiegel* ***(unten rechts)****.*

Jungvögel

Die meisten Menschen sind ziemlich ratlos, wenn sie einen Jungvogel finden; sie wissen nicht, welcher Vogelgruppe er angehört, und ebenso wenig, was sie mit ihm tun sollen. Auf den folgenden Seiten sind Jungvögel der wichtigsten Gruppen abgebildet, die die Zuordnung eines entdeckten Jungvogels zumindest in die richtige Gruppe erleichtern sollen; ob es sich also um einen Greifvogel, eine Eule, Taube oder Möwe, um einen Enten- oder einen Singvogel handelt. Die genaue Artbestimmung eines Jungvogels ist auch für den Fachmann oft sehr schwierig. Die ansprechenden Fotos in diesem Kapitel sollen auf keinen Fall dazu verleiten, den Brut- und Fütterungsablauf von frei lebenden Vögeln zu stören oder gar Jungvögel mit nach Hause zu nehmen. In den allermeisten Fällen sind aufgefundene Jungvögel durchaus nicht verlassen, sondern werden von den Eltern mit Nahrung versorgt. Um den Altvögeln den richtigen Weg zu weisen, verfügen Jungvögel über typische Bettel- oder Standortrufe. Wenn sie richtig fliegen können, folgen sie den Altvögeln oder fliegen ihnen entgegen, wenn diese Futter bringen. Sitzt der kleine Vogel mitten auf einem Weg oder gar auf der Straße, nimmt man ihn vorsichtig auf und setzt ihn in nächster Nähe auf die unteren Zweige eines Baumes oder ins Gebüsch, damit er nicht von unkundigen Spaziergängern oder von Katzen gefunden werden

Seite 39: *Junge Waldohreule im Ästlingsstadium*

Die jungen Graugänse **(oben links)** *werden von beiden Altvögeln geführt, suchen ihre Nahrung jedoch von Anfang an selbstständig. – Die Brandgansküken* **(oben rechts)** *verlassen gerade die Bruthöhle. – Das Dunenkleid der eben geschlüpften Stockente* **(unten links)** *ist noch nass; schon nach kurzer Zeit ist das Küken trocken und kann bereits schwimmen* **(unten rechts)***. Mit 7–8 Wochen ist es flügge.*

kann. Soweit der Fundort bekannt ist, sollte ein mitgenommener Jungvogel unbedingt wieder dorthin zurückgebracht werden, denn seine Eltern füttern ihn dann meistens weiter. In seltenen Fällen, in denen der Findling

Wespenbussarde legen ihren Horst oft mit frischen Zweigen aus; die jungen Wespenbussarde, anfangs im hellen Dunenkleid **(oben links)**, *werden durch die heranwachsenden Konturfedern immer dunkler* **(oben rechts)**; *im Foto Mitte rechts sind sie kurz vor dem Ausfliegen. – Junge Falken legen 2 Dunenkleider an:* **Unten links** *ein junger Turmfalke im pelzigen 2. Dunenkleid; bei den Turmfalkennestlingen im Nistkasten* **(unten rechts)** *sieht man bereits die Federn des Jugendkleides – des ersten „richtigen" Federkleides – hindurchkommen.*

Die jungen Haselhühner **(oben links)** sind gerade 4 Tage alt. Die Henne macht sie durch Picken auf geeignete Nahrung aufmerksam. – Junge Rallen erkennt man an ihrem schwarzen Dunenkleid. Einige Arten, wie das Teichhuhn **(oben rechts)**, haben eine auffällige Kopf- und Schnabelfärbung. – Typische Nestflüchter sind die Jungen der Watvögel. Während der junge Austernfischer Nahrung sucht, wacht der Altvogel **(Mitte links)**. – Die jungen Flussregenpfeifer (**Mitte rechts**, im Alter von 2 Tagen) unterscheiden sich kaum von den Kieselsteinen. – Das Bild **unten links** zeigt frisch geschlüpfte Brachvögel, das Bild unten rechts ähnlich alte Bekassinen.

Die Jungen der hoch auf Klippen brütenden Dreizehenmöwe ***(oben links)*** *müssen so lange im Nest bleiben, bis sie flugfähig sind. Die anderen Möwen- und Seeschwalbenjungen verlassen jedoch schon nach ein bis drei Tagen das Nest, um sich in der Umgebung zu verstecken. – Bei der frisch geschlüpften Heringsmöwe* ***(oben rechts)*** *sieht man noch den Eizahn auf der rosa Schnabelspitze. – Junge Küstenseeschwalben* ***(rechts)*** *werden von den Altvögeln mit Fischchen gefüttert.*

*Junge Tauben (****links oben*** *ein Hohltauben-Nestling) sind wie junge Singvögel Nesthocker; am Anfang werden sie mit der so genannten Kropfmilch aus dem Schlund der Altvögel gefüttert. – Am neunten Lebenstag beginnen sich die Augen der jungen Waldkäuze* ***(oben rechts)*** *zu öffnen. Mit rund 4 Wochen, meist Mitte Mai, verlassen die Jungkäuze die gefährliche Bruthöhle und klettern auf benachbarten Zweigen herum* ***(rechts)****; sie werden aber noch viele Wochen von den Altvögeln mit Futter versorgt.*

tatsächlich verwaist ist oder nicht mehr zum Fundort gebracht werden kann, sollte man sich an einen Fachmann wenden, denn die Handaufzucht misslingt häufig, da sie viel Erfahrung und Geschick erfordert.
Also nochmals: Hände weg von Jungvögeln, sie sind in der Regel nicht verwaist und brauchen daher unsere Hilfe nicht.
Man unterscheidet zwei verschiedene Typen von Jungvögeln, die Nesthocker und die Nestflüchter. Nestflüchter kommen mit offenen Augen zur Welt, sind bereits bedunt und verlassen das Nest mit ein bis zwei Tagen. Die Jungen vieler Nestflüchter suchen von Anfang an selbstständig Nahrung; bei einigen Arten (z. B. Hühnern) werden die Küken von den Elternvögeln durch Picken auf geeignete Nahrung aufmerksam gemacht. Die Jungen der Taucher, Rallen und einiger Watvögel werden eine bestimmte Zeit lang gefüttert. Manche Arten wie Möwen, Seeschwalben und Nachtschwalben werden zwar zu den Nestflüchtern gerechnet, ihre Küken bleiben jedoch einige Tage im Nest oder

*Die Jungen größerer Eulen (**links** ein älterer Waldkauzästling) werden nur langsam selbstständig; nach dem Ausfliegen sind sie noch rund 2 Monate auf die Altvögel angewiesen.*
*Die jungen Schleiereulen **(rechts)** haben bereits den typischen herzförmigen Gesichtsschleier.*

in der unmittelbaren Umgebung, obwohl sie bereits laufen können. Sie werden daher Platzhocker genannt.
Nesthocker kommen viel weniger weit entwickelt zur Welt als Nestflüchter und können das Nest in der ersten Zeit nicht verlassen. Bis auf einige Gruppen, deren Junge sehend geboren werden, sind junge Nesthocker anfangs blind, nackt oder mit Flaum bedeckt und müssen in der ersten Zeit von den Altvögeln gehudert werden. Sie sind bis zum Verlassen des Nestes vollständig auf die elterliche Fürsorge angewiesen. Bei Erschütterung des Nestes sperrt der Jungvogel seinen Schnabel auf und reckt den Hals weit hoch. Bei allen Singvögeln sind Rachenraum und Schnabelwülste der Nestlinge auffällig gefärbt.

***Oben links** junge Goldammern, oben rechts junge Heidelerchen, jeweils wenige Tage alt. – Die Heidelerchen im Foto rechts werden bald das Nest verlassen. Untere Seitenhälfte: Junge, noch nicht flugfähige Feldlerchen **(Mitte links)** verlassen bereits das Nest. – Junge Rauchschwalben kurz vor dem Ausfliegen **(Mitte rechts)**. – Die jungen Zaunkönige **(unten links)** haben gerade erst das Nest verlassen. – Junge Rotkehlchen **(unten rechts)** haben noch keine rote Kehle.*

Das Jugendkleid des Gartenrotschwanzes ***(oben links)*** *ist deutlich heller als das des Hausrotschwanzes. – Wer als Erster den Hals hochreckt, wird auch als Erster gefüttert (****oben rechts*** *eine fütternde Singdrossel); da meistens das hungrigste Junge am schnellsten reagiert, kommen alle Nestgeschwister zu ihrem Recht. – Die jungen Blaumeisen* ***(Mitte links)*** *sind schon fast flügge und verlassen bald den Kasten. Bei einer Nistkastenkontrolle könnte es jetzt passieren, dass die Jungvögel unvermittelt herausflattern. Junge Rabenkrähen* ***(Mitte rechts)*** *sperren wie alle junge Singvögel; ihr Sperr-Rachen ist leuchtend rot. – Der junge Grünfink* ***(unten links)*** *trägt auf dem Kopf noch Reste des Nestlingsflaumes; er hat eben erst das Nest verlassen, kann noch nicht sicher fliegen und ist noch auf die Eltern angewiesen.*

Fraßspuren

Viele Vogelarten hinterlassen mehr oder weniger deutliche Reste ihrer Nahrungsaufnahme. Wenn wir diese „Fraßspuren" richtig zu deuten vermögen, können wir interessante Einblicke in die Nahrungsgewohnheiten dieser Vögel gewinnen; ganz nebenbei erhalten wir den Nachweis über das Vorkommen der betreffenden Vogelart. Im Rahmen dieses Buches kann natürlich nicht auf alle Fraßspuren unserer Vögel eingegangen werden. Die Beispiele zu den wichtigsten Fraßspuren mögen jedoch zu eigenen Studien in dieser Richtung anregen. Dabei sollten wir jedoch darauf achten, dass wir die Vögel nicht unnötig stören, wenn wir in ihren Lebensbereich eindringen.
Häufig findet man Hackspuren unserer Spechte. Der Schwarzspecht erbeutet mit Vorliebe Rossameisen (Gattung *Camponotus*). Im Gegensatz zu den ovalen Höhleneingängen, die meist in 8–15 m Höhe liegen, findet man Hackspuren, die von der Nahrungssuche herrühren, oft unten am Stamm; sie sind außerdem viel größer als die Eingänge zu den Nisthöhlen und meistens länglich geformt. Ebenfalls häufig findet man von Vögeln bearbeitete Nadelbaumzapfen. Der Buntspecht hat eine besondere Technik entwickelt: Er hackt den Zapfen los und transportiert ihn im Schnabel zu einer Rindenspalte, in der er ihn festklemmen kann. Wenn die Nische nicht groß genug ist, wird sie mit gezielten Schnabelhieben so lange erweitert, bis der Zapfen optimal hineinpasst. Mit gefundenen Hasel- oder Walnüssen verfährt der Buntspecht in

Seite 47: *Im Winter verzehren Buntspechte häufig die in den Fichtenzapfen enthaltenen Samen; zur Bearbeitung klemmen sie den Zapfen in einer häufig selbst gezimmerten Rindenspalte fest („Spechtschmiede").*

Eier sind für viele Vogelarten begehrte Leckerbissen; besonders im Frühjahr plündern Krähenvögel viele Gelege von Kleinvögeln. Auf dem Foto ***unten*** *hat ein Eichelhäher ein Singdrosselgelege ausgefressen.*

Stare stochern bei der Nahrungssuche im Boden und hinterlassen dabei kleine Löcher **(oben links)**. *– Auf einem Stein schlägt die Singdrossel die Gehäuse von Schnecken auf* **(oben rechts)**. *– Den Ameisenhaufen* **(rechts)** *hat ein Grünspecht aufgehackt. – Neuntöter spießen ihre Beutetiere auf Dornen oder Stacheldraht: einen Jungvogel* **(Mitte links)**, *eine Feldmaus* **(unten links)** *und eine Hummel* **(unten rechts)**. *Auf diese Weise legen die Neuntöter und andere Würger sich Vorräte für ungünstigere Zeiten an.*

Auf dem Bild **oben links** haben Haussperlinge die Hüllblätter des Maiskolbens zerrissen und zerfranst, um an die Körner zu gelangen; Kotspuren sind deutlich zu sehen. – **Oben rechts** ein von Fasanen leer gefressener Maiskolben. – Die roten Beeren des Feuerdorns **(links)** wurden von Gimpeln angefressen – die Vögel hatten es auf die Samen abgesehen. – Wenn im Sommer das Getreide reift, fallen oft Schwärme von Haussperlingen in den Feldern ein; die Weizenähren unten links zeigen deutliche Fraßspuren der Vögel. – Stieglitze klauben häufig die Samen vom Löwenzahn aus **(unten rechts)**; im Herbst ttrifft man sie oft auf Wildkräuterflächen.

Der Tannenhäher hackt auf Haselnüsse ein, bis diese in 2 Teile zerspringen **(oben links)**. – *Die Samen der Arve* **(oben rechts)** *wurden dagegen von einem Nagetier geöffnet.* – *Der Fichtenkreuzschnabel spaltet bei der Bearbeitung von Fichtenzapfen die einzelnen Schuppen* **(Mitte links)**. – *Unter der Buntspechtschmiede findet man oft viele aufgehackte Nuss-Schalen* **(Mitte rechts)**. – *Hackspuren des Schwarzspechtes* **(unten links und rechts)**. *Man findet sie meist unten am Stamm. Die Spechte haben es auf die im Holz lebenden Rossameisen abgesehen.*

Von Rossameisen bewohnte Baumstümpfe „zerlegen" Schwarzspechte häufig ***(oben links)****. – Im Frühjahr trinken Dreizehenspechte oft Baumsaft; sie hacken dazu waagrechte Lochreihen in die Baumrinde („Ringeln",* ***Mitte rechts****). – Der Buntspecht zerhackt die Schuppen des Zapfens, um den Samen dahinter hervorzuholen* ***(Mitte links)****; unter der „Schmiede" liegen oft viele ausgeklaubte Zapfen* ***(unten)****.*

gleicher Weise. Einige Spechte hinterlassen bei der Nahrungssuche auch noch andere Spuren: Sie hacken waagrechte Linien von Löchern in die Baumrinde („Ringeln", Foto oben), um den an diesen Stellen austretenden Baumsaft zu trinken. Während der Buntspecht dazu keine besondere Baumart bevorzugt, ringelt der Dreizehenspecht vor allem an gesunden älteren Fichten. An bestimmten Stellen im Wald schlagen Singdrosseln die Gehäuse von erbeuteten Schnecken auf („Drosselschmiede", Foto Seite 49); als Spuren ihrer Tätigkeit findet man oft Ansammlungen von Schalenresten.

Auffällig sind die Nahrungsgewohnheiten der Würger: Der Neuntöter, eine bedrohte Vogelart unserer Kulturlandschaft, spießt bei Nahrungsüberschuss Beutetiere auf Dornen und Stacheldraht auf. Neben seiner Hauptnahrung, großen Insekten, erbeutet der Neuntöter auch Mäuse und Jungvögel (Seite 49). Der größere Raubwürger fängt vor allem im Winter viele Mäuse und Kleinvögel; er spießt seine Beutetiere nicht so häufig auf wie der Neuntöter, sondern klemmt sie lieber in Astgabeln.

Rupfungen

Bevor Greifvögel geschlagene Vögel fressen können, müssen sie ihnen wenigstens einen Teil der für sie unverdaulichen Federn ausrupfen. Dazu tragen sie ihre Beutetiere – sofern sie nicht zu schwer sind – an eine geeignete Stelle, den Rupfplatz. Die großen Schwingen- und Schwanzfedern werden meist einzeln mit dem Schnabel am unteren Teil des Schaftes gepackt und mit einem Ruck herausgezogen; die dabei entstandenen Schnabelmarken sind oft deutlich zu erkennen, die Federspule bleibt jedoch unversehrt. Einen weiteren Hinweis auf die „Täterschaft" eines Greifvogels liefert das Brustbein des geschlagenen Vogels: Der Greifvogel beginnt meist im Brustbereich mit dem Fressen, denn dort sitzen die größten Fleischportionen; dabei kommt es oft vor, dass er mit dem starken Schnabel auch Stücke aus dem dünnen Kamm des Brustbeins herausbeißt und dort gezackte Einschnitte hinterlässt.
Findet man an einer Rupfstelle Federn, die wie mit der Schere abgeschnitten aussehen, so deutet das auf einen Fuchs oder Marder als Vogeljäger hin; Raubtiere beißen mehrere Federn auf einmal ab, oft sogar den ganzen Schwanz. Zusätzliche Hinweise auf den Beutegreifer im Pelz erhält man durch Kotspuren und den oft starken „Fuchsgeruch"; doch muss der Fuchs nicht der „Räuber" sein, denn häufig setzt er an

Seite 53: *Sperberrupfungen findet man häufig an einer gedeckten Stelle auf Schneisen und Lichtungen im Wald, an Waldrändern oder in Feldgehölzen. Im Bild hat der kleine Greifvogel einen Kernbeißer geschlagen.*
Rupfungen des Habichts:
Der Sperber wird nicht selten zum Beutetier für den größeren Habicht ***(oben)****; obwohl auf dem Foto Fuchslosung zu erkennen ist, beweisen die ausgerissenen Federn, dass der Fuchs nicht der „Täter" war. – In manchen Gebieten machen Tauben –* **Foto Mitte** *die Rupfung einer Ringeltaube – bis zu 50 % der Habichtbeute aus. Neben Tauben erbeuten mitteleuropäische Habichte vor allem Eichelhäher; der Kopf und die typischen blau-schwarz-weiß bebänderten Flügeldeckfedern sind deutlich zu sehen* ***(unten)****.*

Wanderfalken jagen fast ausschließlich fliegende Vögel. Auf dem Foto ***rechts*** *erkennt man Federn der Ringeltaube und den Flügel eines Kleinvogels. – Die rote Schnabelhälfte und die schwarz-weißen Handschwingen-Federn* ***(Mitte links)*** *stammen von einer Lachmöwe; sie wurde vermutlich von einem Habicht oder Wanderfalken erbeutet. Die Nebelkrähe* ***(Mitte rechts)*** *ist offensichtlich von einem Fuchs bearbeitet worden. – Die büschelweise abgebissenen Federn sprechen dafür. – Auf dem Foto* ***unten links*** *sind Reste einer Waldohreule zu sehen, die wohl einem Greifvogel oder Uhu zum Opfer fiel. – Die Rupfung eines Kiebitzes zeigt das Foto* ***unten rechts****. Dieser Watvogel wird häufig von Wanderfalken oder Habichten erbeutet.*

gefundenen Rupfungen lediglich seinen Kot ab oder markiert die Stelle mit Urin. Während die Entscheidung Greifvogel oder Raubtier als Urheber einer Rupfung meist nicht schwer fällt, ist die Artbestimmung der Greifvögel anhand der Beutereste oft nicht einfach.
Die meisten gefundenen Rupfungen gehen auf das Konto von Sperber und Habicht. Der Baumfalke rupft auf Bäumen, so dass die Federn der Beutevögel vom Winde verweht werden. Der viel seltenere Wanderfalke zerlegt seine Beutevögel auf exponierten Felsvorsprüngen oder auf offenen Flächen.

Zu den häufigen Beutetieren des Habichts zählen Rabenvögel; die auf dem Foto ***oben*** *zu sehenden grün schillernden und schwarzweißen Federn sind typisch für die Elster.*
Sperber tragen ihre Beutetiere zunächst einmal in Deckung, um sie vor Nahrungskonkurrenten zu schützen. Diese Greifvögel haben ihre bevorzugten Rupfplätze auf Baumstümpfen und anderen Erhöhungen in der Umgebung des Horstes ***(unten)****. Die Reste des geschlagenen Buntspechts weisen zwischen den typischen weiß gefleckten Flügelfedern auch einige der roten Unterschwanzdecken auf.*

Mandarinente
Silbermöwe
Großtrappe
Fedєrn
Auerhuhn
Graureiher

Die komplizierteste und in ihrer Funktion vielseitigste Bildung der Haut ist die Feder; sie hat sich im Laufe von Jahrmillionen aus den einfachen Hornschuppen der Reptilien entwickelt – auf welche Weise, das ist bis heute ziemlich rätselhaft. Die Feder ist leicht und doch sehr stabil, elastisch und trotzdem widerstandsfähig. Sie schützt gegen Kälte, Nässe, Hitze und Verletzungen, dient häufig als Tarnung und bildet die Tragflächen für den Flug. Bisher hat es der Mensch trotz des gewaltigen technischen Fortschrittes nicht geschafft, einen Kunststoff herzustellen, der die vielfältigen Eigenschaften der Feder in sich vereint. Federn sind einmalig im Tierreich – es gibt sie nur bei den Vögeln.
Die typische Gestalt und das Aussehen eines Vogels wird durch sein Federkleid bestimmt. Federn sind die Träger für Farben und Muster, die bei der innerartlichen Kommunikation eine entscheidende Rolle spielen. Gleichzeitig liefern sie dem Vogelkundler wichtige Bestimmungsmerkmale für die Erkennung der einzelnen Arten. Es ist aber nicht leicht, anhand einer einzelnen Feder einen Vogel zu bestimmen, in vielen Fällen ist dies überhaupt nicht möglich. Doch andererseits sind viele Federn sehr typisch, z.B. die auffällig blau gemusterten Flügeldeckenfedern des Eichehähers, die nach oben gekrümmten Schwanzfedern des Stockerpels (Erpellocke), die leierförmig gebogenen äußeren Schwanzfedern des Birkhahns oder die segelartigen Flügelfedern der Mandarinente.

Bau einer Feder

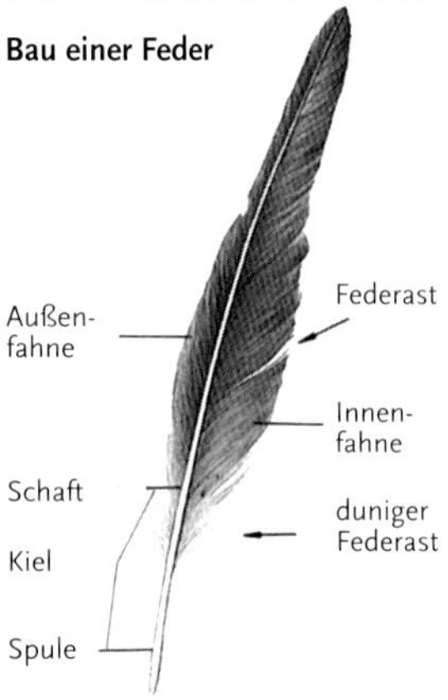

Konturfedern: dienen als Körperbedeckung und als Trag- und Steuerflächen für den Flug; der untere teil kann dunig ausgebildet sein (Afterschaft), er wirkt wärmeisolierend.
Halbdunen: haben eine weichen und wenig stabilen Schaft, die Federäste zerfransen zu flaumigen Enden.
Dunen: haben einen kurzen Schaft, die Äste sind weich und flaumig und radiär angeordnet – die Federfahne ist in ihre einzelnen Äste aufgelöst wie beim Afterschaft der Konturfedern; die hervorragende Wärmeisolierung der Dune ist allgemein bekannt und wird in Form von Eiderdaunen weltweit genutzt.

Federn der Waldohreule

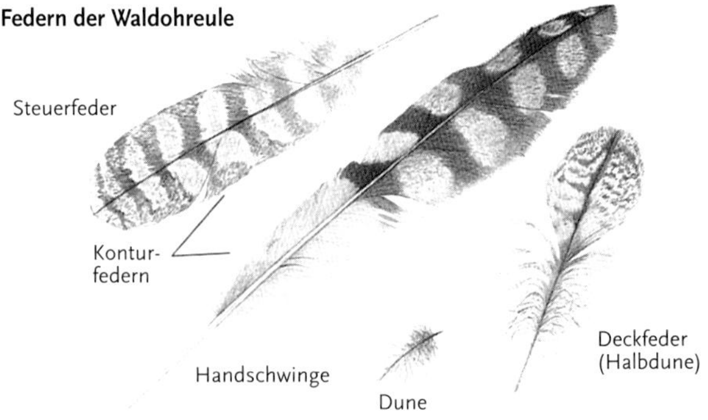

Kuckuck
Turmfalke
Wespenbussard
Wiesenweihe
Mäusebussard
Habicht
Sperber

Steinkauz
Waldkauz
Waldohreule
Schleiereule
Waldkauz
Waldohreule
Uhu

Buntspecht
Rauchschwalbe
Buntspecht
Grünspecht
Wiedehopf
Eichelhäher
Tannenhäher
Ringeltaube
Türkentaube
Kiebitz

Grünfink
Pirol
Gartenrotschwanz
Stieglitz
Steinhuhn
Rebhuhn
Singdrossel
Fasan
Alpenschneehuhn
Birkhahn

Gewölle und Kot

Gewölle

Viele Vögel würgen nach der Nahrungsaufnahme die unverdaulichen Bestandteile als rundliche Speiballen oder Gewölle durch den Schnabel wieder aus. Die Ballen enthalten Haare, Federn, Chitinteile und Knochen, die im Magen des Vogels zusammenklumpen. Damit der Durchgang durch die Speiseröhre reibungslos funktioniert, sind die Gewölle mit einem Schleimüberzug versehen, der an der Luft schnell trocknet.
Während die Speiballen der meisten Vögel schnell zerfallen und dann nur noch schwer zu finden sind, sind sie bei den Eulen und einigen Greifvögeln relativ stabil; diese Arten ernähren sich vor allem von Mäusen, deren Fell die Ballen verfilzt und dadurch haltbarer macht. Die in Eulengewöllen enthaltenen Knochen von Kleinsäugern oder Vögeln sind oft erstaunlich gut erhalten. Der Fachmann kann anhand der Knochenreste oft exakt die Arten der Kleinsäuger bestimmen. Für Aussagen über das Vorkommen und die Häufigkeit von bestimmten Kleinsäugern ist die Gewölleanalyse hervorragend geeignet; den Ornithologen interessieren dagegen vor allem genaue Angaben zur Nahrungsökologie der verschiedenen Eulen- und Greifvogelarten.

Seite 63: *Kotspuren des Rebhuhns findet man in der Feldflur.*
Um die Beutetiere in den Gewöllen bestimmen zu können, muss man die Ballen zerzupfen und die Knochenteile herauslösen ***(oben links)****. – Besonders interessant sind die Kieferknochen der Kleinsäuger, denn anhand der Zähne kann man mit einer Lupe oder einem Binokular die einzelnen Arten bestimmen. – Schleiereulengewölle* ***(oben rechts)*** *enthalten Kiefer- und andere Knochen von Feldmäusen und Spitzmäusen. – Gewölle vom Graureiher* ***(unten links)*** *findet man vor allem unter den Horstbäumen. – Im Gewölle des Weißstorchs* ***(unten rechts)*** *fehlen Knochen, denn sie werden vollständig verdaut.*

Oben links: *Gewölle des Mäusebussards aus verfilzten Haaren.* – **Oben rechts:** *Wespenbussardgewölle mit Flügeldecken von Käfern.* – **Rechts:** *Gewölle des Turmfalken laufen an einem Ende spitz zu.* – **Mitte links:** *Speiballen der Lachmöwe mit Chitinteilen.* – **Mitte rechts:** *Ein Silbermöwengewölle mit Muschelresten.* – **Unten links:** *Waldohreulengewölle liegen oft unter den Schlafbäumen.* **Unten rechts:** *Waldkauzgewölle sind aschgrau und bauchig geformt.*

Die schlanken Gewölle des Steinkauzes **(oben)** sind 3–5 cm lang und enthalten vor allem Chitinteile und Mäusehaare. – Schleiereulengewölle **(Mitte links)** sind relativ groß (bis 8 cm lang) und bauchig; im frischen Zustand glänzen sie wie lackiert. – Singvogelgewölle enthalten vor allem Chitinteile von Insekten: **Mitte rechts** der Speiballen eines Grauschnäppers, **unten links** der eines Neuntöters. – Das Raubwürgergewölle **(unten rechts)** sieht jedoch ganz anders aus; es unterscheidet sich nur durch die geringere Größe von einem Eulengewölle, deutlich sind die Nagezähne und Knochenteile der erbeuteten Mäuse zu erkennen. Raubwürger verzehren auch Eidechsen und Kleinvögel, im Sommer oft Großinsekten und Jungvögel.

Kotspuren

Vogelkot ist meist walzen- oder tropfenförmig, bei Arten, die Gewölle auswürgen, ist er mehr oder weniger dünnflüssig. Der Harn (bei Vögeln Harnsäure!) haftet oft als weiße Haube an einem Ende oder überzieht die Oberfläche.

*Kotspuren von Reihern **(oben)** findet man meist unter den Schlaf- und Brutbäumen. – Grauganskot **(Mitte links)** ist häufig am Ufer von Parkteichen zu sehen (Länge 5–8 cm). – Die Losung des Fasans **(Mitte rechts)** ist rund 2 cm lang. – Die bis zu 8 cm langen Kotwürste des Auerhuhns im Winter **(unten links)**. – Der Wendehals ernährt sich von Ameisen; Kotwürstchen **(unten rechts)**.*

Literaturhinweise

BAUER, H. G. & P. BERTHOLD (1996): Die Brutvögel Mitteleuropas. Bestand und Gefährdung. Aula-Verlag, Wiesbaden.

BEAMEN, M. & S. MADGE (1998): Handbuch der Vogelbestimmung – Europa und Westpaläarktis. Eugen Ulmer, Stuttgart.

GLUTZ VON BLOTZHEIM U. N., K. M. BAUER, K. M. & E. BEZZEL (1971–1997): Handbuch der Vögel Mitteleuropas. Aula-Verlag, Wiesbaden.

HARRISON, C. (1975): Jungvögel, Eier und Nester aller Vögel Europas, Nordafrikas und des Mittleren Ostens. Paul Parey, Hamburg und Berlin.

HAYMAN, P. & R. HUME (2003): Die Kosmos-Vogel-Enzyklopädie. Über 3500 Farbzeichnungen, Kosmos-Verlag, Stuttgart.

JONSSON, L. (1992): Die Vögel Europas und des Mittelmeerraumes. Kosmos, Stuttgart.

LIMBRUNNER, A., E. BEZZEL, K. RICHARZ & D. SINGER (2001): Enzyklopädie der Brutvögel Europas. 2 Bände. Kosmos-Verlag, Stuttgart.

MEBS, TH. (1994): Greifvögel Europas. Biologie, Bestandsverhältnisse, Bestandsgefährdung. Kosmos, Stuttgart

MEBS, TH. & W. SCHERZINGER (2000): Die Eulen Europas. Biologie, Kennzeichen, Bestände. Kosmos, Stuttgart

PERRINS, C. (1987): Pareys Naturführer Plus: Vögel - Biologie + Bestimmen + Ökologie. Paul Parey, Hamburg und Berlin.

RICHARZ, K., E. BEZZEL & M. HORMANN, Hrsg. (2001): Taschenbuch für Vogelschutz. Aula-Verlag, Wiesbaden.

ROCHÉ, J. C. (2000): Die Vogelstimmen Europas auf 4 CDs. Rufe und Gesänge von 396 Vogelarten. Kosmos, Stuttgart.

SINGER, D. (2002): Welcher Vogel ist das? Vögel Europas-. Ein Bestimmungsbuch mit 1400 Farbfotos. Kosmos, Stuttgart.

SVENSSON, L., P. J. GRANT, K. MULLARNEY & D. ZETTERSTRÖM (1999): Der neue Kosmos Vogelführer - Alle Arten Europas, Nordafrikas und Vorderasiens. Kosmos, Stuttgart.

SVENSSON, L., P. J. GRANT, K. MULLARNEY & D. ZETTERSTRÖM (2000): Vögel Europas, Nordafrikas und Vorderasiens. Kosmos, Stuttgart

Wichtige Adressen

Naturschutzbund Deutschland e.V. (NABU)
Herbert-Rabius-Straße 26
53225 Bonn

Landesbund für Vogelschutz in Bayern
Eisvogelweg 1
91161 Hilpoltstein

Gesellschaft für Naturschutz und Ornithologie Rheinland-Pfalz e.V.
Bachgasse 4
56377 Nassau

Hessische Gesellschaft für Ornithologie und Naturschutz e.V.
Lindenstr. 5
61209 Echzell

Ornithologischer Beobachterring Saar
H. Weyers
Oscar-Orth-Str. 49
66424 Homburg/Saar

Ornithologische Gesellschaft in Bayern
Manfred Siering
Gereutplatz 1
82031 München

Verein Sächsischer Ornithologen
Postfach 29
09331 Hohenstein-Ernstthal

Verein Thüringer Ornithologen e.V.
H. Grimm
Große Arche 14
99084 Erfurt

Institut für Vogelforschung „Vogelwarte Helgoland“
An der Vogelwarte 21
26386 Wilhelmshaven-Rüstersiel

Vogelwarte Hiddensee
Zum Hochland 17
18565 Kloster, Hiddensee

Vogelwarte Radolfzell
am Max-Planck-Institut für Verhaltensphysiologie
78315 Radolfzell

Ala, Schweizerische Gesellschaft für Vogelkunde und Vogelschutz
Frau R. Horváth-Manetsch
Rüttenenweg 63
CH-4313 Möhlin AG

Birdlife Österreich, Gesellschaft für Vogelkunde
c/o Naturhistorisches Museum
Museumsplatz 1/10/8
A-1070 Wien

Schweizer Vogelschutz (SVS)
Postfach
CH-8036 Zürich

Taucher, Störche, Reiher, Entenvögel, u.a.

Seetaucher – Gaviiformes

Seetaucher sind stark an das Wasserleben angepasste gänsegroße Seevögel. Ihr Körper ist langgestreckt und stromlinienförmig, der Hals ist relativ lang.
Im Unterschied zu den Lappentauchern sind die Vorderzehen durch Schwimmhäute vollständig verbunden. Die Beine sind sehr weit hinten eingelenkt, so dass sich die Vögel an Land – das sie zur Brutzeit aufsuchen – nur rutschend fortbewegen können. Das Nest liegt meist auf einer kleinen Insel höchstens einen Meter vom Ufer entfernt.
Beim Landen kommen Seetaucher ohne Hilfe der Füße mit der Brust zuerst auf dem Wasser auf. Zum Auffliegen benötigen sie eine lange Anlaufstrecke, die größeren Arten können überhaupt nicht vom festen Boden aus auffliegen. Ihre Nahrung besteht hauptsächlich aus Fischen, die sie tauchend erbeuten. Die Geschleckter sind gleich gefärbt, bei allen Arten gibt es ein Schlichtkleid und ein Prachtkleid, das Dunenkleid ist dunkel und weist keine Zeichnung auf. Seetaucher fliegen häufiger als Lappentaucher; ihr Flug ist schnell und verläuft gerade, die relativ kleinen und spitzen Flügel schlagen schnell und regelmäßig. Die Flughaltung wirkt durch den gesenkten Hals etwas „buckelig“. Alle Seetaucher haben auffällige Stimmen.
Es gibt insgesamt 5 Arten, davon können in Mitteleuropa 3 Arten regelmäßig beobachtet werden.

Lappentaucher – Podicipediformes

Wie die Seetaucher haben auch die Lappentaucher ihre Füße weit hinten am Körper eingelenkt und sind wie diese hervorragend an das Schwimmen und Tauchen angepasst. Seitlich an den Zehen tragen sie Schwimmlappen (keine Schwimmhäute wie die Seetaucher). Die meisten Arten haben einen langen, relativ dünnen Hals. Der Körper wirkt rundlich und „schwanzlos“.
Das Gefieder ist pelzartig weich. Während der Brutzeit tragen viele Lappentaucherarten auffälligen Kopf- und Halsschmuck, während das Schlichtkleid weniger farbenfroh und deutlich heller gefärbt ist.
Die Balzspiele sind oftmals eindrucksvoll. Die Taucher bauen in der Regel ein schwimmendes, in der Vegetation verankertes Nest.
Die Jungen können bereits am ersten Lebenstag schwimmen, werden aber anfangs häufig in den Flügeltaschen der Elternvögel gewärmt und lange Zeit gefüttert; durch ihren streifigen Kopf unterscheiden sie sich deutlich von jungen Seetauchern. In Mitteleuropa können 5 Arten beobachtet werden.

Sturmvögel – Procellariiformes

Diese ausgeprägten Hochseevögel kommen nur zur Brutzeit an Land. Wichtigstes Merkmal der Ordnung ist die röhrenförmige Verlängerung der äußeren Nasenöffnungen („Röhrennasen“). Der Oberschnabel ist an der spitze hakenförmig nach unten gebogen. Die 3 vorderen Zehen der Sturmvögel sind durch Schwimmhäute miteinander verbunden, die Hinterzehe ist rückgebildet oder fehlt ganz. Die Flügel der Sturmvögel sind lang und schmal, die meisten Arten sind hervorragende Gleitflieger über den Wellen. Während die kleinsten Arten (Sturmschwalben, Wellenläufer) nur wenig größer als Schwalben sind, erreichen die größten (Albatrosse) bis zu 3,5 m Flügelspannweite. In Mitteleuropa brütet nur eine Art, der Eissturmvogel.

Ruderfüßer – Pelecaniformes

Zu dieser Ordnung werden außer den Pelikanen auch die Familien der Kormorane und Tölpel gezählt. Wichtigstes Merkmal dieser Gruppe sind die Schwimmhäute, die alle 4 Zehen miteinander verbinden.
Kormorane sind dunkle Wasservögel von der Größe einer Gans. Auf dem Wasser schwimmen Kormorane mit fast ganz eingetauchtem Rücken, hochgerecktem Hals und schräg nach oben weisendem Kopf und Schnabel. Kormorane sitzen oft aufrecht und häufig

mit zum Trocknen ausgebreiteten Schwingen. Die Vögel brüten kolonieweise auf Klippen bzw. hohen Bäumen. In Mitteleuropa sind 2 Arten zu beobachten, davon eine als seltener Gast.

Schreitvögel – Ciconiiformes

Diese Ordnung umfasst langbeinige Stelzvögel, die zur Nahrungssuche (nur tierisch) langsam schreiten; die Flucht erfolgt jedoch meist fliegend.
Reiher unterscheiden sich von allen anderen Stelzvögeln dadurch, dass sie beim Fliegen den Kopf zwischen die Schultern einzeihen und dazu den Hals S-förmig krümmen. Bei einigen Arten wachsen zur Brutzeit an Kopf, Hals und Rücken lange Schmuckfedern.
Störche sind große Stelzvögel mit langen Beinen, deren langer Hals im Flug ausgestreckt ist. Sie sind ausgeprägte Segelflieger und nutzen geschickt thermische Aufwinde. In Mitteleuropa brüten 2 Arten.
Ibisse fliegen wie Störche mit lang ausgestrecktem Hals. Ihr Schnabel ist entweder lang und gebogen oder – wie bei der einzigen mitteleuropäischen Art – gerade und abgeplattet.

Entenvögel – Anseriformes

In dieser Ordnung sind recht unterschiedliche Schwimmvögel zusammengefasst. Alle Entenvögel haben relativ kurze Beine und Schwimmhäute zwischen den Vorderzehen. Der Schnabel ist in der Regel mit einer weichen Haut überzogen, an der Schnabelspitze sitzt eine harte Hornplatte, der sogenannte Nagel.
Schwäne sind sehr große weiße Wasservögel mit auffallend langen Hälsen. Das Jugendkleid der 3 in Mitteleuropa auftretenden Schwanenarten ist bräunlich oder grau (selten auch weiß). Die Paare leben in Einehe.
Gänse sind große (meist deutlich größer als Enten) und kräftige Schwimmvögel mit langen Hälsen. Die Geschlechter sind wie bei den Schwänen gleich gefärbt. Einehe ist die Regel. Ihre Nahrung – Pflanzenteile – nehmen sie fast ausschließlich an Land auf. In Mitteleuropa können 8 Arten beobachtet werden.
Halbgänse haben sowohl Enten- als auch Gänsemerkmale. In Mitteleuropa ist eine Art häufiger und regelmäßiger Brutvogel.
Schwimmenten tauchen bei der Nahrungssuche nur Kopf und Vorderkörper ins Wasser (Gründeln); sie nehmen Nahrungsbestandteile auch von der Wasseroberfläche auf und suchen sogar an Land nach Nahrung. Viele Arten haben auffällige Flügelspiegel. Beim Schwimmen liegen sie recht hoch im Wasser. Von der Wasseroberfläche können sie ohne Anlauf und fast senkrecht starten. In Mitteleuropa können 7 Arten angetroffen werden.
Tauchenten haben ihre Beine recht weit hinten eingelenkt und suchen ihre Nahrung vor allem tauchend. Sie liegen tiefer im Wasser als Schwimmenten und können von der Wasseroberfläche nur mit langem Anlauf starten. Sie haben keine auffälligen Flügelspiegel. In Mitteleuropa kann man 10 Arten beobachten, einige davon nur als Wintergäste.
Säger sind langgestreckte, tauchende Entenvögel, die sich hauptsächlich von Fischen ernähren. Ihre Schnäbel sind schlank, weisen an der Spitze einen Haken auf und sind an den Rändern mit vielen Hornzähnchen besetzt. In Mitteleuropa sind 3 Arten anzutreffen.

Prachttaucher *Gavia arctica*

Familie Seetaucher *Gaviidae*

TYPISCH Der im Gegensatz zum Sterntaucher gerade Schnabel und die meist waagrechte Kopfhaltung.

MERKMALE Körper länger und Hals kürzer als beim Haubentaucher, wirkt dadurch viel gedrungener. Im Prachtkleid (oben) wirken Kopf und Hals etwas schlangenartig, Rücken mit auffallender weißer Fensterung. Im Schlichtkleid, in dem man die Taucher bei uns oft sieht, oberseits einheitlich schwärzlich, unterseits weißlich, an Kopf und Hals scharfe Farbgrenze; Schnabel schwarz; Jungvögel (unten) oberseits etwas heller und mit hellgrauem Schnabel.

STIMME Im Winter selten zu hören; ein gedehntes, etwas unheimlich klingendes „a-uu-a" sowie – bei Beunruhigung – miauende Laute. Sehr stimmungsvolle Lautäußerungen am Brutplatz, ein lautes, klagendes "Klui-klo-klui-klo...".

VORKOMMEN Brütet an größeren fischreichen Seen Nordeuropas, außerhalb der Brutzeit meistens auf dem Meer in Küstennähe. Im Winterhalbjahr regelmäßig an der Nord- und Ostseeküste, seltener auf größeren Seen des Binnenlandes, dort halten sich meist einzelne Vögel auf.

VERHALTEN Benötigt zum Starten von der Wasseroberfläche eine längere Anlaufstrecke als der Sterntaucher.

NAHRUNG Im Winterhalbjahr ausschließlich Fische.

> Stockente W, D X–IV O

Sterntaucher *Gavia stellata*

Familie Seetaucher *Gaviidae*

Typisch Der Kopf mit dem leicht aufgeworfenen Schnabel wird meist etwas schräg nach oben gehalten.

Merkmale Etwas kleiner als der Prachttaucher, Kopf, Hals und Schnabel schlanker. Im Prachtkleid (oben) mit auffallendem, rotbraunem Fleck am Vorderhals, der von weitem schwarz aussieht. Im Jugendkleid (rechts; bei uns häufig zu sehen) sehr ähnlich dem Prachttaucher, aber Rücken durch feine, weißliche Sprenkelung heller, an Kopf und Hals ist die Unterseitenfärbung weniger stark abgesetzt.

Stimme Im Winter manchmal klagend „a-uu-a", im Flug gänseartig „gag-gag-gag-gag-gag".

Vorkommen Brütet in Nordeuropa auf kleinen Seen in Moorgebieten und in der Tundra; bei uns nur im Winterhalbjahr, vor allem auf dem küstennahen Meer der Nord- und Ostsee; seltener aber regelmäßig, auf Binnenseen, Fischteichen und größeren Flüssen.

Verhalten Kann auch von sehr kleinen Seen aus starten.

Nahrung Im Winter Fische.

Der **Eistaucher** *Gavia immer*, Brutvogel Islands, ist seltener Wintergast an der Nord- und Ostseeküste. Ähnlich Prachttaucher, aber größer, mit stärkerem Schnabel und eckig wirkendem Kopf.

> **Stockente W, D X–IV O**

Haubentaucher *Podiceps cristatus*

Familie Lappentaucher *Podicipedidae*

Typisch Im Prachtkleid mit auffälligem Kopf- und Halsschmuck.

Merkmale Im Schlichtkleid (kleines Foto) Kopfseiten und vorderer Hals weiß, dunkle Kopfkappe, die nicht bis zum Auge reicht und einen weißen Überaugenstreif frei lässt. Jungvögel mit längs gestreiften Kopf- und Halsseiten. Liegt tief im Wasser.

Stimme Ruft vor allem im Frühjahr rau „gröck-gröck", heiser „rra-rra" oder trompetend „ää-ää".

Vorkommen Weit verbreitet auf den größeren Seen mit verschilften Ufern, manchmal auch auf Teichen und sogar auf Stauseen mit nur wenig oder fehlender Ufervegetation. Im Winter oft truppweise auf großen Seen und Flüssen anzutreffen.

Verhalten Im Frühjahr sind die eindrucksvollen Balzspiele der Haubentaucher leicht zu beobachten: Dabei schwimmen die Partner häufig mit gesträubtem Kopf- und Halsschmuck Brust an Brust und schütteln ihre Köpfe. Wirkt im Flug sehr schlank.

Nahrung Kleine Fische, aber auch Krebstiere und Wasserinsekten, Kaulquappen und kleine Frösche.

Brut Mai–Juli, 1–2 Bruten; schwimmendes Nest aus nassem Pflanzenmaterial, meist gut in Schilf oder Binsen versteckt.

~ Stockente T I–XII

Rothalstaucher *Podiceps grisegena*

Familie Lappentaucher *Podicipedidae*

TYPISCH Gedrungener als Haubentaucher, Hals kürzer und dicker.

MERKMALE Im Prachtkleid (oben) Hals rostrot, Wangen und Kehle weißlich, Schnabel schwarz mit gelbem Grund. Im Schlichtkleid (kleines Foto) sehr ähnlich dem Haubentaucher, aber ohne weißlichen Überaugenstreif und mit grauem Hals. Gefieder bei Jungvögeln blasser, auf den weißen Wangen ein schwärzliches Streifenmuster.

STIMME Während der Balz lautes, pferdeartiges Wiehern „uööh", auch nachts zu hören; bei Beunruhigung keckerndes „eck eck eck". Im Winter wenig rufaktiv.

VORKOMMEN Brütet an Seen mit breitem Schilfgürtel, auch an kleinen und flachen; nistet häufig im Schutz einer Lachmöwenkolonie. Bei uns seltener Brutvogel, regelmäßig nur in der Norddeutschen Tiefebene. Im Winterhalbjahr auf größeren Seen und auf dem küstennahen Meer.

VERHALTEN Bei der Balz wird der rote Hals sowie das kontrastreiche Muster von Gesicht und Schnabel präsentiert.

NAHRUNG Wasserinsekten, Krebstiere, Wasserschnecken, Frösche, Molche, kleine Fische.

BRUT Mai–Juli, 1 Brut; Nest nahe am Ufer, meist im Bewuchs versteckt, manchmal auch offen.

< Haubentaucher T I–XII

Schwarzhalstaucher *Podiceps nigricollis*
Familie Lappentaucher *Podicipedidae*

Typisch Die hohe Stirn und der leicht aufgeworfene Schnabel.
Merkmale Deutlich kleiner als Haubentaucher; im Prachtkleid (oben) leicht an den goldgelben Federbüscheln in der Ohrgegend zu erkennen. Im Schlichtkleid (kl. Foto) ähnlich dem Ohrentaucher, jedoch reicht die schwarze Kopfkappe bis unter das Auge; der Schnabel ist beim Ohrentaucher gerade, die Stirn deutlich flacher.
Stimme Ruft ansteigend, etwas klagend „krüit“ oder „pu-it“, während der Balz oft ein zwergtaucherartiges hohes Keckern.

Vorkommen Brütet auf Weihern, Teichen und Seen mit dicht bewachsenen Ufern und Schwimmblattbeständen, z. B. auf Fischteichen; oft mehrere Paare kolonieweise, häufig in der Nachbarschaft von brütenden Lachmöwen. Außerhalb der Brutzeit auf größeren Seen und an der Küste.
Verhalten Im Vergleich zum Zwergtaucher häufiger auf der freien Wasserfläche, bleibt länger unter Wasser.
Nahrung Wasserinsekten, Schnecken, Kleinkrebse, Kaulquappen.
Brut Mai–Juni, 1 Brut; schwimmendes Nest im Uferbereich.
Der **Ohrentaucher** *Podiceps auritus* ist Brutvogel auf seichten Seen Nordeuropas, bei uns regelmäßiger Wintergast, sehr seltener Brutvogel.

< Haubentaucher T I–XII

Zwergtaucher *Tachybaptus ruficollis*

Familie Lappentaucher *Podcipedidae*

TYPISCH Der mit Abstand kleinste Taucher Europas.

MERKMALE Gedrungen und kurzhalsig. Im Prachtkleid (oben) Kopf- und Halsseiten kastanienbraun, deutlicher heller Fleck am Schnabelwinkel, Schlichtkleid (kleines Foto) unauffällig graubraun, Flanken etwas heller.

STIMME Hauptsächlich im Frühjahr ein langes, vibrierendes Trillern, oft von ♂ und ♀ im Duett, daneben auch ein hohes „bi-ib“.

VORKOMMEN Brütet auf Teichen und kleinen Seen, im dicht bewachsenen Uferbereich großer Seen und langsam fließender Flüsse, manchmal auch auf kleinen Tümpeln. Im Winter oft in kleinen Trupps auf Flüssen und Seen, auch auf Gewässern mitten in der Großstadt.

VERHALTEN Im Sommerhalbjahr ist der Zwergtaucher oft schwer zu beobachten, da er sich geschickt zwischen den Wasserpflanzen versteckt, schwimmt im Winter dagegen oft deckungslos und in Ufernähe dick aufgeplustert mit hohem „Heck“.

NAHRUNG Insekten, deren Larven, Kleinkrebse, Schnecken, Kaulquappen; im Winter kleine Fische.

BRUT April–Juli, 1–2 Bruten; schwimmendes Nest am Ufer.

< Blässhuhn T I–XII

Eissturmvogel *Fulmarus glacialis*

Familie Sturmvögel *Procellariidae*

TYPISCH Gleitet mit starr gehaltenen Flügeln und gelegentlichen Flügelschlägen über den Wellen.
MERKMALE Ähnelt einer großen Möwe, aber plumper, Kopf und Hals dicker; Schnabel kurz und dick.
STIMME Heisere und schnarrende Rufe wie „ärr“, „quäquä“ oder „ahrgock-gock“, im Flug oft „kuh“.

VORKOMMEN Brütet in Kolonien an felsigen Küsten und auf Inseln, außerhalb der Brutzeit auf dem Meer, oft küstenfern, Brutvogel Helgolands seit 1972; sonst regelmäßig, aber selten an der Nordseeküste, gelegentlich auch an der Ostsee zu beobachten.
VERHALTEN Folgt häufig Schiffen.
NAHRUNG Tote Fische, Tintenfische, Kleinkrebse, Fett toter Meeressäuger.
BRUT Mai–August, 1 Brut; nistet vorwiegend auf Felsklippen.
Der gänsegroße, schlanke **Basstölpel** *Sula bassana* (links) ist außerhalb der Brutzeit an der Nordseeküste in geringer Zahl anzutreffen. Stürzt sich bei der Jagd auf Fische aus bis zu 40 m Höhe senkrecht und mit nach hinten gestreckten Flügeln ins Wasser (Stoßtaucher); brütet an den Felsküsten Nord- und Westeuropas sowie auf Helgoland.

< Silbermöwe J I–XII

Kormoran *Phalacrocorax carbo*

Familie Kormorane *Phalacrocoracidae*

Typisch Schwarzer Wasservogel mit weißem Kinn und weißen Wangen, Schnabelspitze mit Haken.

Merkmale Während der Brutzeit mit weißem Fleck am Schenkelansatz. Jungvögel (unten) mit bräunlicher Ober- und weißlicher Unterseite.

Stimme Meist nur am Brutplatz zu hören; rau schnarrende, gurgelnde und krähende Laute wie „kra", „korr korr" oder „rährāh".

Vorkommen Brütet kolonieweise auf hohen Bäumen und an der felsigen Meeresküste, im Binnenland meist auf Inseln in großen Seen oft mit Graureihern in enger Nachbarschaft. Im Winterhalbjahr regelmäßig auf größeren Seen und Stauseen zu beobachten.

Verhalten Schwimmt tief im Wasser liegend, ähnlich einem Seetaucher.

Nahrung Überwiegend Fische.

Brut Mai–Juli, 1 Brut; nistet auf Bäumen oder auf Klippen.

Die etwas kleinere und kurzhalsigere **Krähenscharbe** *Phalacrocorax aristotelis* ist bei uns selten, aber regelmäßig (meist im Winterhalbjahr) im Bereich von Helgoland anzutreffen. Gefieder schwarz mit grünlichem Glanz; zur Brutzeit mit aufrichtbarer, nach vorne gebogener Federhaube. Brütet in Kolonien an felsigen Meeresküsten; ernährt sich wie der Kormoran von Fischen.

< Graugans T I–XII

Rohrdommel *Botaurus stellaris*

Familie Reiher *Ardeidae*

Typisch Reckt bei Gefahr Kopf und Hals nach oben und verharrt in dieser Stellung oft längere Zeit bewegungslos (Pfahlstellung).

Merkmale Viel gedrungener und kurzhalsiger als der Graureiher; Gefieder schilffarben, Beine und Zehen grünlich (Tarntracht).Fliegt mit eingezogenem oder (bei Kurzflügen) mit lang ausgestrecktem Hals, Flug eulenartig.

Stimme Zur Brutzeit ein nebelhornartiges, dumpfes „ü-prauh", oft mehrere Kilometer weit zu hören; Flugruf ein raues „aark".

Vorkommen Brütet in ausgedehnten Schilfbeständen an Seeufern, in Sümpfen und Mooren. Bei uns selten und überall im Rückgang begriffen, besonders in Süddeutschland. Überwintert manchmal bei uns.

Verhalten Scheu und nur selten zu sehen; versteht sich ausgezeichnet zu tarnen: Klettert langsam und schleichend im Röhricht, bewegt sich in der Pfahlstellung im Rhythmus des schwankenden Schilfs langsam hin und her, um die Tarnwirkung noch zu verstärken, oder entfernt sich im Zeitlupentempo von der Gefahrenstelle. Drohhaltung uhuartig geduckt mit seitwärts ausgebreiteten Flügeln.

Nahrung Fische, Frösche, Molche, Blutegel, Würmer, Wasserinsekten.

Brut Mai–Juli, 1 Brut; Nest im Schilf, meist über seichtem Wasser.

< Graureiher T I–XII

Zwergdommel *Ixobrychus minutus*

Fam. Reiher *Ardeidae*

Typisch Kleinster Reiher Europas.
Merkmale ♂ (oben rechts) mit dunklem Oberkopf und dunkler Oberseite, ♀ weniger kontrastreich gefärbt, an Hals, Brustseiten und Flanken dunkel längs gestreift. Im Flug fällt das helle Flügelfeld auf (Jugendkleid rechts).
Stimme Flugruf ein kurzes, raues „kär", zur Balz- und Brutzeit hört man vom ♂ im Abstand von rund zwei Sekunden ein gedämpftes „wu", das wie fernes Hundebellen klingt.
Vorkommen Brütet in dichten Schilfbeständen an Teichen und Seen, in feuchten Weidengebüschen an größeren Flüssen, in Sumpf- und Auwaldgebieten; häufig im gleichen Brutbiotop wie der Drosselrohrsänger. Bei uns durch Lebensraumzerstörung und Freizeitrummel sehr stark zurückgegangen.
Verhalten Klettert mit den extrem langen Zehen geschickt im Schilf, umklammert dabei mehrere Halme gleichzeitig; verharrt bei Gefahr ähnlich wie die Rohrdommel unbeweglich in Pfahlstellung oder „stiehlt" sich langsam davon. Fliegt aufgescheucht mit raschen Flügelschlägen niedrig über dem Schilf, um kurz darauf wieder im dichten Rohrwald unterzutauchen.
Nahrung Fische, Frösche, Wasserinsekten, Kaulquappen, Blutegel, Würmer und Schnecken, Jungvögel.
Brut Mai–Juli, 1 Brut; Nest im Schilf oder in dichtem, feuchtem Gebüsch.

~ Haustaube S IV–X

Graureiher *Ardea cinerea*

Familie Reiher *Ardeidae*

Typisch Größter und häufigster Reiher Europas.

Merkmale Langer Hals und lange Beine; Schnabel lang und spitz, gelblich gefärbt. Gefieder überwiegend grau; schwarzer Überaugenstreif, der sich in zwei langen Schmuckfedern im Nacken fortsetzt. Jungvögeln fehlen der Überaugenstreif und die Schmuckfedern. Fliegt mit langsamen, wuchtigen Flügelschlägen, der Hals ist stets S-förmig eingezogen, die Beine sind weit nach hinten ausgestreckt, die Flügel stark gebogen; wirkt im Flug sehr groß.

Stimme Ruft im Flug rau „kräick".

Vorkommen Brütet kolonieweise auf hohen Bäumen, gebietsweise auch im Schilf. Nahrungssuche im seichten Wasser, an flachen Ufern von Bächen, Gräben, Teichen und Seen oder (zum Mäusefang) auf feuchten Wiesen.

Verhalten Graureiher stehen oft unbeweglich am Ufer oder schreiten langsam und mit weit vorgestrecktem Hals durch das Flachwasser und lauern auf Fische; haben sie ein Beutetier entdeckt, stoßen sie sehr schnell mit dem langen Schnabel zu. Wegen der Zerstörung naturnaher Gewässer und Feuchtwiesen sind Graureiher immer mehr darauf angewiesen, ihre Beutetiere in Fischzuchten zu fangen.

Nahrung Vorwiegend Fische, aber auch Kleinsäuger, Frösche, Würmer.

Brut März–Juni, 1 Brut; großes Nest meist hoch auf Bäumen.

< Weißstorch T I–XII

Purpurreiher *Ardea purpurea*

Familie Reiher *Ardeidae*

Typisch Hält den dünnen Hals oft schlangenartig.
Merkmale Schlanker und langhalsiger als Graureiher; das Gefieder wirkt sehr dunkel, vor allem im Flug. Jungvögel heller, ohne schwarze Kopf- und Halszeichnung, Unterseite gelblich braun, von weitem leicht mit dem Graureiher zu verwechseln. Im Flug fallen die großen Füße auf; der tief herabhängende Hals wirkt eckig.
Stimme Flugruf „kra" oder „kreg", etwas höher als der Graureiherruf, bei Gefahr „quär", außerhalb der Brutzeit wenig rufaktiv.

Vorkommen Brütet in ausgedehnten Röhrichtbeständen, auch in Sumpfgebieten mit dichtem Weiden- und Erlengebüsch. Bei uns als Brutvogel sehr selten und unregelmäßig, meist in kleinen Kolonien, die sich für einige Jahre ansiedeln und dann wieder verschwinden; größere Bestände am Neusiedler See in Österreich und in Holland.
Verhalten Sitzt nur selten auf Bäumen, hält sich meistens im Halmengewirr des Schilfwaldes auf; verharrt bei Gefahr oft rohrdommelartig und ist dann sehr schwer zu entdecken. Lauert bei der Beutesuche an kleinen, offenen Wasserstellen und Gräben im dichten Schilfwald.
Nahrung Kleine Fische, Frösche, verschiedene Insekten.
Brut April–Juli, 1 Brut; Nest meist über dem Wasser im Schilf.

< Graureiher S IV–IX

Silberreiher *Egretta alba*

Familie Reiher *Ardeidae*

Typisch Gefieder schneeweiß, während der Brutzeit mit langen Schmuckfedern auf den Flügeln.
Merkmale Deutlich schlanker als der Graureiher, mit sehr langem, dünnem Hals. Schnabel im Prachtkleid schwarz mit gelber Basis, im Schlichtkleid nahezu ganz gelb; Beine und Füße grünlichschwarz, im Prachtkleid Beine im oberen Teil gelblich.
Stimme Meistens stumm; gelegentlich hört man ein krächzendes „krah", am Brutplatz ratternde, heiser rollende und bellende Laute.
Vorkommen Brütet in ausgedehnten Schilfbeständen an Seen, Altwässern und in breiten Flussmündungen, auch in offenen Sümpfen mit Büschen und niedrigen Bäumen; regelmäßiger Brutvogel am Neusiedler See in Österreich und in Ungarn. Sonst seltener, aber inzwischen regelmäßig auftretender Gast an geeigneten Gewässern.
Verhalten Bei der Nahrungssuche pirschen Silberreiher langsam durchs seichte Wasser. Oft stehen die Reiher unbeweglich an kleinen Wasserstellen und warten auf eine günstige Gelegenheit; dabei sind sie weit weniger sichtgeschützt und natürlich viel auffälliger als die im gleichen Biotop lebenden, deckungsliebenden Purpurreiher.
Nahrung Fische, Frösche, verschiedene Wasserinsekten.
Brut April–Juni, 1 Brut; Nest meist im Schilf; Koloniebrüter.

~ Graureiher T I–XII O

Seidenreiher *Egretta garzetta*

Familie Reiher *Ardeidae*

Typisch Kleiner, schneeweißer Reiher mit schwarzem Schnabel, schwarzen Beinen und gelben Füßen.

Merkmale Zur Brutzeit mit langen Schmuckfedern an Hinterkopf und Schultern, die während der Balz gesträubt werden. Im Flug an der geringeren Größe, am schnelleren Flügelschlag und an den mehr gerundeten Flügeln vom Silberreiher zu unterscheiden. Die gelben Füße sieht man ebenfalls am besten im Flug.

Stimme Am Brutplatz verschiedene keckernde, gurgelnde, schnarrende und krächzende Laute.

Vorkommen Brütet kolonieweise in ausgedehnten Sumpfgebieten, die mit Büschen und Bäumen bestanden sind, aber auch (in zunehmendem Maße) in Reisfeldern, z. B. in Ungarn; dort und in Tschechien seltener Brutvogel; am Neusiedler See regelmäßig übersommernd.

Verhalten Läuft bei der Nahrungssuche hastig durch seichtes Wasser und schnappt dabei links und rechts nach Beutetieren.

Nahrung Kleine Fische, Frösche, Wasserinsekten.

Brut April–Juni, 1 Brut; Nest meist auf Büschen und Bäumen, selten im hohen Schilf. Koloniebrüter.

< Graureiher S IV–X O

Nachtreiher *Nycticorax nycticorax*

Familie Reiher *Ardeidae*

Typisch Hauptsächlich dämmerungs- und nachtaktiv; sitzt tagsüber häufig mit eingezogenem Kopf in Bäumen versteckt.

Merkmale Gedrungen und kurzhalsig, im Nacken einige lange, weiße Schmuckfedern; Flügel breit und abgerundet; fliegt mit eulenartig weichen Flügelschlägen. Jungvögel (kleines Foto) rohrdommelartig gestreift und hell gefleckt.

Stimme Ruft bei Beunruhigung rau quakend „ark", meist in der Dämmerung und nachts; am Brutplatz verschiedene kehlige und raue Laute.

Vorkommen Brütet in dichtbewachsenen Sumpflandschaften mit Büschen und Bäumen, in Flussauen mit vielen Altwässern und dschungelartiger Vegetation. Bei uns sehr selten, durch rücksichtslose Verfolgung fast ausgerottet, nur noch wenige Brutkolonien in Holland und Süddeutschland; in Ungarn und Tschechien dagegen häufiger.

Verhalten Balz mit hängenden Flügeln und tänzelnden Bewegungen auf einem provisorischen Nest .

Nahrung Frösche, Fische, Kaulquappen, Wasser- und Landinsekten, Blutegel.

Brut April–Juli, 1 Brut; Nest im Gebüsch oder in Bäumen; Koloniebrüter.

< Graureiher S IV–X

Löffler *Platalea leucorodia*

Familie Ibisse *Threskiornithidae*

TYPISCH Der lange, löffelartige Schnabel mit gelber Spitze.

MERKMALE Gefieder weiß, am Kinn ockergelb; zur Brutzeit gelblicher Federschopf am Hinterkopf und gelbliches Brustband. Im Flug werden Kopf und Hals weit ausgestreckt.

STIMME Am Brutplatz nasale, grunzende und klagende Laute, sonst meist stumm.

VORKOMMEN Brütet in weiten, offenen Sumpfgebieten mit Schilfbestand und Flachwasserbereichen, in Verlandungszonen mit schilfigem Weiden- und Erlengebüsch, das mit offenen Flächen abwechselt; häufige Brutnachbarn der Löfflerkolonien sind Silberreiher. Nahrungssuche auch an deckungslosen Gewässern; außerhalb der Brutzeit häufig an der Meeresküste. Seltener Brutvogel an der Nordseeküste, am Neusiedler See und in Ungarn.

VERHALTEN Bei der Nahrungssuche watet der Löffler im Wasser und durchseiht Wasser und Schlamm nach Nahrungstieren, dabei pendelt der Kopf seitlich hin und her. Trupps fliegen in langen Reihen oder in V-Formation.

NAHRUNG Fische, Wasserinsekten, Muscheln, Schnecken, Kaulquappen, Krebstiere.

BRUT April–Juni, 1 Brut; Nest häufig über dem Wasser auf umgebrochenem Schilf. Koloniebrüter.

< Weißstorch S IV–IX

Weißstorch *Ciconia ciconia*

Familie Störche *Ciconiidae*

Typisch Der lange, rote Schnabel und die langen, roten Stelzbeine.

Merkmale Sehr großer, weißer Schreitvogel mit schwarzen Schwungfedern, leicht zu erkennen. Bei Jungvögeln sind Schnabel und Beine viel blasser gefärbt. Segelt häufig, fliegt im Gegensatz zu Reihern mit weit ausgestrecktem Hals.

Stimme Außer dem bekannten Klappern, vor allem während der Brutzeit, nahezu stumm, gelegentlich (bei Gefahr) zischende Laute.

Vorkommen Nahrungssuche auf Feuchtwiesen und extensiv bewirtschafteten Wiesen des Tieflandes; brütet bei uns fast ausschließlich auf Gebäuden und Kaminen, häufig auf einem eigens angebrachten Wagenrad als Nestunterlage. In Auwaldgebieten Ostösterreichs gibt es noch wenige baumbrütende Weißstörche. Im westlichen Mitteleuropa drastisch zurückgegangen, vor allem durch Lebensraumverlust, Unfälle an Starkstromleitungen und Abschuss im Winterquartier.

Verhalten Lautes Schnabelklappern, wenn ein Altvogel am Horst landet.

Nahrung Mäuse, Frösche, Regenwürmer, Insekten.

Brut April–Juni, 1 Brut; großes Nest meist hoch auf Gebäuden.

< Graureiher S III–X

Schwarzstorch *Ciconia nigra*
Familie Störche *Ciconiidae*

Typisch Bewohner des Waldes.
Merkmale Leicht vom etwa gleich großen Weißstorch zu unterscheiden: Gefieder überwiegend schwarz mit grünlichem und purpurnem Schimmer, nur Bauch und Unterschwanz weiß. Jungvögel graubraun gefärbt, Schnabel und Beine grünlich. Segelt oft hoch und ausdauernd.
Stimme Im Vergleich zum Weißstorch reichhaltiges Lautrepertoire: im hohen Segelflug ein melodisches „vüho", bei Auseinandersetzungen „fiiche", am Horst gedämpft „chichu".

Vorkommen Östliche Art; brütet in ausgedehnten, alten und ruhigen Laub- und Mischwäldern mit Tümpeln, Bächen und eingestreuten Feuchtwiesen. Zur Nahrungssuche an seichte Gewässer gebunden. Bei uns durch Lebensraumzerstörung und forstliche Maßnahmen sehr selten geworden, jedoch seit einigen Jahren wieder in mehreren Bundesländern im Aufwärtstrend.
Verhalten Deutlich weniger gesellig als Weißstorch; außerhalb der Brutzeit meist einzeln oder in kleinen Trupps. Nahrungssuche an Gewässern.
Nahrung Wasserinsekten, Molche, Frösche, Fische, gelegentlich auch Kleinsäuger.
Brut April–Juli, 1 Brut; großer Baumhorst aus Ästen und Zweigen, oft auf alten Kiefern oder Eichen, auch ehemalige Greifvogelhorste werden bezogen.

~ Weißstorch S III–X

Höckerschwan *Cygnus olor*

Familie Entenvögel *Anatidae*

Typisch Der größte und schwerste Schwimmvogel.

Merkmale Gefieder ganz weiß, Schnabel rötlich mit schwarzem Grund; deutlicher Schnabelhöcker, beim ♂ stärker ausgeprägt, vor allem im Frühjahr. Jungvögel graubraun gefärbt, mit grauem Schnabel und ohne Schnabelhöcker.

Stimme Wenig lautfreudig; bei Auseinandersetzungen hart und durchdringend „gaiarr"sowie lautes Zischen.

Vorkommen Lebt bei uns als verwilderter Parkvogel auf vielen Seen des Tieflandes, auch auf Parkteichen mitten in der Stadt. Im Winter oft große Scharen futterzahmer Schwäne auf Parkseen und an Dampferstegen. Brütet auf wasserpflanzenreichen Teichen und Seen mit verschilften Ufern, auch an den Ufern von langsam fließenden Flüssen und an der Küste.

Verhalten Schwimmt im Gegensatz zu Sing- und Zwergschwan mit leicht S-förmig gebogenem Hals und abwärts gerichtetem Schnabel. Fliegt mit weit ausgestrecktem Hals und kraftvollen Flügelschlägen, dabei hört man ein deutliches Schwingenpfeifen.

Nahrung Wasser- und Sumpfpflanzen, manchmal Gras und junge Saat.

Brut April–Juni, 1 Brut; großes Nest aus Schilf und anderem Pflanzenmaterial, meist gut versteckt am Ufer.

> **Graugans T I–XII**

Singschwan *Cygnus cygnus*

Familie Entenvögel *Anatidae*

Typisch Vom Höckerschwan am besten durch die gelbe Schnabelwurzel und das Fehlen eines Schnabelhöckers zu unterscheiden.

Merkmale Hält beim Schwimmen den Hals weniger gebogen als der Höckerschwan, der Kopf wird meist aufrechter gehalten. Jungvögel mehr grau als junge Höckerschwäne, Schnabel fleischfarben mit dunkler Spitze.

Stimme Ruft fast ständig; Trupps äußern im Schwimmen häufig nasale, gänseartige Laute, vor und während des Abfluges und im Flug laut trompetend „anghö".

Vorkommen Brutvogel der Moor- und Tundraseen Nordeuropas, im Winterhalbjahr regelmäßig in größeren Trupps an der Nord- und Ostseeküste, auf Seen des Norddeutschen Tieflandes und in geringer Zahl auf den größeren Seen bis ins Alpenvorland.

Verhalten Während der Höckerschwan in der Drohhaltung die Flügel aufstellt und den Hals gebogen hält, droht der Singschwan mit seitlich ausgebreiteten Flügeln und erhobenem Hals. An Land ist der Singschwan viel weniger unbeholfen. Fliegt ohne sein Schwingengeräusch, aber ruft sehr häufig; Trupps fliegen oft in Schrägreihe.

Nahrung Vorwiegend Wasserpflanzen und deren Wurzeln, verschiedene Gräser und krautige Pflanzen an Land.

Brut Mai–Juni, 1 Brut; großes Nest, meist auf einer kleinen Insel.

~ **Höckerschwan W X–IV**

Zwergschwan *Cygnus columbianus*

Familie Entenvögel *Anatidae*

Typisch Wirkt mehr gänseartig als Höcker- und Singschwan, besonders während des Fluges.
Merkmale Kopf und Schnabel kürzer als beim Singschwan, der Hals ist etwas kürzer und kräftiger und wird meist gerade getragen, das Gelb an der Schnabelwurzel ist viel weniger ausgedehnt und mehr abgerundet (beim Singschwan keilförmig nach vorne gezogen). Fliegt seltener in Formation.
Stimme Deutlich tiefer und klarer als die des Singschwans; melodisch trompetend „kuhk" oder „glüglü", die Stimmen von weiter entfernten Trupps verschmelzen zu einem angenehmen Singsang.
Vorkommen Brütet auf kleinen Gewässern in der Tundra Nordosteuropas; regelmäßiger Wintergast an der Nordsee, nur ausnahmsweise im Binnenland. Die Trupps weiden im Winterquartier auch fernab des Wassers auf Wiesen und Feldern.
Verhalten Oft Gruß- und Dominanzverhalten: Zwergschwäne stellen sich auffällig zur Schau, recken den Kopf vor und schlagen mit den Flügeln.
Nahrung Wasserpflanzen und deren Wurzeln, Gras und junge Saat.
Brut Juni–Juli, 1 Brut; großes Nest aus Pflanzenmaterial, meist auf einem kleinen Inselchen.

< **Höckerschwan W X–IV O**

Saatgans *Anser fabalis*
Familie Entenvögel *Anatidae*

TYPISCH Dunklere Vorderflügel und rauere Rufe als die Graugans.
MERKMALE Ähnlich der Graugans, aber deutlich dunkler und bräunlicher, besonders an Kopf, Hals und Vorderflügel; Kopf und Schnabel sind länger, Schnabel an der Basis und Spitze schwarz, dazwischen in variabler Ausdehnung orangegelb gefärbt, bei der Tundrasaatgans nur schmale, orangefarbene Binde. Füße orangegelb.
STIMME Weniger ruffreudig als die Graugans; im Flug oft rau und nasal „kajak", „kajakak" oder „agaka", auch einsilbige Laute.

VORKOMMEN Brütet in Moorgebieten mit kleinen Seen und in Flussniederungen der Taigazone Nordeuropas (Waldsaatgans) und in der Tundra. Im Winterhalbjahr regelmäßig in größeren Verbänden an der Nord- und Ostseeküste und im östlichen Mitteleuropa. Nahrungssuche auf ausgedehnten Wiesen- und Weideflächen.
NAHRUNG Gräser, Kräuter, Klee, Getreide, Kartoffeln.
Die **Kurzschnabelgans** *Anser brachyhynchus* (kleines Foto) ist kleiner, hat einen kürzeren Schnabel und fleischfarbene Füße. Im Flug fällt vor allem die deutlich hellere, blaugraue Vorderkante der Flügel auf. Die Rufe sind höher und weniger rau als die der Saatgans. Brutvogel auf Island, Spitzbergen und Grönland, überwintert regelmäßig, aber in geringer Anzahl an der Nordseeküste.

~ Graugans W X–IV O

Graugans *Anser anser*

Familie Entenvögel *Anatidae*

Typisch Im Flug an den auffallend silbergrauen Vorderkanten der Flügel zu erkennen.

Merkmale Große, kräftige, hellgraue Gans, Stammform der Hausgans; Schnabel orangegelb (westl. Unterart) oder fleischfarben (östl. Unterart), es gibt auch Mischformen der Schnabelfärbung; Füße fleischfarben bis rosa, bei Jungvögeln grau.

Stimme Ziemlich ruffreudig; häufig ein hausgansartiges, nasales „ga-ga-ga", „ahng-ahng", „angangangang" oder ähnlich.

Vorkommen Brütet an großen Binnenseen mit dichten Randbereichen wie Schilf, Binsen oder sumpfiges Dickicht oder in Mooren. Bei uns seltener Brutvogel im nördlichen Teil, die Brutansiedlungen in Süddeutschland sind wohl nicht durch Wildvögel entstanden.

Verhalten Lebt gebietsweise ganzjährig als halbzahmer Parkvogel, oft mit Kanadagänsen zusammen, mitten in Städten.

Nahrung Gräser, Kräuter, Triebe, Wurzeln, Beeren, Samen, Getreide, Saat, Kartoffeln.

Brut April–Juni, 1 Brut; großes, lockeres Nest aus Pflanzenmaterial, meist nahe am Wasser in dichter Vegetation.

> Stockente T I–XII

Blässgans *Anser albifrons*

Familie Entenvögel *Anatidae*

Typisch Die auffällige Stirnblesse und die ausgedehnte, schwarze Querbänderung am Bauch.

Merkmale Schnabel lang und rötlich, bei der grönländischen Unterart gelb. Jungvögel ohne schwarze Bauchzeichnung und ohne Blesse, Schnabel mit dunkler Spitze.

Stimme Ruft höher, heller und in schnellerer Folge als die Graugans: „kwi kwi kwi", „klikli" oder „kjauljau".

Vorkommen Brütet in der Tundra Nordrusslands und Grönlands, meist in Gewässernähe; im Winterhalbjahr in großen Scharen an der holländischen und deutschen Nordseeküste, außer in Ungarn nur selten und in kleinen Trupps im Binnenland. Die Gänse halten sich zur Nahrungssuche auf Wiesen und Salzwiesen im Küstenbereich auf, wo sie ungestört sind, und übernachten auf dem Wasser.

Nahrung Gräser und deren Samen, im Winter auch Salzpflanzen.

Die sehr ähnliche **Zwergblässgans** *Anser erythropus* (kleines Foto) ist kleiner und kurzhalsiger und hat einen runderen Kopf und kürzeren Schnabel, die Blesse reicht bis über das Auge hinauf; typisch ist der leuchtend gelbe Augenring. Ihr Flug ist sehr wendig. Die Zwergblässgans ist relativ häufiger Durchzügler in Polen und Ungarn, in milden Wintern auch Wintergast in der Ungarischen Tiefebene. Ruft hoch und etwas quiekend „kjüju" oder "kji-ji".

< Graugans W X–V O

Kanadagans *Branta canadensis*
Familie Entenvögel *Anatidae*

TYPISCH Sehr große Gans mit langem, schwarzem Hals.
MERKMALE Kopf auffallend schwarzweiß, Schwanz, Schnabel und Füße schwarz. Bastardiert manchmal mit der Graugans. Trupps fliegen häufig in V-Formation.
STIMME Im Flug ein weit hörbares, nasal trompetendes „a-honk", wobei die Höhe der zweiten Silbe stark zunimmt. Im Trupp durchdringende Rufe bei Beunruhigung.
VORKOMMEN Aus Nordamerika bei uns eingebürgert; brütet ursprünglich an sumpfigen See- und Flussufern bis in die Tundraregion. Bei uns seit einigen Jahrzehnten als Jahresvogel etabliert. Die verwilderten Parkvögel haben sich an größeren und kleineren Seen mit deckungsbietenden Ufern, an Fischteichen und vor allem an Parkseen angesiedelt. Nur bei großer Kälte weichen die Gänse über kurze Entfernungen zu offenen Gewässern aus; die im Winterhalbjahr alljährlich an der Nordseeküste erscheinenden Kanadagänse sind echte Wintergäste aus den schon seit über 50 Jahren freibrütenden schwedischen Populationen.
NAHRUNG Gräser, Kräuter, Klee, Wurzeln, Samen, junge Saat, Wasserpflanzen, Algen.
BRUT März–Juni, 1 Brut; großes Nest aus Pflanzenmaterial, meist am Ufer oder auf kleiner Insel.

> Graugans **J, W I–XII**

Weißwangengans *Branta leucopsis*

Familie Entenvögel *Anatidae*

Typisch Auffallend weißes Gesicht, das zum schwarzen Hals kontrastiert.
Merkmale Eine mittelgroße Gans mit kleinem, schwarzem Schnabel; wirkt aus der Ferne oben schwarz und unten weiß. Jungvögel im ersten Jahr mit grauweißem Gesicht und dunkelbrauner Halsfärbung, weniger scharf abgesetzt.
Stimme Im Flug heisere Rufe wie „gäk gäk gäk", die Stimmen von großen Scharen klingen aus der Entfernung wie das Gebell von kleineren Hunden.
Vorkommen Weißwangengänse brüten meist zu mehreren Paaren auf unzugänglichen Klippen und Felsbändern hoch über Flusstälern oder Fjorden Grönlands, Spitzbergens und Nordrusslands. Die vor Eisfüchsen gut geschützten Nistplätze sind von den Gänsen nur fliegend erreichbar. Bei uns regelmäßig in den Wattenmeergebieten Schleswig-Holsteins und Hollands; zur Nahrungssuche im Watt, auf Salzwiesen, aber auch auf küstennahen Wiesen und Feldern.

Verhalten Sehr gesellig, kleine Gruppen schließen sich häufig anderen Gänsearten an, große Verbände (bei uns in der Regel) sind dagegen meist artrein. Die riesigen Schwärme fliegen meist ungeordnet.
Nahrung Im Winterquartier Gräser, Seegräser, Queller, Kräuter, Algen, daneben auch junge Saat.

< Graugans W X–IV

Ringelgans *Branta bernicia*

Familie Entenvögel *Anatidae*

Typisch Die tiefen, kehligen Rufe "Rottgans".
Merkmale Kleine, sehr dunkle, etwas entenartig wirkende Gans mit schwarzem Schnabel und schwarzen Beinen; Hinterteil leuchtend weiß, an den Halsseiten je ein länglicher, weißer Fleck, der den Jungvögeln fehlt. Bei uns zwei verschiedene Unterarten, eine hellbäuchige und eine (häufigere) dunkelbäuchige; manchmal Angehörige beider Unterarten in einem Trupp.
Stimme Ruft bei Beunruhigung tief und nasal „rott rott rott“ oder kehlig „rronk“, im Flug kurz und hart „ack“, daneben leisere, hohe Laute.
Vorkommen Ringelgänse brüten in Kolonien auf der seenreichen, arktischen Tundra in Küstennähe, die hellbäuchige Form häufig auf kleinen Inseln vor der Küste. Im Winterquartier an der flachen Meeresküste mit Seegras- und Quellerbeständen. Bei uns im Winterhalbjahr regelmäßig und in größeren Trupps im Wattenmeer der Nordsee; im Binnenland nur sehr selten. Die Bestände sind durch Bejagung und durch das Absterben von großen Seegrasflächen drastisch zurückgegangen.
Verhalten Sehr gesellig, meistens in großen Scharen; fliegen schnell und in der Regel ungeordnet.
Nahrung Im Winterquartier Seegräser, Queller, Grünalgen, Gras und junge Saat.

< **Graugans W X–V O**

Brandgans *Tadorna tadorna*

Familie Entenvögel *Anatidae*

Typisch Die kontrastreiche Färbung und der Schnabelhöcker (♂).

Merkmale Eine große Ente, die von weitem schwarzweiß wirkt, Gestalt gänseartig; durch die auffällige Gefiederfärbung kaum mit einer anderen Art zu verwechseln. Im Schlichtkleid sind die Farben weniger intensiv. ♂ mit Höcker an der Schnabelbasis, der beim ♀ (rechts) fehlt. Jungvögel mit überwiegend graubrauner Oberseite und weißlicher Unterseite, Schnabel und Füße hellgrau.

Stimme ♂ hoch pfeifend „tjutjutjutju ....", oft von einem trillernden Laut gefolgt; die Lautäußerungen der ♀ sind viel tiefer und härter „ak-ak-ak", „ga-ga-ga-ga" oder „ahk".

Vorkommen Häufiger Brutvogel an der Nord- und Ostseeküste, regelmäßig auch auf Seen in Küstennähe .

Verhalten Fliegt mit relativ langsamen Flügelschlägen, häufig in Ketten oder Keilformation.

Nahrung Muscheln, Schnecken, Würmer, Kleinkrebse, Insekten.

Brut April–Juli, 1 Brut; nistet in alten Kaninchenbauten, Löchern in Dämmen, unter Gebäuden oder in eigens für sie angelegten Höhlen.

> **Stockente T I–XII**

Pfeifente *Anas penelope*

Familie Entenvögel *Anatidae*

TYPISCH Tritt außerhalb der Brutzeit in oft großen, dicht zusammenhaltenden Scharen auf.

MERKMALE Mittelgroße Ente mit hoher Stirn und kurzem Schnabel. ♂ sehr bunt und leicht zu erkennen; ♀ ähnlich Stockenten-♀, aber zierlicher, Kopf mehr gerundet, Schnabel deutlich kürzer, Schwanz spitzer und Gefieder mehr rostbraun. Im Flug fallen die langen Flügel, der spitze Schwanz und der scharf abgesetzte, weiße Bauch auf; ♂ im Flug am großen, weißen Feld im Vorderflügel zu erkennen (fehlt im 1. Winter).

STIMME Das ♂ ruft pfeifend „huiuuh" oder „wiuu", das „i" ist betont, oft auch gereiht und dazwischen „arr"; das ♀ ratternd „rrarr", „werr" oder „krr-krr".

VORKOMMEN Brütet an vegetationsreichen, flachen Seen, Moorseen und Flussdeltas Nordeuropas; einzelne Bruten in Deutschland, Holland und Polen. Bei uns regelmäßiger und zahlreicher Durchzügler und Wintergast an der Nord- und Ostseeküste, seltener auf Seen des Binnenlandes.

VERHALTEN Sehr gesellig, oft mit Ringelgänsen vergesellschaftet. Nahrungssuche häufig auf Wiesen und Feldern.

NAHRUNG Seegräser, Gräser, Kräuter, Grünalgen.

BRUT Mai–Juni, 1 Brut; flaches, mit Dunen gepolstertes Nest in Wassernähe.

< Stockente T, W, D IX–IV

Schnatterente *Anas strepera*

Familie Entenvögel *Anatidae*

Typisch In allen Kleidern mit weißem Flügelspiegel, der vor allem im Flug gut sichtbar ist.

Merkmale Etwas zierlicher und mit steilerer Stirn als die Stockente, ♂ relativ unauffällig gefärbt, von weitem gut am schwarzen „Heck" zu erkennen, im Flug scharf abgesetzter weißer Bauch kennzeichnend; im Schlichtkleid ähnlich ♀, aber mit rotbraunen Flügeldecken. ♀ (Foto rechts) vor allem am zierlicheren Schnabel (gelborange mit schwarzem First) zu erkennen.

Stimme Das ♂ ruft während der Balz tief „träb" oder „ärp", daneben „fied" (Grunzpfiff); das ♀ ähnlich der Stockente laut „rääk-rääk-räk ..." (Decrescendo-Ruf).

Vorkommen Brütet im Tiefland an flachen, nährstoffreichen Süßwasserseen mit reicher Ufervegetation, auch an langsam fließenden Flüssen. Bei uns spärlicher Brutvogel, der in vielen Gegenden ganz fehlt. Im Winter manchmal auf Stauseen, die meisten Schnatterenten ziehen jedoch weg.

Verhalten Schnatterenten sind sehr gesellig; bei den Balzspielen lassen sich verschiedene Posen beobachten.

Nahrung Vorwiegend Wasserpflanzen, gelegentlich Kleintiere.

Brut Mai–Juli, 1 Brut; Nest meist am Wasser, in dichter Ufervegetation.

< Stockente T I–XII

Krickente *Anas crecca*

Familie Entenvögel *Anatidae*

Typisch Sehr kleine Ente mit grünem Flügelspiegel.

Merkmale ♂ im Prachtkleid auffallend gefärbt, an den Seiten des Hinterendes gelbes, schwarz umrahmtes Dreieck. ♀ gelblich braun gefleckt mit schwarz-grauem Schnabel. Fliegt sehr gewandt und reißend, oft niedrig und in dicht gedrängten Trupps; der Flug erinnert eher an Watvögel als an Enten.

Stimme Das ♂ ruft häufig ein langsam wiederholtes, melodisches und hell klingendes „krück", oft auch im Flug; das ♀ quakt hoch und etwas rau, beim Auffliegen schnarrend „trr".

Vorkommen Brütet an flachen Binnenseen mit dicht bewachsener Uferzone, auf kleinen Moor- und Waldseen, auch im Bergland; gelegentlich an Wiesengräben mit Schilfbestand. Bei uns verbreiteter, aber nicht häufiger Brutvogel. Außerhalb der Brutzeit viel häufiger, vor allem in den Flachzonen der Gewässer, auf überschwemmten Wiesen und an schlammigen Ufern.

Verhalten Nahrungssuche meist im flachen Wasser gründelnd oder im lockeren Schlamm schnatternd.

Nahrung Wasserpflanzen und kleine Samen (Winter), Muscheln, Schnecken und Insektenlarven (Sommer).

Brut April–Juni, 1 Brut; Nest gut versteckt in der dichten Bodenvegetation nah am Wasser.

< Stockente S I–XII

Knäkente *Anas querquedula*
Familie Entenvögel *Anatidae*

Typisch Der breite, weiße, bis zum Hinterkopf ziehende Überaugenstreif des ♂.

Merkmale Nur wenig größer als die Krickente. Gestalt etwas lang gestreckter, Hals schlanker. ♂ im Schlichtkleid wie ♀ (rechts), aber Vorderflügel blaugrau; beide Geschlechter im Schlichtkleid mit deutlicher ausgeprägtem Überaugenstreif als bei der Krickente, Gesicht heller; ♀ im Flug durch weniger auffälligen Flügelspiegel und hellere Vorderflügel unterschieden, beim Schwimmen ist der Vorderkörper tiefer eingetaucht, die Flügel sind spitzer und stehen deutlicher ab.

Stimme Das ♂ ruft während der Balz und bei Erregung hölzern knarrend „klerrreb", daneben kurz „läk"; das ♀ quakt hoch und nasal.

Vorkommen Brütet an nahrungsreichen, flachen Gewässern, mit üppiger, deckungsbietender Vegetation; außerhalb der Brutzeit auf großen und kleinen Seen, Überschwemmungswiesen, in Sümpfen und kleinen Feuchtstellen. Bei uns seltener Brutvogel.

Verhalten Fliegt nicht so reißend wie die Krickente.

Nahrung Wasserpflanzen, Samen von Laichkräutern, Kleinkrebse, Insektenlarven, Weichtiere.

Brut Mai–Juni, 1 Brut; Nest nah am Wasser in dichter Vegetation.

< Stockente S II–XI

Löffelente *Anas clypeata*

Familie Entenvögel *Anatidae*

Typisch Der auffallend lange, löffelförmig verbreiterte Schnabel, den man oft auch von weitem gut sieht.
Merkmale Spitze Flügel; im Flug ♂ am dunklen Kopf, der weißen Brust und dem kastanienbraunen Bauch, ♀ am taubenblauen Vorderflügel zu erkennen. ♂ im Schlichtkleid ähnlich dem ♀ (kleines Bild), aber mit rosafarbenem Anflug an den Flanken.
Stimme Unauffällig und selten zu hören: ♂ tief und heiser „tuk-tuk" oder „klak", ♀ quaken 5-silbig.
Vorkommen Brütet auf nahrungsreichen, flachen und nicht zu großen Seen des Tieflandes, deren Randbereiche mit Binsen, Seggen oder Schilf bewachsen sind, auch in Sumpfgebieten mit kleinen offenen Wasserflächen; außerhalb der Brutzeit auch an der Meeresküste und auf Salzseen. Bei uns seltener Brutvogel, der in vielen Gegenden fehlt, nur im Norden etwas häufiger.
Verhalten Im Frühjahr jagen sich oft Paare oder Trupps.
Nahrung Sehr kleine Nahrungspartikel (Samen, Kleinkrebse, Insekten), die von der Wasseroberfläche geseiht werden.
Brut Mai–Juni, 1 Brut; Nest gut versteckt am Ufer.

< Stockente T, (W) III–X

Spießente *Anas acuta*

Familie Entenvögel *Anatidae*

Typisch Die auffallende Kopf- und Halsfärbung und der lange, spitze Schwanz des ♂ (♀ kleines Foto).
Merkmale Schlanker und graziler als die Stockente; ♀ ähnlich dem Stockenten-♀, vor allem durch den spitzeren Schwanz und den kleineren, grauen Schnabel unterschieden; ♂ im Schlichtkleid sehr ähnlich dem ♀, oberseits jedoch dunkler. Im Flug fallen die langen, spitzen Flügel, die schlanke Körperform, der lange Hals und der hinten weiß gesäumte Spiegel auf. Fliegt sehr schnell mit sausendem Flügelgeräusch.

Stimme Ruf des ♂ während der Balz erinnert an den des Krickerpels „grüg" oder „bjüb"; das ♀ quakt etwas länger und rauer als die Stockente.
Vorkommen Brütet hauptsächlich auf flachen Seen in höher gelegener, offener Moorlandschaft des nordischen Nadelwaldes und der Tundrazone. Bei uns seltener Brutvogel auf großen, flachen, vegetationsreichen Seen im Norden; außerhalb der Brutzeit an der Küste, vor allem aber auf Seen und Stauseen des Binnenlandes.
Nahrung Hauptsächlich Wasserpflanzen und Samen, Kleintiere.
Brut April–Juni, 1 Brut; Nest nah am Wasser, gut versteckt.

< Stockente S, (W) IV–X

Stockente *Anas platyrhynchos*

Familie Entenvögel *Anatidae*

Typisch Größte und bei weitem bekannteste Schwimmente („Wildente"), Stammform vieler Hausentenformen.

Merkmale Körper recht plump. ♂ im Prachtkleid (X–VI) am flaschengrünen Kopf mit gelbem Schnabel, an der rotbraunen Brust und den schwarzen „Erpellocken" (aufgerollte Spitzen der mittleren Schwanzfedern) leicht zu erkennen; im Schlichtkleid sehr ähnlich dem ♀, aber etwas dunkler und mit einheitlich grüngelbem Schnabel. ♀ tarnfarben, mit dunklem Schnabelfirst. Fliegt schnell, dabei fallen der lange Hals und der vorn und hinten schwarz und weiß gesäumte Flügelspiegel auf.

Stimme Während der Balzzeit rufen die ♂ häufig ein gedämpftes „rääb", auch mehrmals gereiht, oft auch hoch und dünn pfeifend (Grunzpfiff). Von den ♀ hört man häufig ein quakendes, in der Tonhöhe etwas absinkendes „waak-wak-wak-wak-wak".

Vorkommen Brütet an stehenden und nicht zu schnell fließenden Gewässern fast aller Art, auch an Kleinstgewässern; ganzjährig auch in meist großer Zahl mitten in der Großstadt als halbzahmer Parkvogel anzutreffen.

Nahrung Sehr vielseitig: Wasserpflanzen, Samen, Würmer, Schnecken, Kleinkrebse, Insekten, Brot.

Brut März–Juni, 1 Brut; Nest meist gut getarnt und dicht am Wasser.

Bezugsart T I–XII

Kolbenente *Netta rufina*

Familie Entenvögel *Anatidae*

TYPISCH Eine große, gedrungene und dickköpfige Tauchente, die relativ hoch im Wasser liegt. Schlichtkleid ♂ rechts.

MERKMALE ♂ im Prachtkleid mit kastanienbraunem Kopf (Scheitelfedern heller) und rotem Schnabel sehr auffällig; ♀ einfarbig graubraun mit scharf gegen den dunkleren Oberkopf abgesetzten, hellgrauen Wangen, ähnelt etwas dem Trauerenten-♀. Im Flug sehr helle Unterflügel und oberseits breite, weiße Flügelbinde kennzeichnend, ♂ mit breitem, schwarzem Bauchstreif.

STIMME Das ♂ ruft zur Balzzeit laut und kurz „bät" oder leise und nasal „geng", das ♀ ein mechanisch klingendes „err" oder „trr-trr", im Flug „wu-wu-wu".

VORKOMMEN Brütet auf nährstoffreichen Seen mit schilfigen Ufern der Steppen- und Halbwüstenzone; in Mitteleuropa nur an wenigen Stellen brütend; bei uns seltener Brutvogel am Bodensee, in Bayern und Schleswig-Holstein. Im Sommer regelmäßig große Ansammlungen von mausernden ♂, z. B. am Bodensee und in Südbayern.

VERHALTEN Wirkt auf dem Wasser ähnlich wie eine Schwimmente, benötigt im Gegensatz zu anderen Tauchenten zum Starten nur kurzen Anlauf.

NAHRUNG Hauptsächlich Wasserpflanzen wie Laichkräuter und Algen, seltener Kleintiere.

BRUT Mai–Juni, 1 Brut. Nest am Ufer.

< Stockente S, D II–I

Tafelente *Aythya ferina*

Familie Entenvögel *Anatidae*

Typisch Plumpe Ente mit langem, hohem Kopf und „fliehender“ Stirn, pfeifendes Fluggeräusch.
Merkmale ♂ an der kontrastreich silbergrauen, schwarzen und kastanienbraunen Färbung leicht zu erkennen; ♀ (kleines Foto, mit Jungen) dunkelbraun, Schnabel schwärzlich mit schmaler, heller Schrägbinde, am sichersten am typischen Kopfprofil zu erkennen.
Stimme Unauffällig; ♂ während der Balz ein nicht sehr lautes „uiwijerr“, das ♀ ruft rau schnarrend „chärr chärr“.
Vorkommen Brütet auf nährstoffreichen Binnengewässern mit großer, freier Wasserfläche und gut ausgebildeter Schilfzone. Bei uns weit verbreiteter Brutvogel, doch nicht häufig und vielerorts fehlend. Außerhalb der Brutzeit auf größeren Seen, Stauseen, Fischteichen und langsam fließenden Flüssen, oft in großen Trupps; auch futterzahm auf Parkgewässern und an Seen.
Verhalten Tagsüber ruhen Tafelenten häufig in dichten Verbänden; bei der Balz umkreisen oft mehrere ♂ ein ♀
Nahrung Wasserpflanzen, Würmer, Schnecken, Insektenlarven; im Winter Muscheln, Getreide.
Brut April–Juni, 1 Brut; Nest dicht am Ufer, in der Vegetation versteckt oder auf kleinen Inseln.

< Stockente T I–XII

Moorente *Aythya nyroca*
Familie Entenvögel *Anatidae*

Typisch Das weiße Abzeichen am „Heck" und der hohe Scheitel.
Merkmale Etwas kleiner und weniger gedrungen als die Tafelente; ♂ (kleines Foto) mit intensiv kastanienbrauner Färbung an Kopf, Brust und Körperseiten, mit schneeweißen Unterschwanzfedern und weißer Iris; ♀ (oben) viel matter gefärbt, mit hellbrauner Iris. Im Flug breites, bis in die Flügelspitzen reichendes, blendend weißes Flügelband und weiße, dunkel umrandete Unterflügel, der weiße Bauch ist durch einen dunklen Bereich von den weißen Unterschwanzfedern abgetrennt.

Stimme ♂ im Frühjahr leise stöhnend „wräijo" – oder „gjä-gjä", ähnlich Reihererpel; ♀ im Flug schnarrend „kjär kjär kjär", etwas höher als der entsprechende Ruf der Reiherente.
Vorkommen Brütet an flachen, nährstoffreichen Seen (auch Salzseen) mit einer breiten Verlandungszone; vorwiegend in Steppen- und Halbwüstengebieten; in Mitteleuropa nur im Osten; bei uns als regelmäßiger Brutvogel nahezu ausgestorben. Außerhalb der Brutzeit auch an vegetationsarmen Gewässern, bei uns nur selten und in kleinen Trupps anzutreffen.
Nahrung Wasserpflanzen, Samen, Mollusken, kleine Fische.
Brut Mai–Juni, 1 Brut; Nest nah am Wasser, meist sehr gut getarnt.

< Stockente T I–XII

Reiherente *Aythya fuligula*

Familie Entenvögel *Anatidae*

Typisch ♂ mit schwarzweißem Gefieder und langem Schopf am Hinterkopf.
Merkmale Kleine, kompakte Tauchente; ♀ (kleines Foto) dunkel bräunlich, mit ganz kurzem oder fehlendem Schopf, manchmal mit weißlichem Fleck an der Schnabelbasis. Im Flug ist das weiße Flügelband zu sehen.
Stimme Das ♂ ruft während der Balz kehlig „gü-gü-gü" oder „bük bük", das ♀ vor allem im Flug hart und knarrend „kräck kräck".
Vorkommen Brütet an nicht zu flachen Seen und Stauseen mit größerer, offener Wasserfläche, auch an der Meeresküste; bei uns mäßig häufiger Brutvogel, gelegentlich auch in Städten; fehlt gebietsweise. Außerhalb der Brutzeit oft in großen Scharen auf Seen, Stauseen und langsam fließenden Flüssen, meistens nach Stockente und Blässhuhn der häufigste Wasservogel. Im Winter oft futterzahm auf Parkteichen mitten in der Großstadt.

Nahrung Muscheln, Schnecken, Insektenlarven, Samen von verschiedenen Wasserpflanzen.
Brut Mai–Juni, 1 Brut; Nest nahe am Wasser, mehr oder weniger gut versteckt. Brütet manchmal in lockeren Kolonien, gerne mit Lachmöwen.

< Stockente T I–XII

Bergente *Aythya marila*

Familie Entenvögel *Anatidae*

Typisch Etwas größer als die Reiherente, ohne Schopf, Kopf größer und rundlicher, Schnabel breiter.

Merkmale ♂ mit grünschwarzem Kopf, hellgrau meliertem Rücken und weißen Flanken; im Schlichtkleid weniger kontrastreich gefärbt, Kopf braun, Flanken schmutzig weiß. ♀ (kleines Foto) sehr ähnlich dem Reiherenten-♀, aber stets mit breitem weißem Fleck an der Schnabelbasis, im Prachtkleid mit mehr oder weniger großem, weißem Fleck in der Ohrgegend.

Stimme Selten zu hören; ♂ während der Balz pfeifend „pik pik pehu“ oder „welar“; ♀ tief und rau „karr“, etwas tiefer und kratziger als der entsprechende Laut der Reiherente.

Vorkommen Brütet in Nordeuropa auf kleinen und mittelgroßen, klaren Bergseen in der Birken- und Weidenregion und an spärlich bewachsenen Küstenbereichen; bei uns im Winterhalbjahr regelmäßig und in größeren Trupps

an der Meeresküste und auf küstennahen Seen, seltener einzelne Vögel oder kleine Trupps weiter südlich auf Binnenseen bis zum Alpenrand.

Nahrung Insekten, Kleinkrebse, Schnecken, Samen.

Brut Mai–Juni, 1 Brut; Nest nah am Wasser, oft unter Sträuchern.

< Stockente W IX–IV

Eiderente *Somateria mollissima*

Familie Entenvögel *Anatidae*

Typisch Die Größe und das lang gestreckte Kopfprofil.
Merkmale Deutlich schwerer als Stockente, wirkt gedrungen und kurzhalsig; ♂ im Prachtkleid auffallend schwarz und weiß, junge ♂ im ersten Jahr überwiegend dunkel mit weißen Gefiederteilen, wirken „scheckig“, Schnabelspitze hell ♀ (kleines Foto) bräunlich mit dunkler Bänderung.

Stimme ♂ während der Balz ein lautes „ohuuo“ oder „hu-huo“; das ♀ ruft tief und rau „goggoggog“ oder „korr“.
Vorkommen Brütet an der Meeresküste und auf den vorgelagerten Inseln; außerhalb der Brutzeit in seichten Buchten und im Wattenmeer, nur selten auf Binnenseen. Häufiger Brutvogel an der holländischen und deutschen Nordseeküste, an der Nord- und Ostsee große Mauser- und Winterbestände; regelmäßig auch im Binnenland.
Verhalten Sehr gesellig; Trupps fliegen oft in langen Ketten niedrig über dem Wasser.
Nahrung Muscheln, Schnecken, Krebstiere, Würmer; kaum Pflanzen.
Brut April–Mai, 1 Brut; Nest mehr oder weniger getarnt, eine mit Pflanzenmaterial und Daunen (Eiderdaunen) ausgelegte Mulde.

> Stockente T I–XII

Eisente *Clangula hyemalis*

Familie Entenvögel *Anatidae*

Typisch Die auffällig langen Schwanzspieße des ♂.

Merkmale Knapp reiherentengroß, kurzschnäblig; je nach Jahreszeit sehr verschieden gefärbt, jedoch ♂ fast immer mit langen Schwanzspießen; im Prachtkleid (Winter, oben) überwiegend weiß mit braunem Ohrfleck und dunkelbrauner Brust, Flügel braun. ♀ im Winter hell mit dunkler Stirn und dunklem Ohrfleck. Im Schlichtkleid (Sommer; kleines Foto ♂ und ♀) ♂ mit dunkler Oberseite und auffälligem, weißem Bereich ums Auge.

Stimme ♀ während der Balz melodisch und weit hörbar „aua-aulik", ♀ „ark ark ark ...".

Vorkommen Brütet an kleinen Seen und langsam fließenden Flüssen in der Birken- und Weidenregion des skandinavischen Fjälls und auf kleinen Tundraseen, auch an der Küste. Häufiger Wintergast an der Ostsee, viel seltener an der Nordsee, meist fernab von der Küste auf dem Meer; im Wattenmeer und auf Binnenseen nur ausnahmsweise anzutreffen.

Verhalten Auf dem Meer bilden Eisenten oft riesige und dichte Scharen.

Nahrung Am Brutplatz hauptsächlich Mückenlarven, Schnecken; im Winter Muscheln, Kleinkrebse und Würmer.

< Stockente W X–IV O

Trauerente *Melanitta nigra*

Familie Entenvögel *Anatidae*

TYPISCH ♂ im Prachtkleid einheitlich tiefschwarz, Schnabel schwarz mit orangegelbem Fleck.
MERKMALE Gedrungen und kurzhalsig; Gefieder beim ♂ im Schlichtkleid braunschwarz, beim ♀ (kleines Foto) dunkelbraun mit helleren Kopf- und Halsseiten.
STIMME ♂ während der Balz kurze, flötende Rufe wie „pjü" oder „püpjü"; ♀ „hau hau hau" oder ein laut und tief knarrendes „knarr".
VORKOMMEN Brütet an Seen (auch sehr kleinen) der skandinavischen Fjällkette von der oberen Nadelwaldregion bis in die Weidenzone; auch auf Tundraseen. Außerhalb der Brutzeit hauptsächlich auf dem Meer, oft weit draußen vor der Küste; mäßig häufiger Durchzügler an der Nord- und Ostseeküste; überwintert nur selten bei uns, häufiger an der holländischen Küste. Erscheint weniger häufig auf Seen des Binnenlandes als die Samtente.
VERHALTEN Die Enten fliegen schnell in unregelmäßigen Ketten oder Pulks, die Erpel erzeugen ein hell pfeifendes Flügelgeräusch.
NAHRUNG Muscheln, Schnecken, Krebstiere, Insekten.
BRUT Mai–Juni, 1 Brut; Nest nahe am Wasser, mit dunkelbraunen Dunen ausgelegt. Gegen Sicht nach oben ist es durch Pflanzenwuchs geschützt.

< Stockente D, W I–XII O

Samtente *Melanitta fusca*

Familie Entenvögel *Anatidae*

Typisch Von der kleineren Trauerente am auffälligen, weißen Flügelfeld zu unterscheiden (beim Schwimmen manchmal verborgen).

Merkmale ♂ schwarz mit weißem Fleck unter dem Auge, ♀ dunkelbraun mit zwei hellen Flecken an den Kopfseiten, die gelegentlich fehlen können, die Stirn ist flacher ausgeprägt.

Stimme Während der Balzzeit ♀ im Flug nasal rollend „arr-ha" oder „braa braa", außerdem ein pfeifendes Flügelgeräusch; ♂ rufen pfeifend „kju" oder „kjuörr".

Vorkommen Brütet an der skandinavischen Ostseeküste und an klaren Bergseen der Fjällkette, dort vor allem in der oberen Nadel- und in der unteren Birkenwaldzone. Außerhalb der Brutzeit häufig an der Nord- und Ostseeküste als Durchzügler und Wintergast; auf Binnenlandseen häufiger als die Trauerente, jedoch meistens nur kleine Trupps von nicht ausgefärbten Enten.

Verhalten Am Brutplatz unternimmt das Samtentenpaar häufig in der Morgen- und Abenddämmerung ausgedehnte Rundflüge über dem Brutrevier. Außerhalb der Brutzeit nur selten mit anderen Entenarten in gemischten Trupps zu beobachten.

Nahrung Schnecken und Muscheln, Krebstiere, wenig Pflanzenteile.

Brut Mai–Juni, 1 Brut; Nest oft unter einem Baum oder Busch, auch weiter vom Wasser entfernt.

~ Stockente D, W X–V O

Schellente *Bucephala clangula*

Familie Entenvögel *Anatidae*

TYPISCH Der rasante Flug mit schnellen Flügelschlägen und laut pfeifendem Flügelgeräusch (bei alten ♂ am deutlichsten).

MERKMALE Sehr gedrungene Ente mit großem, hohem Kopf und gelber Iris. ♂ auffällig schwarzweiß, zwischen Auge und Schnabel ein ovaler weißer Fleck; ♀ (kleines Foto) überwiegend grau mit braunem Kopf und gelber Schnabelspitze. Junge ♂ ähnlich ♀, aber Kopf dunkler, weißer Augenfleck nur angedeutet, Schnabel einheitlich schwarz.

STIMME ♂ bei der Balz nasal, gepresst „we-weäk", ♀ im Flug knarrend „krärr".

VORKOMMEN Brütet häufig an Seen und Fließgewässern der Nadelwaldzone Nordeuropas; bei uns seltener Brutvogel in einigen Paaren in Niedersachsen und Schleswig-Holstein, neuerdings auch in Bayern. Außerhalb der Brutzeit häufiger Durchzügler und Wintergast auf Seen, Stauseen und größeren Flüssen, besonders am Alpenrand und an der Meeresküste.

NAHRUNG Schnecken, Kleinkrebse, Insektenlarven, Fische.

BRUT März–Juni 1 Brut; nistet in Baumhöhlen (vor allem vom Schwarzspecht) in Gewässernähe, häufig auch in eigens angebrachten Nistkästen.

< Stockente W, (S) I–XII

Zwergsäger *Mergus albellus*

Familie Entenvögel *Anatidae*

Typisch Gefieder des ♂ sehr auffällig gefärbt; blendend weiß mit schwarzer Zeichnung, besonders am Auge und auf dem Rücken.

Merkmale Kleinster Säger; steile Stirn, relativ kurzer Schnabel; ♀ unscheinbar mit rotbrauner Kopfkappe, Kehle und Wangen weiß, ♂ im Schlichtkleid wie ♀ (rechts), aber mit größeren weißen Flügelabzeichen. Unausgefärbte ♂ mit schmutzig weißem Flügelfleck. Wirkt im Flug relativ dunkel die Flügel sind schwarzweiß.

Stimme Wenig auffallend; ♂ bei Erregung und während der Balz knarrend „kärr“, ♀ „gräk“ oder quakend „gagaga“ sowie knurrend „krrr“.

Vorkommen In seinen Biotopansprüchen ähnlich wie die Schellente; brütet an waldumsäumten, nahrungsreichen Seen des nördlichen Nordeuropas. Im Winter regelmäßig an der Nord- und Ostseeküste, in geringer Zahl auch auf flachen Binnenseen, Stauseen und Flüssen, bei uns nach Süden zu deutlich seltener.

Verhalten Im Winterquartier häufig mit Schellenten zusammen, taucht oft; fliegt sehr schnell.

Nahrung Vor allem Fische, Krebstiere und Insektenlarven.

< Stockente W XI–IV O

Mittelsäger *Mergus serrator*

Familie Entenvögel *Anatidae*

Typisch Der zweigeteilte, abstehende Federschopf am Hinterkopf.

Merkmale Schlanker als die Stockente und mit langem, schlankem Schnabel; ♀ ähnlich dem Gänsesäger-♀, aber mit schlankerem, gleichmäßig dickem Schnabel und undeutlichem Übergang von Kopf- und Halsfärbung. ♂ im Schlichtkleid ähnlich dem ♀ (kleines Foto), aber mit viel deutlicherem, weißem Flügelfeld und roten Augen.

Stimme ♂ zur Balzzeit nasal „qui-qui-äh" oder heiser „gweng"; ♀ beim Auffliegen oder im Flug häufig schnarrend „aark aark aark".

Vorkommen Brütet an klaren Seen und Flüssen Nordeuropas und an der flachen, sandigen oder steinigen Meeresküste, oft auf kleinen, flachen, gerne grasbewachsenen Inselchen. Bei uns seltener Brutvogel an der Ostseeküste und in wenigen Paaren im Binnenland Niedersachsens. Außerhalb der Brutzeit vorwiegend an der Meeresküste, viel seltener und unregelmäßig auf Binnenseen bis ins Alpenvorland.

Verhalten Während der Balz sieht man die ♂ häufig in einer merkwürdigen Pose mit abgewinkeltem Körper.

Nahrung Fische, Krebstiere.

Brut April–Juni, 1 Brut; Nest in dichtem Bodenbewuchs, oft zwischen Steinen nah am Wasser.

~ Stockente T, W I–XII

Gänsesäger *Mergus merganser*

Familie Entenvögel *Anatidae*

Typisch Größter und häufigster Säger Europas.
Merkmale Langer, schmaler, roter Schnabel mit Haken an der Spitze; ♂ überwiegend weiß, auf der Unterseite mit lachsrotem Anflug, Kopf schwarzgrün, Rücken schwarz; ♀ (unten) überwiegend grau, Kopf und Vorderhals tiefbraun, scharf gegen die Körperfärbung abgesetzt. ♂ im Schlichtkleid ähnlich dem ♀, aber ohne den lachsroten Anflug, Rücken dunkler, Vorderflügel weiß.

Stimme ♂ äußern während der Balz ein hohes, an einen entfernten Kranichruf erinnerndes „rüh-ro" und ein leises „uig-a"; ♀ am Brutplatz Serien von harten „Skrrak"-Rufen.
Vorkommen Brütet an klaren, fischreichen Seen und Flüssen in Waldgebieten bis in die Tundrenzone, seltener an der Meeresküste. Bei uns seltener Brutvogel in den Alpen, im Alpenvorland und in Schleswig-Holstein. Außerhalb der Brutzeit auf größeren Seen und Flüssen und an der Meeresküste.
Verhalten Gänsesäger erspähen Fische häufig durch "Wasserlugen".
Nahrung Vorwiegend mittelgroße Fische, manchmal auch Krebstiere.
Brut März–Juni, 1 Brut; nistet in Baumhöhlen oder Nistkästen direkt am Ufer, manchmal auch in Fels- und Mauerlöchern und sogar auf Kirchtürmen.

> **Stockente T, W I–XII**

Mandarinente *Aix galericulata*

Familie Entenvögel *Anatidae*

Typisch ♂ sehr auffällig bunt.

Merkmale Kleine, gedrungene Ente mit großem Kopf; ♂ mit orangefarbenem „Segel" auf den Flügeln, das besonders während der Balz zur Geltung kommt, Schnabel rot; ♀ (rechts) unscheinbar graubraun mit weißen Abzeichen an Auge und Schnabelgrund; ♂ im Schlichtkleid ähnlich dem ♀, aber mit rötlichem Schnabel und mehr metallisch schillerndem Rücken.

Stimme Das ♂ ruft im Flug pfeifend „wrrick", bei der Balz ansteigend „kruib" oder „pfruip", das ♀ blässhuhnartig „käk", „ket" oder „eck".

Vorkommen Aus dem ursprünglichen Verbreitungsgebiet in Ostasien bei uns eingebürgert; brütet an stehenden und fließenden, möglichst baumumstandenen Gewässern mit deckungsbietendem Uferbewuchs; derzeit vorwiegend auf Parkseen, es haben sich jedoch bereits einige verwilderte Parkvögel an Flüssen und Seen angesiedelt.

Nahrung Samen, Früchte, Pflanzenteile, kleine Würmer.

Brut April–Juni, 1 Brut; nistet in Baumhöhlen in Gewässernähe, selten am Boden zwischen Steinen oder in dichter Vegetation.

< Stockente | I–XII

Greifvögel und Falken

Greifvögel – Acccipitriformes

Greifvögel sind sehr unterschiedlich große Vögel mit kräftigem, stark nach unten gebogenem Schnabel, der das Zerkleinern der Beutetiere ermöglicht. Die Füße (in der Jägersprache: Fänge) tragen in der Regel spitze, stark nach unten gebogenen Krallen; im Gegensatz zu den Falken töten Greifvögel meist durch kräftigen Druck mit den krallenbewehrten Fängen. Je nach Beuteart sind lange Beine mit langen und schlanken Fängen (z. B. zum Ergreifen fliegender Vögel) oder kurze Beine mit kurzen und kräftigen Fängen (zum Festhalten und Töten von bodenlebenden Säugern oder Reptilien) ausgebildet. Da die meisten Arten nicht so streng auf eine Beutetiergruppe spezialisiert sind, kommen viele Übergänge dieser beiden Extremformen vor. Bei den Greifvögeln sind die Weibchen meist deutlich größer und schwerer als die Männchen, besonders ausgeprägt ist dieses Phänomen bei Sperber und Habicht.
Während der Brutperiode versorgt meist das Männchen das brütende Weibchen und die Jungen.
In der Regel sind Greifvögel Wirbeltierjäger, einige Arten verzehren jedoch vorwiegend Insekten, andere ernähren sich hauptsächlich von Aas und Abfällen. Die meisten Arten bauen große Horste, die sie häufig über Jahre hinweg benutzen.
Die **Fischadler** sind mit den eigentlichen Adlern nicht näher verwandt, sondern werden als eigene Familie abgetrennt. Ihr Flug erinnert etwas an Möwen, die langen, schmalen Flügel werden oft deutlich gewinkelt gehalten; häufig sieht man die Vögel über dem Wasser rütteln. In Anpassung an die Fischjagd sind die Schenkel nur kurz befiedert, die Unterseite der Zehen ist stark aufgerauht, um die glitschige Beute festhalten zu können. Weltweit gibt es nur eine Art, die in Mitteleuropa vor allem auf dem Durchzug beobachtet werden kann.
Zu den **Habichtartigen** gehören die meisten unserer Greifvögel. Der Einfachheit halber unterteilt man diese Familie in verschiedene Gruppen:
Habichte und Sperber mit langem Schwanz und relativ kurzen, runden Flügeln. Sie sind waldbewohnende Überraschungsjäger, die sehr wendig zwischen Bäumen jagen können. Sie fangen vor allem Vögel, der Habicht auch Säugetiere. In Mitteleuropa leben 2 Arten.
Weihen sind mittelgroß mit ziemlich langen Flügeln und langem Schwanz; sie fliegen häufig in niedrigem, langsamem Flug über offenes Land. Die alten Männchen sind an ihrer auffallenden Färbung leicht zu erkennen. Den Horst legen Weihen stets am Boden an. Sie ernähren sich vor allem von Kleinsäugern und Vögeln. In Mitteleuropa brüten 3 Arten.
Milane sind bussardgroß, aber langflügeliger und mit längerem, mehr oder weniger stark gegabeltem Schwanz. Sie ernähren sich vor allem von Aas und Abfällen und suchen vielfach an Gewässern nach kranken oder toten Fischen. Es gibt nur 2 Arten, sie kommen beide in Mitteleuropa vor.
Bussarde sieht man häufig im Segelflug; im Gegensatz zu Habichten kreisen sie oft zu mehreren; auffallend sind die breiten Flügel und der relativ kurze Schwanz. Die Fänge sind deutlich schwächer als die von Adlern, ihre Beutetiere sind meist Kleinsäuger.
In Mitteleuropa können 2 echte Bussarde beobachtet werden, der Wespenbussard ist nicht näher mit ihnen verwandt.
Adler sind wenig bis sehr deutlich größer als Bussarde und haben sehr starke Fänge und oft mächtige Schnäbel. Ihre Flügel sind lang und breit, der Schwanz relativ kurz; das Federkleid ist in der Regel ziemlich dunkel gefärbt. Adler treten meist einzeln auf; häufig sieht man sie in warmen Aufwinden segeln. Der Seeadler, bundesdeutscher Wappenvogel, zählt nicht zu den eigentlichen Adlern (3 Arten in Mitteleuropa), sondern ist eher mit den Milanen verwandt; der Schlangenadler, ebenfalls kein eigentlicher Adler, ist leicht mit Bussarden zu verwechseln.
Geier sind ausgeprägte und meist gesellige Segelflieger, die zu den größten Greifvögeln zählen. Sie ernähren sich hauptsächlich von Aas und Abfällen, der Bartgeier verzehrt sogar große Stücke von Röhrenknochen. In Mitteleuropa sind Gänsegeier derzeit nur als sel-

Kopf eines Turmfalken

Kopf eines Steinadlers

Fuß eines Rauhfußbussards

tene, aber regelmäßige Sommergäste anzutreffen; den Bartgeier, der im 19. Jahrhundert ausgerottet wurde, versucht man zur Zeit in den Alpen wieder heimisch zu machen. Erste Bruten in Freiheit haben bereits stattgefunden.

Falkenartige – Falconiformes

Falken sind kleine bis mittelgroße beutegreifende Vögel mit großem runden Kopf, großen dunklen Augen und relativ schwachen Fänge. Viele Arten haben einen dunklen Bartstreif, dessen Ausprägung ein wichtiges Bestimmungsmerkmal darstellt. Am Oberschnabel befindet sich ein zahnartiger Vorsprung (Falkenzahn), der als Tötungswerkzeug dient (Nackenbiss). Die meisten Falken haben schmale, spitze Flügel, viele Arten sind auf das Fangen von fliegenden Vögeln spezialisiert. Ihr Flug ist schnell, einige erreichen Spitzengeschwindigkeiten von über 200 km/h.
Falken bauen keine Nester, sondern legen ihre Eier in Höhlungen und auf Simsen oder übernehmen alte Nester anderer Vogelarten.
In Mitteleuropa können 7 Falkenarten beobachtet werden, 2 davon nur sehr selten.

Fischadler *Pandion haliaetus*

Familie Fischadler *Pandionidae*

Typisch Im Flug sehr helle Unterseite und lange, schmale, meist gewinkelt gehaltene Flügel; erinnert an eine Möwe.
Merkmale Oberseite schwarzbraun, Unterseite überwiegend weiß mit bräunlichem Brustband, bei ♀ und Jungvögeln stärker ausgeprägt. Jungvögel außerdem mit heller Linienzeichnung auf der Oberseite.
Stimme Meist nur in Horstnähe zu hören, variiert in Klangfarbe und Tempo: ein lautes melodisches „djüpp-djüpp-djüpp", „tjip-tjip-tjip" oder „gjü gjü gjü".

Vorkommen Brütet in Waldgebieten an klaren und fischreichen Seen, langsam fließenden Flüssen und an der Meeresküste. In Mitteleuropa nur noch an wenigen Plätzen Nordostdeutschlands und Polens; bei uns regelmäßig auf dem Frühjahrs- und besonders auf dem Herbstzug, an Gewässern.
Verhalten Fliegt mit flachen, leicht anmutenden Flügelschlägen, rüttelt häufig über dem Wasser; stößt beim Beutefang mit halb zusammengelegten Flügeln fast senkrecht hinunter; streckt kurz vor Erreichen der Wasseroberfläche die Füße weit nach vorne und taucht mit großer Geschwindigkeit ein.
Nahrung Mittelgroße Fische.
Brut April–Juli, 1 Brut; großes Nest oft auf dem Wipfel von alten und hohen, oben abgeflachten Kiefern.

> Mäusebussard S IV–X, meist IV–V und VIII–IX

Seeadler *Haliaeetus albicilla*

Familie Habichtartige *Accipitridae*

Typisch Im Flug sehr breite, brettartige Flügel (werden im Segelflug nicht abgewinkelt), weit herausragender Kopf und kurzer, keilförmiger Schwanz.

Merkmale Sehr großer, gedrungener Greifvogel mit mächtigem, gelbem Schnabel und kurzem, weißem Schwanz; Jungvögel (im Alter von 1–4 Jahren) dunkel, auch an Kopf, Schnabel und Schwanz. Fliegt mit langsamen, kraftvollen und etwas steif wirkenden Flügelschlägen.

Stimme Zur Balzzeit (ab Januar) sehr stimmaktiv; das ♀ ruft laut jauchzend "kjaukjaukjau...", das ♂ deutlich höher – ein an Schwarzspecht erinnerndes "Kli-kli-kli..."; oft beide im Duett.

Vorkommen Brütet an großen waldumgebenen Seen und Flüssen, auch einige Kilometer vom Gewässer entfernt, an der Meeresküste und auf dem Tundraboden. In Mitteleuropa größtenteils ausgerottet; Restbestände in Tschechien, jedoch größere Bestände in Norddeutschland und Polen. Außerhalb der Brutzeit regelmäßig an einigen großen Seen.

Nahrung Im Sommerhalbjahr meist überwiegend Fische, aber auch Jungvögel bis Reihergroße und Säugetiere bis Rehgröße; im Winter vorwiegend Wasservögel, Aas.

Brut Februar–Juni; 1 Brut; sehr großer Horst auf hohen Bäumen, meist am Waldrand in Wassernähe gelegen.

> **Steinadler T, W I–XII**

Schwarzmilan *Milvus migrans*

Familie Habichtartige *Accipitridae*

Typisch Im Flug lange, relativ breite Flügel und langer, meist schwach gegabelter, aber stets eckig wirkender Schwanz.

Merkmale Schlanker als Mäusebussard, Gefieder dunkel. Jungvögel ober- und unterseits mit heller Zeichnung, aber nie mit so auffälligen weißen Flügelabzeichen wie beim Rotmilan. Wirkt im Flug elegant und harmonisch, kreist mit horizontal gehaltenen Flügeln.

Stimme Ruft häufig hoch wiehernd und jammernd „hüiijhrr“ oder „wühihihihihi“, klingt oft abgehackt.

Vorkommen Brütet meistens in Gewässernähe; in Auwäldern, Feldgehölzen, an Waldrändern, auch an Berghängen; jagt häufig über dem Wasser, aber auch in offener Landschaft; außerhalb der Brutzeit besonders an Flüssen und Seen. Bei uns weit verbreitet, aber nirgends sehr häufig, fehlt gebietsweise.

Verhalten Fliegt auf der Suche nach toten Fischen oft langsam und niedrig über Wasserflächen und am Ufer entlang; manchmal auch an Straßen, um überfahrene Tiere aufzunehmen. Jagt auch Greifvögeln ihre Beute ab. Außerhalb der Brutzeit recht gesellig.

Nahrung Sehr vielseitig, aber vorwiegend tote Fische; auch Jungvögel, kleinere Säugetiere; meist tote oder verletzte Tiere.

Brut April–Juni, 1 Brut; Horst auf hohen Bäumen, die Nestmulde ist oft mit Müll und Lumpen ausgelegt.

~ Mäusebussard S III–VIII

Rotmilan *Milvus milvus*
Familie Habichtartige *Accipitridae*

TYPISCH Im Flug lange Flügel und langer, tief gegabelter Schwanz.
MERKMALE Viel langflügeliger als Mäusebussard; kontrastreiche Färbung, hellgrauer Kopf deutlich vom rotbraunen Körpergefieder abgesetzt. Unterseite und Oberflügeldecken bei Jungvögeln heller, Rücken mehr rotbraun, Kopf mehr bräunlich, auf der Brust gröbere Fleckung. Segelt oft mit etwas angehobenen Flügeln; Ruderflug mit tief ausholenden, relativ langsamen Flügelschlägen, verdreht im Suchflug oft den Schwanz.
STIMME Rufe gedehnt pfeifend-klagend, oft im Frühjahr zu hören: „weuuweuweuweu-weuuuu".
VORKOMMEN Weniger an Gewässer gebunden als Schwarzmilan; brütet in abwechslungsreicher, gerne hügeliger Waldlandschaft mit offenen Stellen wie kleinen Mooren, Gewässern und Anbauflächen (Jagdgebiet), aber auch in trockenen und flachen Landschaften mit kleinen Waldstücken. Bei uns weit verbreitet, aber nicht häufig.

NAHRUNG Weniger Fische als der Schwarzmilan, dafür mehr selbst gefangene Beutetiere; hauptsächlich kleinere Säugetiere, Vögel, kranke, größere Tiere, Aas, Abfälle.
BRUT April–Juni, 1 Brut; Horst auf hohen Bäumen, häufig mit Zivilisationsmüll ausgestattet.

> **Mäusebussard T I–XII**

Gänsegeier *Gyps fulvus*

Familie Habichtartige *Accipitridae*

Typisch Sehr großer Greifvogel mit hell sandfarbenem Gefieder und dunklen Schwung- und Steuerfedern.

Merkmale Jungvögel (1–4 Jahre) oberseits dunkler und mit brauner Halskrause. Im Flug lange, sehr breite, brettartige Flügel, die direkt am Körper schmaler werden, kleiner Kopf und kurzer Schwanz. Segelt mit leicht V-förmig gehaltenen Schwingen. Außer am Brutplatz sehr gesellig.

Stimme Am Aas hört man kreischende, hölzern keckernde, röhrende und fauchende Laute.

Vorkommen Brütet in trockenen Gebirgsgegenden mit steilen, Thermik erzeugenden Abhängen, auch auf trockenen, von tiefen Schluchten unterbrochenen Hochebenen; wichtig ist ein ausreichendes Angebot an Huftieren. Bei uns regelmäßig den Sommer über in den Hohen Tauern Österreichs zu beobachten; die Geier werden von den Herden der Jungkühe und Schafe angelockt.

Nahrung Fleisch und Eingeweide frisch toter oder in Verwesung übergangener Tiere, meistens von Huftieren, aber auch von kleineren Säugetieren und Vögeln.

Brut Februar–Juli, 1 Brut; kleiner Horst in Felsnischen oder größeren Höhlungen im Fels.

> Steinadler Ü V–IX O

Bartgeier *Gypaetus barbatus*

Familie Habichtartige *Accipitridae*

Typisch Im Flug lange, schmale und spitz zulaufende Flügel, langer, keilförmiger Schwanz und weit vorgestreckter Kopf mit schwarzem Federbart.

Merkmale Ein sehr großer, langschwänziger Greifvogel von schlanker, lang gestreckter Gestalt und kontrastreicher Färbung; Unterseits weißlich, mit mehr oder weniger ausgeprägtem, rostrotem Anflug; auffallender, schwarzer Augenstreif, zwischen Auge und Schnabel ein schwarzer Federbart. Jungvögel einheitlich dunkel, im Flug mit sehr dunkler Unterseite, ähnlich jungen Schmutzgeiern (aber viel größer), mit zunehmendem Alter unterseits immer heller.

Stimme Meist stumm; bei der Balz (im Flug) hoch pfeifend „fiiiij", Kontaktruf „pie".

Vorkommen Brütet sehr selten in entlegenen, stark zerklüfteten Gebirgsgegenden Südeuropas; bei uns seit über 100 Jahren ausgerottet; neuerdings Versuche zur Wiederansiedlung in den Alpen Österreichs, der Schweiz und Frankreichs.

Nahrung Meist Fleisch und Knochen von toten Huftieren, auch große, alte Knochenstücke.

Brut Januar–Juli, 1 Brut; großer Horst in hohen Felswänden, der von ♂ und ♀ in einer Nische gebaut wird.

> Steinadler | I–XII O

Schlangenadler *Circaetus gallicus*

Familie Habichtartige *Accipitridae*

Typisch Der auffallende, dicke Kopf und die gelben Augen.

Merkmale Unterseite mehr oder weniger stark gefleckt. Im Flug sind die oft scharf von der hellen Unterseite abgesetzte, dunkle Vorderbrust, der markant vorgestreckte, dicke Kopf, der lange, schmale, gerade abgeschnittene Schwanz und die langen, breiten, beim Segeln horizontal gehaltenen Schwingen kennzeichnend; beim Gleitflug werden die Flügel stark gewinkelt und nach vorne gehalten.

Stimme Ziemlich ruffreudig, besonders während der Balzzeit; die pfeifenden Rufe des ♂ erinnern etwas an Pirol, die des ♀ sind weniger klangvoll.

Vorkommen Brütet in offenen, abwechslungsreichen Landschaften mit reichlichem Reptilienvorkommen; gerne in Feuchtgebieten, die mit Heidegebieten, Wäldchen und landwirtschaftlichen Flächen abwechseln; im Süden in kargen und bergigen Gegenden, mit einzelnen hohen Bäumen für den Horst. Seltener Brutvogel in Ungarn, der Slowakei und in Ostpolen. Bei uns seltener Gast in weiten Moor- und Heidegebieten.

Nahrung Vorwiegend Schlangen, besonders Nattern, aber auch Vipern, Blindschleichen, Eidechsen, seltener kleine Säugetiere und Vögel.

Brut April–Juli, 1 Brut; kleiner Horst in Baumkronen oder in einer Felswand.

> **Mäusebussard S IV–X O**

Rohrweihe *Circus aeruginosus*

Familie Habichtartige *Accipitridae*

Typisch Fliegt häufig im langsamen Suchflug mit weichen Flügelschlägen und eingeschobenen, schwebenden Gleitstrecken mit V-förmig angehobenen Flügeln.

Merkmale Schlanker und deutlich schmalflügeliger als Mäusebussard und mit längerem Schwanz; ♂ (kleines Foto) relativ bunt mit hellgrauem Schwanz und hellgrauen Armschwingen, die in auffälligem Kontrast zu den schwarzen Flügelspitzen und den anderen dunklen Gefiederbereichen stehen. ♀ (oben) und Jungvögel dunkel mit rahmfarbenem Kopf und ebenso gefärbten Schultern.

Stimme ♂ während der Flugbalz ein quäkend-klagendes „quiäh"; ♂ und ♀ warnen mit keckernden Rufreihen.

Vorkommen Brütet in ausgedehnten und dichten Schilfflächen an Seen und Flüssen im Flachland; jagt über dem Schilf, auf Feuchtwiesen und angrenzenden Wiesen und über Feldern; auch während der Zugzeit meistens in Feuchtgebieten, aber auch in offener Kulturlandschaft. Bei uns seltener Brutvogel, im Norden etwas häufiger.

Nahrung Kleinere Säugetiere bis Rattengröße, Vögel bis Krickentengröße, daneben auch Fische, Lurche, Insekten; häufiger Eier und Junge von Wasservögeln.

Brut April–Juni, 1 Brut; Nest im dichtesten Bereich des Schilfs.

< Mäusebussard S III–X

Kornweihe *Circus cyaneus*

Familie Habichtartige *Accipitridae*

Typisch Wirkt schlank und leicht.
Merkmale ♂ (kl. Foto) leicht zu erkennen am hell aschgrauen Gefieder, den kontrastreich abgesetzten, schwarzen Flügelspitzen und dem weißen Bürzel. ♀ (oben) oberseits dunkelbraun, unterseits hell gelblich braun, an den Schwingen und am Schwanz gebändert, weißer Bürzel auffallend.
Stimme ♂ während des Balzfluges ein klagendes, hohes „piiu piiu" oder ein meckerndes „kekeke-keke", ♀ ein heiseres „pih-e", bei Gefahr ein spechtartig keckerndes „chek-ek-ek-ek".

Vorkommen Brütet in der offenen Landschaft in Mooren, Heidegebieten, Dünengelände, Marschen und Feuchtwiesen, gebietsweise auch in jungen Aufforstungsflächen und sogar in Feldern. Bei uns sehr seltener Brutvogel, der im Süden völlig fehlt; im Winterhalbjahr jedoch regelmäßig über offenen Feuchtgebieten und Kulturland zu beobachten. Bildet im Winter häufig Schlafgemeinschaften.
Verhalten Segelt und gleitet häufig mit V-förmig angehobenen Flügeln, „schwebt" oft in dieser Flügelhaltung niedrig über offenen Flächen.
Nahrung Kleinsäuger bis Rattengröße, vorwiegend Wühlmäuse; Vögel, vor allem Kleinvögel und Junge von Wat-, Enten- und Hühnervögeln.
Brut Mai–Juli, 1 Brut; Bodennest in dichter Vegetation.

< Mäusebussard T, D, W I–XII

Wiesenweihe *Circus pygargus*

Familie Habichtartige *Accipitridae*

Typisch Wirkt im Flug überaus schlank und grazil, etwas schlaksig und trotzdem elegant; erinnert an eine Möwe oder Seeschwalbe.

Merkmale ♂ (oben) ähnlich der Kornweihe, aber mit schmaleren, mehr möwenartigen Flügeln und mit längerem Schwanz, mit einer schwarzen Flügelbinde und bräunlichen Streifung des Bauches. ♀ (unten) von der weiblichen Kornweihe kaum zu unterscheiden, jedoch Flügel schmaler, weißer Bürzelfleck weniger ausgeprägt. Jungvögel ähnlich ♀, aber mit rotbrauner Unterseite.

Stimme ♂ während der Balz ein keckerndes, schrilles „gjekgjek-gjek …", ♀ hell „pih-i".

Vorkommen Brütet in ausgedehnten Verlandungszonen mit nicht zu hoher Vegetation, in feuchten Heidegebieten, vor allem in Flachmooren, zunehmend auch auf Feldern. Jagt vorwiegend über Feuchtgebieten mit niedriger Vegetation, auch über Kulturland. Im westlichen Mitteleuropa sehr seltener Brutvogel, im Norden etwas häufiger.

Nahrung Kleinsäuger, Insekten, Kleinvögel, Jungvögel, Vogeleier.

Brut Mai–Juli, 1 Brut; dürftiges Nest in höherer Vegetation.

< Mäusebussard S IV–IX

Habicht *Accipiter gentilis*

Familie Habichtartige *Accipitridae*

Typisch Die Größe (♀), der lange Schwanz und die relativ kurzen und runden Flügel; Überraschungsjäger.
Merkmale ♂ wesentlich kleiner und leichter als ♀ (oben); Oberseite beim ♂ graubraun bis schiefergrau, beim ♀ braun; Unterseite weißlich, dicht quer gebändert, bei Jungvögeln (kleines Foto) gelblich bis rostfarben mit kräftiger, dunkelbrauner Tropfenfleckung. ♂ mit Sperber-♀ zu verwechseln, wirkt aber schwerer, hat eine kräftigere Brustpartie und langsameren Flügelschlag.
Stimme Während der Balzzeit (ab März) lange Reihen von ungeduldig klingenden „gik-gik-gik"-Rufen, vor allem bei Störungen am Horst; daneben ein bussardähnliches „hiäh", die erste Silbe betont. Die Standortrufe flügger Jungvögel sind hoch und heiser, häufig „überschnappend", wie „psiiä".
Vorkommen Brütet in abwechslungsreichen Waldlandschaften, hauptsächlich in hochstämmigem Nadelwald, manchmal in Siedlungsnähe.
Nahrung Sehr vielseitig und je nach Angebot stark variierend; Vögel bis Hühnergröße und Säugetiere bis Junghasengröße; häufig Rabenvögel, Tauben, Kaninchen, Eichhörnchen.
Brut März–Juli, 1 Brut; großer, gut versteckter Horst, meist hoch auf einem Nadelbaum.

~ Mäusebussard (♀), ♂ wesentl. kleiner T I–XII

Sperber *Accipiter nisus*

Familie Habichtartige *Accipitridae*

TYPISCH Überraschungsjäger, der geschickt die Deckung ausnützt.

MERKMALE ♂ etwa so groß wie eine Türkentaube, ♀ wesentlich größer; Gestalt und Färbung ähnlich dem Habicht, der Schwanz wirkt jedoch länger, schmaler und gerade abgeschnitten; Unterseite eng quer gebändert, beim ♂ (oben) auf rostbrauner Grundfärbung; Oberseite beim ♀ (rechts) bräunlich grau; beim ♂ blaugrau. Jungvögel oberseits dunkelbraun, unterseits mit grober und unregelmäßiger Querstreifung.

STIMME Meist nur im Frühjahr zu hören; bei Störungen im Horstbereich schnelle hohe „gjigjigji"-Reihen, beim ♂ höher als beim ♀. Die Rufe der ausgeflogenen Jungsperber ähneln den Rufen junger Waldohreulen „jih jih …".

VORKOMMEN Vor allem Nadel- und Mischwald, der mit offener Landschaft (Kulturland, Moor, Heide), Hecken und Gehölzen abwechselt; jagt im Winter auch in Dörfern und Städten. Bei uns in

strukturreicher Landschaft weit verbreitet, aber nur gebietsweise häufig.

NAHRUNG Hauptsächlich Vögel von Goldhähnchen- bis Ringeltaubengröße, ♂ höchstens bis Drosselgröße; selten Kleinsäuger.

BRUT April–Juni, 1 Brut; flaches Nest gut versteckt, meist in 20–50jährigen Fichten- oder Kiefernstangenholz.

> Amsel (♂),
< Rabenkrähe (♀) T I–XII

Mäusebussard *Buteo buteo*

Familie Habichtartige *Accipitridae*

TYPISCH Häufigster Greifvogel.
MERKMALE Ein mittelgroßer, etwas plump wirkender Greifvogel mit kurzem Hals und großem, rundem Kopf; Flügel breit; der Schwanz wirkt bei Spreizung abgerundet. Färbung sehr variabel von fast weiß bis einheitlich schwarzbraun, meistens bräunlich mit hellerem Brustband. Iris dunkelbraun bis gelb. Wirkt im Flug ziemlich kompakt, die Flügelhaltung ist etwas steif, beim Segeln sind die Flügelspitzen deutlich aufgebogen. Unten heller Typ.

STIMME Zu jeder Jahreszeit, aber besonders im Frühjahr ein bezeichnendes, miauendes „hiijäh".
VORKOMMEN Brütet in abwechslungsreicher Waldlandschaft mit Äckern, Feldern, Mooren, Hecken und Gehölzen. Jagt über offenem Land, nistet meist an Waldrändern.
VERHALTEN Segelt oft ausdauernd über dem Kulturland, besonders häufig im Frühjahr. Ansitzjäger, der oft geduldig auf einem Pfosten sitzt.
NAHRUNG Vorwiegend Wühlmäuse, aber auch andere Kleinsäuger wie Waldmäuse, Spitzmäuse, Hamster, Jungkaninchen; Regenwürmer, Reptilien, Insekten; nur selten Vögel; im Winter häufig Fallwild und ausgelegte Fleischabfälle.
BRUT März–Juli, 1 Brut; Horst hoch in Laub- oder Nadelbäumen.

Bezugsart T I–XII

Raufußbussard *Buteo lagopus*

Familie Habichtartige *Accipitridae*

Typisch Schwanz weiß mit breiter, dunkler Endbinde; rüttelt viel häufiger als der Mäusebussard.

Merkmale Gefieder fast ebenso variationsreich gefärbt wie beim Mäusebussard, jedoch meist heller, besonders am Kopf, und kontrastreicher, Füße bis zum Zehenansatz befiedert. Im Flug längere Flügel, längerer Schwanz und kontrastreich von den hellen Unterflügeln abgesetzter, schwarzer Bugfleck.

Stimme Ähnlich der des Mäusebussards, klingt aber etwas klagend, „pi-i-eeh"; im Winter meist stumm.

Vorkommen Brütet in Nordeuropa im Bergland meist oberhalb der Nadelwaldgrenze und in der Tundra. Hängt wie der Mäusebussard stark vom Angebot an Kleinsäugern ab, nur in Jahren der Massenvermehrung in größerer Bestandsdichte; daher in manchen Wintern Masseneinflüge nach Mitteleuropa. Im Winterhalbjahr in Moor- und Heidegebieten, Flussniederungen und in weiter, offener Kulturlandschaft; überwintert in größerer Zahl im östlichen Mitteleuropa, bei uns seltener.

Verhalten Fliegt oft in niedrigem Suchflug; sitzt häufig auf dem Boden, auf Erdschollen und auf Sträuchern.

Nahrung Im Brutgebiet Wühlmäuse und Lemminge, Junge von Hasen und Hühnervögeln; im Winter wie Mäusebussard; tot aufgefundene Tiere.

~ Mäusebussard W, D X–IV O

Wespenbussard *Pernis apivorus*

Familie Habichtartige *Accipitridae*

Typisch Im Flug am taubenartig vorgestreckten Kopf, an den relativ schmalen Schwingen und dem langen, schmalen Schwanz mit ein bis zwei deutlichen Binden und einer Schwanzendbinde zu erkennen.

Merkmale In der Größe wie Mäusebussard, aber schlanker, langflügeliger und mit längerem Schwanz. Gefieder ebenfalls sehr variabel, oberseits meist dunkelbraun, unterseits hell mit kräftiger brauner Fleckung, fast weiß oder auch einheitlich bräunlich; Kopf taubengrau, Iris stets gelb. Flügelschlag tiefer, ruhiger und weniger steif als beim Mäusebussard. Jungvögel sind weniger schmalflügelig und ähneln somit noch mehr dem Mäusebussard.

Stimme Am Brutplatz häufig ein melodisches, hohes „dühdlilöh".

Vorkommen Reich strukturierte, gerne etwas bergige Landschaften, in denen Laub- oder Mischwald mit Lichtungen Wiesen oder Feldern abwechselt. Horst meistens am Waldrand, Nahrungssuche auf offenen Flächen.

Nahrung Hauptsächlich Larven und Puppen von Wespen und Bienen, seltener von Hummeln, aber auch fertige Insekten, Frösche, Eidechsen und Jungvögel, nur selten kleine Säugetiere.

Brut Mai–August, 1 Brut; Baumhorst, meist mit frischen Blättern ausgelegt.

~ Mäusebussard S IV–IX

Steinadler *Aquila chrysaetos*

Familie Habichtartige *Accipitridae*

TYPISCH Großer, dunkler Adler; seine Größe wird häufig unterschätzt.
MERKMALE Sehr kräftig gebaut, mit großem Schnabel und starken Fängen; Oberkopf und Nacken goldbraun. Flügel lang und relativ schmal, im Gegensatz zu den brettartigen Flügeln des Seeadlers etwas geschwungen. Schwanz mittellang und recht breit. Jungvögel (kleines Foto) sehr dunkel mit weißen Flecken im Handschwingenbereich und weißem Schwanz mit breiter, schwarzer Endbinde.
STIMME Nur selten zu hören; während der Balz klangvoll „klüi" oder „kijä", aber auch kläffend „klüklüklüklüklü" oder „gögögögögög".
VORKOMMEN Ursprünglich in abwechslungsreichen Wald- und Berglandschaften; heute fast überall in einsame Gebirgsgegenden abgedrängt; in den Alpen und Karpaten seltener Brutvogel, bei uns nur in Südbayern und im Schwarzwald.

NAHRUNG Mittelgroße Säugetiere bis zur Größe von schwachen Rehen; Vögel, z. B. Raufußhühner; in den Alpen im Sommer meistens Murmeltiere, im Winter vorwiegend Aas.
BRUT Februar–Juni, 1 Brut; großer Horst in Felsnischen, seltener in großen, alten Bäumen.
Etwas kleiner und schwächer ist der nur noch in Ungarn und in der Slowakei brütende **Kaiseradler** *Aquila heliaca*.

> **Mäusebussard J I–XII**

Zwergadler *Hieraaetus pennatus*

Familie Habichtartige *Accipitridae*

Typisch Die langen Rufreihen am Brutplatz.

Merkmale Erinnert nur entfernt an den Mäusebussard; im Flug mit viel längerem, meist gerade abgeschnittenem Schwanz, schmaleren Flügeln (mit stärker gespreizten Handschwingen) und mit deutlich vorstehendem Kopf. Tritt in zwei Farbvarianten auf, in einer seltenen dunklen und einer häufigeren hellen Form (beide Fotos).

Stimme Am Brutplatz recht häufig zu hören; die Rufe erinnern etwas an Watvögel: ein regenpfeiferartiges „jiiüp", „kjikjikji" oder bussardähnlich „hijää".

Vorkommen Brütet meist in bergiger Landschaft, in der lichter Laub- und Mischwald mit Buschgelände und offenen Flächen abwechselt; nistet häufig in trockenwarmem Eichenwald. In Mitteleuropa sehr seltener Brutvogel, seit kurzem Brutvogel in Deutschland. Gefährdung hauptsächlich durch Lebensraumzerstörung, Umweltgifte und direkte Verfolgung.

Verhalten Bei der Flugbalz stürzen die Partner mit angelegten Flügeln in atemberaubendem Tempo herab.

Nahrung Reptilien, Säugetiere und Vögel, daneben auch Insekten.

Brut April–Juli, 1 Brut; Horst meist von Greifvögeln, Reihern oder Störchen übernommen.

~ Mäusebussard S IV–IX

Schreiadler *Aquila pomarina*

Familie Habichtartige *Accipitridae*

TYPISCH Im Segelflug sind die langen Flügel von der Basis bis zur Spitze nahezu gleich breit und werden oft brettartig gehalten.

MERKMALE Ein mittelgroßer, wohlproportionierter Adler, fliegt mit stark gespreizten Handschwingen (ähnlich dem Seeadler), der Schwanz ist abgerundet (kleines Foto). Gefiederfarbe braun, Schwungfedern von unten dunkler als die rotbraunen Flügeldecken (beim Schelladler umgekehrt!). Jungvögel mit ein bis zwei weißen Fleckenreihen auf den Flügeln.

STIMME Am Brutplatz oft ein lautes, melodisches „jück jück".

VORKOMMEN Ursprüngliche Laub- und Mischwälder mit eingestreuten Feuchtgebieten und Lichtungen. In Mitteleuropa selten, brütet nur noch im östlichen Teil; bei uns seltener und bedrohter Brutvogel im Nordosten.

NAHRUNG Wühlmäuse und andere Kleinsäuger, Frösche, Jungvögel, Aas.

BRUT April–Juli, 1 Brut; großer Horst meist hoch in Laubbäumen.

Sehr ähnlich, aber dunkler ist der in wenigen Paaren in Ostpolen brütende **Schelladler** *Aquila clanga*. Seine Flügelschläge wirken noch tiefer und schwerfälliger als beim Schreiadler. Brütet vorwiegend in Feuchtgebieten.

> **Mäusebussard S IV–IX**

Turmfalke *Falco tinnunculus*

Familie Falken *Falconidae*

Typisch Häufigster kleiner Falke, oft an Straßen zu beobachten, rüttelt ausdauernd.

Merkmale Kleiner Falke mit langem Schwanz, langen, spitzen Flügeln und brauner Oberseite; beim ♂ (kleines Foto) Rücken rotbraun, schwach gefleckt, Oberkopf und Schwanz grau, breite schwarze Schwanzendbinde. ♀ mit einheitlich rotbrauner, gebänderter Oberseite. Jungvögel ähnlich dem ♀, aber stärker gestreift (oben junges ♂).

Stimme Ruft häufig, besonders während der Brutzeit, hoch und schnell „kikikikiki ...“ oder „kjikjikji ...“, das ♀ oft vibrierend „wrrih wrrih“.

Vorkommen Jagt oft in abwechslungsreicher Kulturlandschaft, brütet in Feldgehölzen, am Waldrand, in Steinbrüchen, in Dörfern und Städten, auch im Hochgebirge. Außerhalb der Brutzeit in offener Landschaft, oft in der Kultursteppe; vielfach an Autobahnen und Landstraßen, um Mäuse zu jagen.

Nahrung Hauptsächlich Feldmäuse, aber auch andere Kleinsäuger, Reptilien, Insekten, Jungvögel; besonders in Städten werden Vögel gejagt.

Brut April–Juni, 1 Brut; nistet in alten Krähennestern, in Baumhöhlen, in Nischen von Gebäuden und Felsen sowie in Nistkästen.

< Rabenkrähe T I–XII

Rotfußfalke *Falco vespertinus*

Familie Falken *Falconidae*

TYPISCH Kleiner Falke, der im Flugbild an Baumfalke erinnert und bei uns nur unregelmäßig auftritt.

MERKMALE ♂ (kleines Foto) dunkel schiefergrau mit rotem Schenkelgefieder („Hosen"); ♀ (oben) mit gelblichbrauner Unterseite, hellgraue, quer gebändertem Rücken und Schwanz und kurzem Bartstreif. Jungvögel sehr ähnlich jungen Baumfalken, aber mit längerem, enger gebändertem Schwanz.

STIMME In der Brutkolonie recht ruffreudig, sonst schweigsam; an Wendehals erinnernde Rufreihen wie „gjä gjä gjä", bei Erregung „kikikiki ..." oder „tsrrii tsrrii ...".

VORKOMMEN Offene, steppenartige Landschaft des Tieflandes mit Gebüsch und Baumgruppen oder lichtem Auwald; brütet in Ungarn und in der Slowakei, sporadisch auch in Oberösterreich. Bei uns im Sommerhalbjahr in geringer Zahl, meist über insektenreichen Moor- und Heidegebieten und

Verlandungszonen von größeren Seen.

NAHRUNG Großinsekten wie Käfer, Libellen, Heuschrecken, Ameisen; Eidechsen, Kleinsäuger, Jungvögel.

BRUT Mai–September, 1 Brut; nistet kolonieweise (bis zu mehreren Hundert Paaren); in alten Saatkrähen- und (seltener) Elsternnestern.

< Rabenkrähe S, D IV–X O

Baumfalke *Falco subbuteo*

Familie Falken *Falconidae*

Typisch Erinnert im Flug an einen großen Mauersegler.
Merkmale Größe ungefähr wie Turmfalke, doch viel kürzerer Schwanz und lange, sichelförmige Flügel; Oberseite blaugrau, Kopf kontrastreich mit auffallendem, dunklem Bartstreif, Schenkelgefieder („Hosen") und Unterschwanzdecken rostrot. Jungvögel mit gelblichen „Hosen", bräunlicher Oberseite und rahmfarbener, kräftig gestreifter Unterseite.
Stimme Ruft häufig während der Balz- und Brutzeit, auch nach dem Ausfliegen der Jungen; Rufe meist ein durchdringendes, schnelles „gjegjegje ...", erinnert etwas an Wendehalsgesang; daneben turmfalkenartig „kikikiki ..." und gedehnt „gjih gjih".

Vorkommen Abwechslungsreiche Waldlandschaft mit Mooren, Heiden, Feuchtwiesen und ausgedehnten Verlandungszonen; brütet in lichtem Wald, an Waldrändern und in Feldgehölzen. Im Gegensatz zum Turmfalken nur selten in der Kultursteppe oder in Siedlungen. Bei uns weit verbreitet, doch nicht sehr häufig.
Nahrung Kleinvögel wie Schwalben, Lerchen, Sperlinge, Finken, auch Mauersegler; Libellen, Käfer, Schmetterlinge, Heuschrecken.
Brut Mai–September, 1 Brut; nistet meistens in alten Nestern von Krähen.

< Rabenkrähe S IV–X

Wanderfalke *Falco peregrinus*
Familie Falken *Falconidae*

Typisch Krähengroßer, kräftiger und sehr rasanter Falke.
Merkmale Lange, spitze, an der Basis jedoch breite Flügel, kurzer, sich verjüngender Schwanz; breiter, dunkler Bartstreif; Unterseite hell mit auffallender, dunkler Querbänderung. ♀ deutlich größer als das ♂. Jungvögel oberseits dunkelbraun, unterseits gelbbraun, kräftig dunkel längs gestreift. Ruderflug relativ langsam mit kraftvollen, nicht sehr tiefen Flügelschlägen und eingeschobenen, verschieden langen Gleitphasen.
Stimme Am Brutplatz, vor allem bei Störungen, häufig ein klagendes „gjä gjä gjä …“ oder „gjääääi“.
Vorkommen Abwechslungsreiche Landschaft mit steilen Felsen für die Brut, Mittel- und Hochgebirgsgegenden, Meeresküste; jagt im Winter oft am Wasser. Nach sehr starkem Rückgang durch Umweltgifte seit einigen Jahren Bestandszunahme.
Nahrung Vögel bis Reihergröße; vor

allem Tauben, Rabenvögel, Drosseln, Stare, Lerchen, Möwen und Watvögel.
Brut April–Juli, 1 Brut; nistet in Felsnischen, gebietsweise Baumbrüter.
Der größere, langschwänzigere und hellere **Würgfalke** *Falco cherrug* ist Brutvogel Ungarns, Tschechiens und der Slowakei, außerdem regelmäßiger Gast in den Steppengebieten des Burgenlandes in Österreich. In Europa ist der Würgfalke ein Zieselspezialist.

> Turmfalke T I–XII

Merlin *Falco columbarius*

Familie Falken *Falconidae*

Typisch Ein sehr kleiner, kompakter Falke mit spitzen Flügeln, der oft niedrig und rasant dahinsaust.
Merkmale ♂ (oben rechts) oberseits grau mit zarter Strichelung, Bartstreif nur angedeutet, Unterseite rostgelb, dunkel längsgestreift; ♀ unterseits kräftiger längs gestreift, oberseits dunkelbraun, Schwanz gebändert. Jungvögel (kl. Foto) sehr ähnlich wie ♀. Im Flug manchmal mit dem Sperber zu verwechseln, doch dieser hat einen viel längeren Schwanz und abgerundete Flügel mit meist gespreizten Handschwingen.
Stimme Meist nur am Horst zu hören; bei Störung ein sehr schnelles „kekekeke ...“ oder „kikikiki ...“.
Vorkommen Brütet in den fjällnahen Birkenwäldern, auf baumlosen Heiden und in Moorgebieten Nordeuropas; im Winterhalbjahr kann man regelmäßig einzelne Merline im Bereich der Küste und – seltener – im Binnenland beobachten, wo sie über Offenland jagen.
Verhalten Überraschungsjäger, der die Beutevögel oft in niedrigem und schnellem Flug aufscheucht, um sie dann zu überrumpeln; sitzt auch auf Steinen und Pfosten.
Nahrung Kleinvögel bis Drosselgröße, nur selten Kleinsäuger; vorwiegend Pieper, Lerchen, Ammern, Drosseln, Regenpfeifer.
Brut; Mai–August, 1 Brut; nistet häufig in alten Krähennestern, auch in Felsnischen und am Boden.

< Rabenkrähe W, D IX–IV O

Hühner, Rallen, Kraniche, Trappen

Hühnervögel – Galliformes

Alle Hühner sind an das Bodenleben angepasst und haben kräftige Lauffüße mit meist langen Zehen. Der Schnabel ist kurz, kräftig und etwas nach unten gebogen. Die Nahrung besteht vorwiegend aus Pflanzenteilen, die Küken sind jedoch in der ersten Lebensphase auf Insekten angewiesen. Bis auf die Wachtel, einen echten Zugvogel, sind Hühner Stand- oder Strichvögel. Bei vielen Arten gibt es auffällige Geschlechtsunterschiede; meist sind die Hähne deutlich größer und auffällig gefärbt, die Hennen dagegen in Tarntracht. Die Jungen sind ausgeprägte Nestflüchter, laufen bereits kurz nach dem Schlüpfen umher und erlangen schon lange vor Ende des Größenwachstums die Flugfähigkeit. In Mitteleuropa kommen 2 Familien vor:

Raufußhühner haben mehr oder weniger stark befiederte Läufe und Füße. Dieses Merkmal und Reihen von Hornstiften an den Zehen, die wie Schneeschuhe wirken, sind Anpassungen an kalte und schneereiche Winter. Typisch sind auch die roten nackten Hautstellen (Rosen) über dem Auge. Sie sind ausgesprochene Deckungsvögel, die oft erst kurz vor dem Beobachter polternd auffliegen. Ihr Flügelschlag ist schnell, häufig legen sie im Flug Gleitstrecken ein. Rauhfußhühner sind in der Regel standorttreu. Einige Arten vollführen im Frühjahr auffällige Balzspiele. Das Nest besteht aus einer einfachen Bodenvertiefung; Brut und Aufzucht der Jungen werden von der tarnfarbenen Henne allein bestritten. Die Rauhfußhühner sind sehr störungsempfindlich und meiden die Nähe des Menschen. In Mitteleuropa leben 4 Arten, eine davon nur im Hochgebirge.

Glattfußhühner oder Feldhühner leben vor allem in offener Landschaft, nie in größeren Waldgebieten. Die Läufe und Füße der Feldhühner sind unbefiedert. Während die echten Feldhühner kurzschwänzig und gedrungen sind, haben die Fasanen auffallend lange Schwänze. Letztere leben in halboffener Landschaft mit Büschen und Bäumen, in Feuchtgebieten und sogar in lichtem Wald. Rebhühner und Wachteln kommen in der offenen Feldflur vor; sie sind oft in dichter Vegetation versteckt und daher häufig nur anhand ihrer Stimmen nachweisbar. Steinhühner trifft man an sonnigen Hängen des Hochgebirges an. In Mitteleuropa kommen 4 Arten vor, der Fasan wurde bei uns schon vor langer Zeit eingebürgert, kann aber vielerorts nur durch ständiges Aussetzen von gezüchteten Vögeln erhalten werden.

Rallen und Kranichvögel – Gruiformes

In dieser Ordnung sind sehr unterschiedliche Formen von Sumpf- oder Steppenvögeln zusammengefasst. Die meisten sind langbeinig und langhalsig. die Jungen sind Nestflüchter, aber in den ersten Lebenstagen noch nicht

Balzender Trapphahn

Fuß eines Birkhahns

Ziehende Kraniche

so selbständig wie Hühner- oder Entenküken. Die in Mitteleuropa vorkommenden Arten gehören 3 Familien an:
Rallen sind kleine bis mittelgroße, gedrungene Bodenvögel mit kräftigen Füßen und langen Vorderzehen; wegen ihres kurzen Schwanzes und häufigen Kopfnickens erinnern sie etwas an Hühner. Bei den meisten Arten ist der Körper seitlich zusammengedrückt, so dass sie sehr geschickt durch dichte Vegetation schlüpfen können (Dickichtschlüpfer). die Mehrzahl der 7 in Mitteleuropa vorkommenden Rallen lebt in Schilf- und Seggengebieten, eine Art, der Wachtelkönig, bewohnt hochgrasige Wiesen (Wiesenralle), während das Bläßhuhn wie die Enten ein reiner Wasservogel ist. Bis auf Bläß- und Teichhuhn sind die Rallen nur schwer zu beobachten, denn sie halten sich meistens in dichter Bodenvegetation auf. Die Kenntnis der Lautäußerungen ist für die sichere Artbestimmung oft unerläßlich.
Trappen leben im Gegensatz zu den Rallen in trockenen, steppenartigen Landschaften. Sie haben sehr kräftige Lauffüße mit drei dicken Zehen, der Hals ist lang. Im Flug fallen die breiten und kontrastreich schwarz-weiß gezeichneten Flügel auf. Sehr markant sind die Größenunterschiede von Männchen und Weibchen: Die Hähne können mehr als doppelt so schwer werden wie die Hennen. von den beiden in Mitteleuropa ursprünglich vorkommenden Arten ist die Zwergtrappe im letzten Jahrhundert ausgestorben. Die Männchen der Großtrappe zählen mit ihren bis zu 12 kg Gewicht zu den schwersten flugfähigen Vögeln der Erde.
Kraniche erinnern im Aussehen etwas an Störche, sie fliegen ebenfalls mit ausgestrecktem Hals; ihr Schnabel ist jedoch deutlich kürzer. Sehr auffällig ist die weit hörbare, schmetternde und trompetende Stimme, die durch eine starke Verlängerung der Luftröhre ermöglicht wird. Kraniche ziehen häufig in größeren Verbänden in der typischen V-Formation. die Vögel leben in ausgedehnten Feuchtgebieten; sie nisten an unzugänglichen Plätzen am Boden. Zur Zugzeit auch auf Kulturflächen. In Mitteleuropa kommt nur eine Art vor.

Haselhuhn *Bonasa bonasia*
Familie Raufußhühner *Tetraonidae*

TYPISCH Rebhuhngroßes Waldhuhn mit hoher, an Goldhähnchengesang erinnernder Stimme.

MERKMALE Kleine, aufrichtbare Kopfhaube, ♂ (beide Fotos) mit auffällig schwarzer, weiß gesäumter Kehle. Im Flug fällt die breite, schwarze Schwanzbinde auf, die durch die einfarbigen, mittleren Steuerfedern unterbrochen ist; das Flügelgeräusch aufgescheuchter Haselhühner klingt burrend.

STIMME Der Reviergesang, ein sehr hohes, pfeifendes „Spissen", lässt eher einen zarten Singvogel als ein Huhn vermuten; ist fast das ganze Jahr über zu hören.

VORKOMMEN Unterholzreiche Wälder mit großer Strukturvielfalt, besonders Mischwälder mit gut ausgebildeter Kraut- und Strauchschicht, im Norden hauptsächlich in der Fichtentaiga. Bei uns außerhalb der Alpen sehr selten geworden und in vielen Gegenden ganz verschwunden. Hauptrückgangsursachen sind der Schwund naturnaher Wälder und häufige Störungen

NAHRUNG Knospen, Triebe, Blätter und Früchte von verschiedenen Sträuchern und Zwergsträuchern; Samen, Kätzchen und Insekten.

BRUT April–Juli, 1 Brut; Nest eine vom ♀ gescharrte Mulde, oft am Fuße eines Baumes unter dem Schutz der herabhängenden Zweige.

~ Rebhuhn J I–XII

Alpenschneehuhn *Lagopus mutus*

Familie Raufußhühner *Tetraonidae*

Typisch Im Flug stets schneeweiße Flügel; die auffallend trocken und tief knarrende Stimme.

Merkmale Nur wenig größer als Rebhuhn; ♂ im Prachtkleid (oben) mit dunkel braungrau marmorierter Oberseite und Brust, sonst weiß, über den Augen rote Hautlappen („Rosen"). ♀ gelblich braun mit dunkler Wellenzeichnung, nur angedeutete „Rosen". Im Winter bis auf die ganz schwarzen Schwanzfedern weiß, ♂ mit roten „Rosen" und schwarzem Strich vom Schnabel bis hinter das Auge (kl. Foto junges ♂).

Stimme ♂ während der Balzzeit hölzern knarrend „qarrr qarr krrr ak ak ak", auch beim Abflug von ♂ und ♀ knarrende Laute „arr" oder „krrr"; ♀ außerdem sonor „kück".

Vorkommen Bewohnt reich strukturierte, felsige Matten und Steinhalden oberhalb der Baumgrenze; im Winter in tieferen Lagen. Bei uns in den Alpen weit verbreitet, aber nicht häufig.

Nahrung Beeren, Triebe und Knospen von Zwergsträuchern und Kräutern. Kükennahrung Insekten.

Brut Mai–Juli, 1 Brut; Nest in kleiner Mulde zwischen den Felsen oder unter Zwergsträuchern, meist gut getarnt und daher nur schwer zu entdecken.

~ Rebhuhn J I–XII

Birkhuhn *Tetrao tetrix*

Familie Raufußhühner *Tetraonidae*

Typisch Im Flug fallen die weißen Unterflügeldecken auf.

Merkmale ♂ mit blauschwarz glänzendem Gefieder und leierförmig nach außen gebogenen Schwanzfedern, die während der Balz stark gefächert werden und so die weißen Unterschwanzdecken zur Geltung bringen (großes Foto). ♀ (kleines Foto) deutlich kleiner, mit bräunlicher Tarntracht, beim Auffliegen ist der schwach gegabelte Schwanz zu sehen. Flug schnell und oft auch hoch, dabei wechseln Phasen mit raschen Flügelschlägen mit längeren Gleitflugstrecken ab. Sitzt auch häufig auf Bäumen und Sträuchern, besonders im Winterhalbjahr.

Stimme ♂ während der Gruppenbalz auffälliges Kullern, zwischendurch oft ein fauchendes „tschuüsch".

Vorkommen Weite Moor- und Heidelandschaften, offene Waldgebiete; Zwergstrauchheiden im Bereich der Baumgrenze. Bei uns außerhalb der Alpen, der Rhön und der Norddeutschen Tiefebene fast ausgestorben.

Nahrung Knospen, Triebe und Beeren von Zwergsträuchern, Bäumen und Sträuchern, Insekten.

Brut April–Juni, 1 Brut; Nest am Boden, in der dichten, hohen Vegetation sorgfältig versteckt.

> Rebhuhn | I–XII

Auerhuhn *Tetrao urogallus*

Familie Raufußhühner *Tetraonidae*

TYPISCH Die polternden Abfluggeräusche (vor allem des ♂) wirken oft erschreckend.

MERKMALE ♂ fast truthahngroß, mit einer anderen Art zu kaum verwechseln; langer Schwanz, der während der Balz gefächert wird (oben). ♀ (kleines Foto) kleiner, mit orangebraunem Brustband und rostrot-schwarz gebändertem Schwanz. Flug nach geräuschvollem Start schnell mit kraftvollen Flügelschlägen und langen Gleitstrecken.

STIMME ♂ während der Balz merkwürdige, schleifende, wetzende, knallende und glucksende Laute; die Balzstrophe dauert ungefähr 7 Sekunden.

VORKOMMEN Reich strukturierter, ruhiger Misch- und Nadelwald mit kleinen Lichtungen, Heidelbeerbeständen und Ameisenhaufen. Bei uns wegen des Schwundes naturnaher Wälder und durch häufige Störungen nur noch in den höheren Lagen einiger Mittelgebirge und in den Alpen oberhalb 1000 m.

VERHALTEN Der Hahn balzt mit hängenden Flügeln und gefächertem Schwanz.

NAHRUNG Knospen und Triebe von Bäumen, Blätter und Beeren von Blau- und Preiselbeeren; im Winter fast nur Kiefernnadeln.

BRUT April–Juni, 1 Brut; Bodennest, oft unter Zweigen gut versteckt.

> Haushuhn | I–XII

Rebhuhn *Perdix perdix*

Familie Glattfußhühner *Phasianidae*

Typisch Aufgescheuchte Rebhühner fliegen dicht gedrängt mit lautem Flügelburren niedrig über dem Boden.

Merkmale Kleines, gedrungenes Huhn mit kurzem Schwanz; Flanken rostrot gebändert, auffallender, dunkler, hufeisenförmiger Brustfleck, der auch schwächer ausgeprägt sein kann. ♂ und ♀ sind nur an der Musterung von Schulterfedern und Oberflügeldecken sicher zu unterscheiden, beim ♀ fehlt der dunkle Brustfleck bisweilen. Flug abwechselnd mit schnellen Flügelschlägen und mit etwas nach unten gewölbten Flügeln gleitend.

Stimme Aufgescheuchte Rebhühner rufen laut „kerripriprip ...". Reviergesang des ♂ ein durchdringend und heiseres, in Abständen wiederholtes „girreck", das vor allem morgens und abends zu hören ist.

Vorkommen Abwechslungsreiche, trockene Kulturlandschaft des Tieflandes mit Ackerrainen, Hecken und Hochstaudenbereichen; Heidegebiete, Brachland. Bei uns weit verbreitet, aber selten geworden.

Nahrung Samen und grüne Teile von Wildkräutern, Getreide, Klee; Jungennahrung Insekten, Spinnen.

Brut April–Juni, 1 Brut; sehr gut getarntes Bodennest, eine mit Pflanzenmaterial ausgelegte Mulde, häufig im Schutz von Feldrainen.

< Haushuhn J I–XII

Wachtel *Coturnix coturnix*

Familie Glattfußhühner *Phasianidae*

Typisch Die Rufe, da man dieses Huhn kaum zu Gesicht bekommt.
Merkmale Kleinstes europäisches Huhn, gedrungen und fast schwanzlos, tarnfarbenes Gefieder; ♂ (rechts) an Kopf und Kehle schwärzlich gemustert, ♀ (oben) mit dicht gefleckter Brust.
Stimme Reviergesang des ♂ ein bezeichnendes „pickwerwick", das man besonders in der Abenddämmerung hört; beim Auffliegen „reck reck" oder „chriwi chriwi".
Vorkommen Abwechslungsreiche Feldflur mit Rainen, Hecken; brütet gerne in Wintergetreide-, Klee- und Luzernefeldern und in hochgrasigen Wiesen. Bei uns weit verbreitet im Tiefland, aber die Bestände schwanken von Jahr zu Jahr sehr stark und nehmen insgesamt drastisch ab; Hauptrückgangsursachen sind die Umwandlung der vielfältigen Feldflur in eintönige, maschinengerechte Produktionsflächen und der Einsatz von Giften, so dass die Vögel weder ausreichend Nahrung noch Deckung finden.

Verhalten Wachteln leben nahezu unsichtbar in dichter Vegetation.
Nahrung Samen von Feld- und Ackerkräutern, Getreide, grüne Pflanzenteilen, Insekten, Spinnen.
Brut Mai–August, 1–2 Bruten; Bodennest in dichtem Bewuchs.

~ Amsel **S IV–IX**

Fasan *Phasianus colchicus*

Familie Glattfußhühner *Phasianidae*

Typisch ♂ auffallend bunt.
Merkmale Überaus langer und spitzer Schwanz; ♀ gelblich braun und schwärzlich gemustert, mit kürzerem Schwanz als ♂.
Stimme Reviergesang des ♂ ein explosives, laut blökendes „gögock", auf das häufig ein lautes Flügelburren folgt; im Flug oft ein hartes, heiseres „äch" oder (aufgescheucht) gepresst „gökökök" oder "gögök".
Vorkommen Ursprünglich im südlichen Asien beheimatet; für Jagdzwecke in mehreren Unterarten in Europa eingebürgert. Lebt bei uns in der reich gegliederten Kulturlandschaft, am Rand von lichten Wäldern und in nicht zu nassen Feuchtgebieten. Weit verbreitet und trotz des Rückgangs noch häufig.
Nahrung Samen, Getreide, Früchte, Beeren, grüne Pflanzenteile, Würmer, Schnecken, Insekten.
Brut April–Juni, 1 Brut; Bodennest meist gut versteckt.
Das seltene **Steinhuhn** *Alectoris graeca* (links) brütet meist an trockenen, steinigen, meist südexponierten Hängen in den Hochalpen Österreichs und der Schweiz; in den Bayerischen Alpen nur wenige Paare. Stark bedroht.

~ Haushuhn J I–XII

Wasserralle *Rallus aquaticus*

Familie Rallen *Rallidae*

Typisch Die an Schweinequieken erinnernden Rufe.

Merkmale Langer, etwas nach unten gebogener, roter Schnabel und die schwarzweiß gestreiften Flanken auffallend; Oberseite dunkelbraun mit schwarzer Längsfleckung, Kopfseiten, Kehle und Brust schiefergrau, Unterschwanzdecken weißlich. Schnabel beim ♂ im Prachtkleid hellrot, im Schlichtkleid und beim ♀ blasser und mehr braun. Jungvögel (kleines Foto) unterseits hell bräunlich, an Hals und Brustseiten zart gebändert, Flankenbänderung nur undeutlich.

Stimme Die Rufe erinnern an das Quieken von Ferkeln „kriek krruie krruie ...“; Reviergesang des ♂ im Frühjahr aus hart angeschlagenen „tjük-tjük-tjük ...“-Reihen, die oft mit einem gedehnten, kehligen „tjuier“ enden; ♀ trillernd „tipp-quiiiir“.

Vorkommen Brütet in dichten Schilf- und Seggenbeständen, vor allem an

Fluss- und Seeufern. Wasserrallen überwintern manchmal in Mitteleuropa. Bei uns weit verbreitet, jedoch meistens nicht häufig.

Nahrung Würmer, Schnecken, Wasserinsekten, kleine Krebstiere, Kaulquappen; gelegentlich auch Fische, Kleinsäuger, Jungvögel.

Brut April–Juli, 1–2 Bruten; Nest aus Pflanzenteilen, im Bewuchs.

> Amsel T, (W) I–XII

Tüpfelsumpfhuhn *Porzana porzana*

Familie Rallen *Rallidae*

Typisch Sehr selten zu sehen, lebt im dichten Pflanzengewirr; im Frühjahr ist der auffallende Balzgesang des ♂ bezeichnend.

Merkmale Kaum amselgroße Ralle mit dunklem, dicht und fein weiß geflecktem Gefieder, Flanken weiß gebändert, Unterschwanzdecken gelblich. Schnabel viel kürzer als bei der Wasserralle. Jungvögel (kleines Foto) mit weißlicher Kehle und heller Unterseite.

Stimme Der Balzgesang des ♂ ist besonders in der Dämmerung und nachts zu hören, ein kurzes, monoton wiederholtes, peitschenartiges „huitt"; das ♀ ruft leiser und weniger scharf; daneben noch weitere Laute wie kurz „käck" oder knurrend „brurr".

Vorkommen Brütet in der Verlandungszone von Flüssen und Seen, gerne am Übergang vom Schilf zu Seggenbeständen, aber auch in hochgrasigen Nasswiesen und an dicht bewachsenen, feuchten Grabenrändern; wichtig ist ein niedriger, möglichst wenig schwankender Wasserstand. Bei uns seltener Brutvogel, der vielerorts ganz fehlt und seit Jahrzehnten in starkem Rückgang begriffen ist.

Nahrung Insekten, Spinnen, Schnecken und Würmer, gelegentlich auch zarte Pflanzenteile.

Brut April–Juli, 1–2 Bruten; Nest aus alten Stängeln und Blättern, meist über zentimetertiefem Wasser.

< Amsel S IV–X

Kleines Sumpfhuhn *Porzana parva*

Familie Rallen *Rallidae*

Typisch Wegen der versteckten Lebensweise sehr schwer zu entdecken, **Stimme** zum Nachweis wichtig.
Merkmale Schnabel gelbgrün mit roten Schnabelwinkeln; Oberseite olivbraun mit heller und dunkler Längszeichnung und undeutlichen weißen Fleckenreihen; Unterseite schiefergrau, Unterschwanz deutlich, Flanken nur schwach gebändert. ♀ mit rahmfarbener Unterseite und weißlicher Kehle.
Stimme Das ♀ ruft im Frühjahr schnelle, abfallende Triller wie „pep-perrr". Beunruhigt rufen ♂ und ♀ scharf „twug". Gesang des ♂ „put put put purrr"; meist in der Dämmerung zu hören.
Vorkommen Brütet in dichten, im Flachwasser stehenden Schilf-, Rohrkolben- und Seggenbeständen. In Mitteleuropa nur an wenigen Stellen Brutvogel, z. B. am Neusiedler See; im Westen meist unregelmäßig, genaue Verbreitung nur ungenügend bekannt.
Nahrung Hauptsächlich Insekten.

Brut Mai–August, 1–2 Bruten; tiefmuldiges Nest meist auf umgeknickten Halmen oder auf einer Seggenbülte, nach oben durch zusammengezogene Halme geschützt.
Das sehr ähnliche **Zwergsumpfhuhn** *Porzana pusilla* ist bei uns noch seltener; das ♂ ist kontrastreicher gezeichnet, hat eine auffälligere Flankenbänderung und einen einfarbig grünen Schnabel.

< Amsel S IV–IX

Wachtelkönig *Crex crex*

Familie Rallen *Rallidae*

Typisch Wegen der versteckten Lebensweise in dichtem Bewuchs selten zu sehen, daher Stimme für den Nachweis sehr wichtig.

Merkmale Schmal gebaut; Oberseite hell graubraun, Rücken stark dunkel gefleckt. Fliegt etwas unbeholfen und flatternd, dabei fallen die herunterhängenden Beine und die rotbraunen Flügeldecken auf.

Stimme Der Gesang des ♂, ein monoton wiederholtes, hölzern schnarrendes „rrrerrp rrerrp", ist oft stundenlang, auch in den Nachtstunden, und bis zu einem Kilometer weit zu hören.

Vorkommen Brütet in Feuchtwiesen, in extensiv genutzten, hochgrasigen und meist feuchten Mähwiesen; auch auf trockenen Kulturflächen wie Getreide-, Luzerne- und Kleefeldern, gebietsweise sogar auf Kartoffel- und Rübenäckern. Bei uns im Tiefland weit verbreitet, aber nirgends häufig; drastischer Rückgang durch landwirtschaftliche Zerstörung des Lebensraumes.

Verhalten Wenig gesellig; fliegt meist nur kurze Strecken; ruft vor allem in der Dämmerung und nachts.

Nahrung Vorwiegend Insekten, Würmer, Schnecken, kleine Frösche, Samen, grüne Pflanzenteile.

Brut Mai–Juli, 1 Brut; das Nest wird in einer Bodenmulde unter dichtem Pflanzenwuchs angelegt.

< Rebhuhn S V–IX

Teichhuhn *Gallinula chloropus*
Familie Rallen *Rallidae*

Typisch Bewegungen hühnerartig, schwimmt und läuft kopfnickend und unter ständigem Schwanzzucken.
Merkmale Kleiner und schlanker als das Blässhuhn; Schnabel rot mit gelber Spitze, rotes Stirnschild; Beine und die sehr langen Zehen grün. Beim Schwanzzucken leuchten die schneeweißen Unterschwanzdecken rhythmisch auf. Jungvögel (unten) bräunlich mit aufgehellter Kehlregion, Schnabel und Stirnschild olivgrün. Lässt beim Auffliegen die Beine herabbaumeln.
Stimme Häufig hört man den Erregungsruf, ein rau gutturales, aber wohlklingendes „kürrk"; bei Gefahr durchdringend „kirreck" oder scharf „dick dick"; im Flug oft mehrmals „kek-kek".

Vorkommen Brütet in der deckungsreichen Uferzone von stehenden und langsam fließenden Gewässern, auch an Gräben und kleinen, fast zugewachsenen Tümpeln; vielerorts an dicht bewachsenen Bächen und Parkgewässern mitten in Dörfern und Städten. Nahrungssuche gerne auf ufernahen Wiesen. Bei uns weit verbreitet und überall häufig.
Nahrung Samen, Triebe und Früchte von Sumpf- und Wasserpflanzen, Schnecken, Würmer, Insekten.
Brut; April–August, 1–2, manchmal sogar 3 Bruten; tiefmuldiges Nest meist sehr gut in der Ufervegetation in Wassernähe versteckt, selten auch ganz frei.

< Rebhuhn T I–XII

Blässhuhn *Fulica atra*

Familie Rallen *Rallidae*

Typisch Schwarzer, rundlicher Wasservogel, sehr häufig auf größeren Flüssen und Seen. Kleines Foto Jungvogel.
Merkmale Eine Ralle, die zum Wasservogel geworden ist; Zehen mit Schwimmlappen besetzt; leuchtend weißes Stirnschild.
Stimme Ziemlich häufig zu hören; ♂ stimmlos „tsk" oder „tsi", oft auch wie ein knallender Sektkorken „tp". ♀ bellend „kow". Bei Erregung scharf „psi".
Vorkommen Brütet an nährstoffreichen Seen, Stauseen, Teichen und langsam fließenden Flüssen mit gut ausgebildeter Ufervegetation; auch an kleinen Kiesgrubenseen und an Parkteichen mitten in der Großstadt. Im Winter oft in großen Scharen auf eisfreien Seen; an Dampferstegen und auf Parkseen lassen sich die oft sehr vertrauten Blässhühner durch den Winter füttern. Bei uns weit verbreitet und fast überall häufig.
Verhalten Schwimmt hoch auf dem Wasser unter ständigem Kopfnicken; taucht mit einem kleinen „Tauchsprung" unter; läuft beim Starten von der Wasseroberfläche erst eine längere Strecke flügelschlagend und platschend über das Wasser.
Nahrung Schilfsprosse, Wasserpflanzen, Gras, Laub, Muscheln, Schnecken, Würmer, Insekten, Entenfutter, Brot, Abfälle.
Brut April–Juli, 1 Brut; großes Nest, meist über seichtem Wasser gebaut.

< Stockente T I–XII

Großtrappe *Otis tarda*

Familie Trappen *Otididae*

Typisch Stolziert mit hoch erhobenem Kopf und „würdevollen" Schritten; eindrucksvolle Balz.

Merkmale Sehr großer und schwerer Laufvogel; ♂ mit dickem Hals, weißlichem Kehlbart und bräunlichem Brustband; ♀ (unten) viel kleiner, mit dünnerem Hals, ohne Kehlbart und Brustband. Fliegt mit langsamen und kraftvollen, gleichmäßigen Flügelschlägen. Sehr scheu.

Stimme Nahezu stumm; bei Auseinandersetzungen röchelnde ö- oder ä-Laute, Junge trillern hoch und melodisch „ürrrrr", bei Gefahr „jüüüüü ...".

Vorkommen Ursprünglich Steppenvogel; heute in Mitteleuropa in weiträumigen, offenen Acker- und Grünlandflächen. Brütet nur noch im Osten von Deutschland und Österreich, in Ungarn, Tschechien, der Slowakei und in Polen. Rückgang durch Intensivierung der Landwirtschaft, Einsatz von Agrargiften und Zerschneidung der Brutareale durch Verkehrswege.

Nahrung Grüne Teile und Samen von Steppen- und Feldpflanzen, in der Kultursteppe häufig Klee, Luzerne, Esparsette, Winterraps; daneben Insekten, Regenwürmer, Eidechsen, Mäuse und Jungvögel.

Brut April–Juli, 1 Brut; das Nest, eine flache, etwas mit Pflanzenmaterial ausgelegte Mulde, wird meistens auf Feldern und Äckern mit niedriger Vegetation angelegt.

~ Hausgans J I–XII

Kranich *Grus grus*

Familie Kraniche *Gruidae*

Typisch Sehr scheuer Vogel, der vor allem durch seine lauten, trompetenden Rufe auffällt.

Merkmale Sehr eleganter, hochbeiniger Schreitvogel mit relativ kurzem Schnabel. Im Flug mit lang ausgestrecktem Hals und lang über den Schwanz hinausragenden Beinen; Wanderscharen fliegen oft in Keilformation.Jungvögel (kleines Foto) noch ohne das schwarz-weiß-rote Kopfmuster der Altvögel.

Stimme Sehr bezeichnende, laut schmetternde, trompetende Rufe wie „gruh" oder „krrüi-kruh"; häufig beim Abflug und im Flug zu hören.

Vorkommen Brütet in weiten Moorgebieten, Verlandungszonen, lichten Bruchwäldern, inmitten von Sumpfgebieten und an einsamen Waldseen, Brutvogel Deutschlands und Polens; in Westdeutschland nur noch ein kleiner Restbestand, an der Ostseeküste große Rastbestände. Auf dem Zug auch auf Kulturland, übernachtet zur Sicherheit häufig in seichtem Wasser.

Nahrung Hülsenfrüchte, Getreide, Kartoffeln, Ackerkräuter, Beeren, Eicheln, Regenwürmer, Schnecken, Insekten, Mäuse, Frösche.

Brut April–Juni, 1 Brut; großes Nest aus Pflanzenteilen, oft auf kleinen Inselchen im Sumpf.

> **Weißstorch S III–XI**

Watvögel, Möwen, Seeschwalben, Alken

Schnepfen-, Möwen- und Alkenvögel – Charadriiformes

Diese Ordnung enthält eine Vielzahl von kleinen bis großen, oft langbeinigen Vögeln, die in ihrer Lebensweise an Feuchtgebiete angepasst sind; einige sind sogar ausgesprochene Hochseevögel. Nur wenige leben auf trockenem Boden. In Mitteleuropa kommen Arten aus 9 Familien vor:

Austernfischer sind kräftig gebaute Strandvögel, deren Schnäbel und Beine auffallend gefärbt sind. Sie ernähren sich vor allem von Muscheln, Schnecken und Krebsen, deren harte Schalen sie mit speziellen Techniken öffnen. eine Art ist häufiger Brutvogel an den europäischen Küsten; besonders außerhalb der Brutzeit kann man an unseren Küsten oft große Scharen von Austernfischern beobachten.

Triele erinnern mit ihren kurzen Schnäbeln und kräftigen Beinen etwas an Trappen, sind aber viel kleiner; auch den Lebensraum – trockene, steppenartige Landschaften – haben sie mit den großen Laufvögeln gemeinsam. Triele sind dämmerungs- und nachtaktiv, ihre Augen sind auffallend groß; das tarnfarbene Gefieder läßt die Vögel oft mit dem steinigen Untergrund verschmelzen. Die Kenntnis der typischen Rufe erleichtert das Auffinden dieser wenig geselligen Vögel. Die einzige europäische Art ist in Mitteleuropa sehr selten geworden.

Stelzenläufer haben auffällig lange Beine und einen dünnen Schnabel, der beim Säbelschnäbler aufwärts gebogen ist. Die beiden in Mitteleuropa vorkommenden Arten sind mittelgroß, grazil und mit ihrem schwarz-weißen Gefieder relativ leicht zu bestimmen.

Regenpfeifer sind im Vergleich zu anderen Watvögeln kurzbeinig und kurzschnäbelig; ihr Schnabel, der an der Spitze häufig verdickt ist, eignet sich weniger zum Sondieren als zum Aufpicken von Beutetieren von der Bodenoberfläche. Der Körper ist meist kompakt, der Kopf rundlich, und die Augen sind recht groß. In Mitteleuropa kommen zwei Gruppen vor, die Kiebitze mit einer Art und die eigentlichen Regenpfeifer – schnelle Flieger mit spitzen Flügeln – 6 Arten.

Schnepfen sind mit ihren langen Beinen und langen Schnäbeln die typischen Watvögel; einige Arten sind jedoch klein, kurzhalsig und kurzbeinig. Ihre Nahrung suchen Schnepfen meist mit Hilfe des Tastsinnes, indem sie in weichem Substrat sondieren. Die Vögel bewohnen vor allem Feuchtgebiete und Küsten; sie sind bis auf wenige Ausnahmen Bodenbrüter, in der Regel besteht das Gelege wie bei den Regenpfeifern aus 4 gut getarnten Eiern. In Mitteleuropa kann man über 25 sehr unterschiedliche Arten dieser Familie antreffen.

Raubmöwen sind mittelgroße bis große möwenähnliche Seevögel mit meist dunkler Gefiederfärbung. Die mittleren Schwanzfedern sind verlängert, die Schnabelspitze ist hakenförmig gebogen. Die einzelnen Arten, besonders Jungvögel, sind oft sehr schwierig zu unterscheiden. Raubmöwen sind geschickte Flieger; häufig jagen sie anderen Seevögeln ihre Nahrung ab (Beuteparasitismus), sie fangen jedoch auch selbständig kleinere Tiere. In Europa kommen 4 Arten vor, die alle auch gelegentlich in Mitteleuropa – im Binnenland jedoch nur ausnahmsweise – beobachtet werden können.

Möwen sind mittelgroße bis große Seevögel mit langen Flügeln und mit überwiegend weißem oder grauem Gefieder; häufig kommen dunkle Flügelspitzen vor. Einige der kleineren Arten weisen während der Brutzeit eine mehr oder weniger ausgedehnte dunkle Kopfzeichnung auf. Möwen leben an Küsten und Binnengewässern, nur wenige Arten sind Hochseevögel. Im Gegensatz zu Seeschwalben können sie nur wenig tauchen und nehmen ihre Nahrung vor allem von der Wasseroberfläche auf. Während die kleineren Arten im Alter von 2 Jahren ausgefärbt sind, legen die großen Arten erst mit 4 Jahren das Alterskleid an. Möwen sind in der Regel Bodenbrüter, die Jungen sind Platzhocker; Sie verlassen nach wenigen Tagen das Nest und verstecken sich in der Umgebung. In Mitteleuropa können 10 Arten beobachtet werden, einige weitere kommen als Ausnahmegäste hinzu.

Seeschwalben sind meist kleiner und schlanker als Möwen, ihre Flügel sind schmal und spitz, die Beine auffallend kurz und taugen kaum zum Laufen; häufig ist der Schwanz gegabelt oder zumindest eingeschnitten. Ihre Nahrung erbeuten Seeschwalben vor allem stoßtauchend, die Sumpfseeschwalben nehmen häufig Insekten von der Wasseroberfläche auf. Im Gegensatz zu Möwen sieht man sie nur selten schwimmen. Seeschwalben sind ausgeprägte Zugvögel; eine Art, die Küstenseeschwalbe, legt alljährlich größere Entfernungen zurück als alle anderen Vogelarten. In Mitteleuropa sind 9 Arten regelmäßig anzutreffen.

Alken sind kompakte kleine bis mittelgroße Meeresvögel mit kleinen Flügeln ; sie fliegen schnell mit schwirrenden Flügelschlägen. Ihre Beine sind weit hinten eingelenkt, so dass sie an Land mehr oder weniger aufrecht stehen. Alken können mit Hilfe der Flügel und Füße ausgezeichnet tauchen, ihre Nahrung besteht überwiegend aus Fischen, die sie ausdauernd verfolgen. Die Vögel brüten in Kolonien an Klippen und Hängen in Meeresnähe. Meist legen die Vögel nur ein einziges, relativ großes Ei, in Höhlungen, unter Steine oder in Erdbaue. An der mitteleuropäischen Küste können 4 Arten beobachtet werden, 2 davon als seltene Gäste.

Austernfischer *Haematopus ostralegus*

Familie Austernfischer *Haematopodidae*

Typisch Durch sein kontrastreiches Gefieder und die laute Stimme Charaktervogel vieler Küsten.

Merkmale Großer, kräftiger Strandvogel mit langem, rotem, etwas seitlich zusammengedrücktem Schnabel und roten Beinen. Gefieder auffällig schwarzweiß. Im Schlichtkleid mit weißem Kehlband. Jungvögel mit weißlicher Kehlzeichnung und dunkler Schnabelspitze. Im Flug breite, weiße Flügelbinde und weißer Bürzel sichtbar.

Stimme Sehr laut und weit zu hören; ein durchdringendes „keliip", „klieliep" oder „tjiep", auch mehrfach gereiht. Reviergesang ein wohltönendes, gereihtes „teli" oder „tlie".

Vorkommen Brütet an verschiedenen Arten von Küsten, vor allem an Sand- und Kiesstränden, gebietsweise (Norddeutsche Tiefebene) auch an Seen und Flüssen im Binnenland. Außerhalb der Brutzeit oft in großen Scharen im Watt, auch auf Wiesen und Weiden in Küstennähe. Bei uns häufiger Brutvogel an der Nord- und Ostsee.

Verhalten Vor allem außerhalb der Brutzeit in großen Scharen zu sehen.

Nahrung Muscheln, Schnecken, Krebse, Kleinkrebse, Regen- und andere Ringelwürmer, Insekten.

Brut April–Juli, 1 Brut; das Nest eine flache Bodenmulde, steht auf einer vegetationsarmen Fläche, oft auf dem Strand mit Sand oder Kies.

> Haustaube T I–XII

Triel *Burhinus oedicnemus*
Familie Triele *Burhinidae*

Typisch hauptsächlich dämmerungs- und nachtaktiv, duckt sich am Tage oft auf den Boden, fliegt erst dicht vor dem Menschen hoch.
Merkmale Großer und kräftiger Watvogel mit kurzem Schnabel, großen gelben Augen und langen, relativ dicken, gelben Beinen. Im Flug sind zwei weiße Flügelbinden erkennbar, die Handschwingen sind schwarzweiß.
Stimme Ruft häufig in der Dämmerung: ein raues, etwas an Brachvogel erinnerndes „krürrieh“ oder rein flötend „külie“; oft rufen mehrere Triele duettartig; im Flug hört man „gügügügügügügi“-Folgen.
Vorkommen Brütet in spärlich bewachsener, offener und trockener Landschaft mit sandigem oder steinigem Boden; in Steppengebieten, ausgedehnten Flussbetten und Feldern mit niedrigem Bewuchs. Rastet auf dem Zug auch an Küsten. Seltener Brutvogel Polens, Tschechiens und Ungarns; in Österreich noch kleiner Restbestand von wenigen Paaren, in Deutschland ist die Art inzwischen bereits ausgestorben.

Nahrung Regenwürmer, Schnecken, Insekten (häufig Heuschrecken), Spinnen, Frösche, Eidechsen, Schlangen, Mäuse und Jungvögel.
Brut April–August, 1 Brut; das Nest aus etwas Pflanzenmaterial wird in einer flachen Vertiefung in lockerer Vegetation auf trockenem Boden angelegt.

> **Haustaube S III–X**

Säbelschnäbler *Recurvirostra avosetta*

Familie Stelzenläufer *Recurvirostridae*

Typisch Der lange, aufwärts gebogene Schnabel und die bläulichen Beine.
Merkmale Ein sehr eleganter schwarzweißer Küstenvogel. Jungvögel mit bräunlicher Kopfkappe und bräunlicher Rückenzeichnung. Im Flug überragen die Beine den Schwanz weit.
Stimme Ein häufig zu hörendes klangvolles „plütt“ oder „plüit“, das bei Erregung schnell wiederholt wird und auch im Flug geäußert wird.
Vorkommen Brütet auf Strandwiesen und Stränden, an seichten Lagunen, an Flussmündungen und flachen Binnenseen. Brutvogel an der Nordseeküste – manchmal auch im Winter zu beobachten – und in Steppengebieten Ungarns bis Ostösterreich. In Deutschland nur mäßig häufiger Brutvogel.
Verhalten Nahrungssuche im Flachwasser mit seitlichen Pendelbewegungen von Kopf und Schnabel. Außerhalb der Brutzeit sehr gesellig. Schwimmt gelegentlich im tiefen Wasser. Während der Brut und Jungenaufzucht sind Säbelschnäbler recht aggressiv und fliegen gegen Eindringlinge nicht selten vehemente Scheinangriffe
Nahrung Ringelwürmer, Insekten, Kleinkrebse, kleine Fische, Larven von verschiedenen Wasserinsekten.
Brut Mai–Juli, 1 Brut; Bodennest, eine einfache Mulde in Wassernähe; oft Koloniebrüter.

~ Haustaube S IV–X

Stelzenläufer *Himantopus himantopus*

Familie Stelzenläufer *Recurvirostridae*

Typisch Wirkt durch die extrem langen Beine schlaksig.

Merkmale Mit seinen überaus langen, roten Beinen mit keiner anderen Art zu verwechseln. Schnabel dünn, gerade und schwarz, etwas länger als der Kopf. ♂ im Prachtkleid (oben) meist mit schwarzem Ober- und Hinterkopf; ♀ meist mit reinweißem Kopf. Im Winter ♂ und ♀ mit grauem Kopf und Hals. Jungvögel mit bräunlicher Oberseite. Im Flug leicht am kontrastreich schwarzweißen Gefieder und an den sehr weit über das Schwanzende hinausragenden Beinen zu erkennen.

Stimme Ruft häufig bei Störungen „kiepp" oder „kjiwip", auch „gek" oder „kwät kwät", klingt meckernd .

Vorkommen Brütet in der Nähe des flachen Wassers an Flussmündungen, an seichten Lagunen und Salinen. Empfindlich gegen Wasserstandsveränderungen. In Mitteleuropa sehr seltener und mit Ausnahme von Ungarn unre-

gelmäßiger Brutvogel; bei uns in manchen Jahren Einflüge von Stelzenläufern mit anschließenden Brutversuchen und sogar kurzzeitigen Ansiedlungen an der Meeresküste.

Nahrung Wasserinsekten, Kaulquappen, Kleinkrebse, kleine Fischchen.

Brut April–Juli, 1 Brut; Bodennest nahe am Wasser, oft auf einer kleinen Erhöhung gut versteckt.

< Haustaube S IV–IX

Flussregenpfeifer *Charadrius dubius*

Familie Regenpfeifer *Charadriidae*

Typisch Die laute, etwas melancholisch klingende Stimme.

Merkmale Kleiner, rundlicher Watvogel mit lehmgelben Beinen und intensiv gelbem Augenring. Im Schlichtkleid ohne die schwarze Kopfzeichnung und mit bräunlichem Kropfband. Jungvögeln (unten) fehlt der weiße Fleck hinter dem Auge, Kopf und Hals ohne Kontraste. Im Flug am Fehlen der Flügelbinde vom Sandregenpfeifer zu unterscheiden.

Stimme Ruft bei Erregung häufig scharf „piu“ oder “pitt pitt ...“. Reviergesang des ♂ ein heiseres „grügrügrü ...“ oder „grigrigrigriä griä griä ...“, häufig in fledermausartigem Singflug.

Vorkommen Brütet ursprünglich auf kiesigen und sandigen, spärlich bewachsenen Ufern und Inseln von Flüssen; heute in Mitteleuropa meist in Kies- und Sandgruben, Ödflächen, abgelassenen Fischteichen und Steinbrüchen. Bei uns im Binnenland weit verbreitet, aber nicht häufig. Rastet auf dem Zug vorwiegend an wenig bewachsenen Ufern und auf Schlammflächen. Rückgang vor allem durch Flussregulierungen, Wasserverschmutzung und menschliche Störungen.

Nahrung Insekten, vorwiegend kleine Käfer, Kleinkrebse, kleine Schnecken und Würmer.

Brut April–August, meist 2 Bruten; das Gelege wird zwischen Kieseln in einer flachen Mulde angelegt und ist ohne Beobachtung des Altvogels kaum zu entdecken.

> Haussperling S IV–IX

Sandregenpfeifer *Charadrius hiaticula*

Familie Regenpfeifer *Charadriidae*

Typisch Kleiner, oberseits erdfarbener Strandvogel, der mit sehr schnellen Schritten über den Sand „rollt" und häufig ruckartig stehen bleibt.
Merkmale Etwas größer als der Flussregenpfeifer, Schnabel kräftiger, gelb mit schwarzer Spitze, im Schlichtkleid schwarz mit orangefarbenem Fleck am Grund; Beine orangegelb, im Schlichtkleid gelblich. Jungvögel (kleines Foto) ähnlich Altvögeln im Schlichtkleid, aber oberseits mit hellen Federsäumen. Im Flug durch die weiße Flügelbinde vom Flussregenpfeifer zu unterscheiden. Trupps fliegen rasant und vollführen schnelle Wendungen.
Stimme Bei Störung, häufig auch beim Abflug, ein weich klingendes „tü-ip" oder „düi", daneben auch ein schnelles „kip-kiwip". Der Gesang, eine heisere Folge wie „drüe drüe drüe ...", oft im taumelnden Singflug.
Vorkommen Brütet auf Kies- und Sandstränden an der Küste, auch an

Salzseen; auf dem Zug auch regelmäßig an sandigen oder schlammigen Ufern im Binnenland. Mäßig häufiger Brutvogel an der Nord- und Ostsee.
Nahrung Insekten, vor allem Käfer und Fliegen, kleine Muscheln und Schnecken, Würmer, Kleinkrebse.
Brut April–August, 1–2 Bruten; das Nest, eine sehr flache Bodenmulde, wird meist auf Sandboden angelegt.

> Haussperling T I–XII

Seeregenpfeifer *Charadrius alexandrinus*

Familie Regenpfeifer *Charadriidae*

Typisch Der Regenpfeifer mit der stärksten Bindung an Salzwasser; am Meer meist in Spülsaumnähe.

Merkmale Hochbeiniger, heller und an Kopf und Hals weniger kontrastreich gefärbt als Fluss- und Sandregenpfeifer. Schnabel und Füße dunkel, nur angedeutetes Halsband; ♂ im Prachtkleid mit orangebraunem Oberkopf und schwärzlichem Querband auf der Stirn (oben), im Schlichtkleid ähnlich ♀ (links), aber mit dem schwärzlichen Stirnband; Gefieder beim ♀ kontrastlos und hell. Im Flug weißes Flügelband und weiße Schwanzkanten auffallend.

Stimme Bei Störung oft „brr brrr", im Flug und beim Abflug häufig kurze „pit"- oder „püt"-Rufe; Gesang schnurrend, wird oft im Singflug vorgetragen.

Vorkommen Brütet auf salzhaltigen Böden mit spärlicher Vegetation, vor allem an Sandstränden. Brutvogel in Ungarn und in einem Restbestand in Ostösterreich; bei uns selten an Nord- und Ostseeküste.

Nahrung Ringelwürmer, kleine Muscheln und Schnecken, Kleinkrebse, Insekten.

Brut April–August, 1 Brut; das Nest ist eine flache, vom ♀ in den Sand gedrehte Mulde.

> Haussperling S III–IX

Mornellregenpfeifer *Charadrius morinellus*

Familie Regenpfeifer *Charadriidae*

TYPISCH Brütende ♂ sind oft sehr vertraut und lassen den Menschen sehr nahe heran.

MERKMALE Auffallende weiße Überaugenstreifen, die zum Hinterkopf ziehen und ein deutliches V ergeben. ♀ (unten) etwas größer als ♂ (oben), intensiver und kontrastreicher gefärbt. Im Schlichtkleid viel blasser, oberseits gelbgrau, Bauch weiß, das helle Brustband und die weißen Überaugenstreifen sind etwas verwaschen. Wirkt im Flug gedrungen und kurzschwänzig, keine Flügelbinde; im Prachtkleid ist der schwarze Bauchfleck oft zu sehen.

STIMME Ruft häufig beim Abflug „kürr" oder „dir", oft auch „brütt" oder „plitt". Gesang des ♀ während des Singfluges ein rhythmisches „pit-pit-pit ...".

VORKOMMEN Brütet in Nordeuropa auf den kargen, trockenen Hochflächen. In Mitteleuropa Brutvogel an wenigen Stellen im Hochgebirge der Steiermark (Österreich) und seit 1961 an der holländischen Küste; dort auch regelmäßig im Sommer nichtbrütende Vögel. Außerhalb der Brutzeit in kleine Trupps auf trockenen und steinigen Flächen und an Flussufern.

NAHRUNG Vor allem Insekten und deren Larven, auch kleine Schnecken.

BRUT Mai–Juli, 1 Brut; Nest in niedrigem Bewuchs, das brütende ♂ ist sehr gut an den Bewuchs angepasst.

~ Amsel S V–X O

Goldregenpfeifer *Pluvialis apricaria*

Familie Regenpfeifer *Charadriidae*

Typisch Die wehmütige Stimme in der weiten Moorlandschaft.

Merkmale Im Prachtkleid höchstens mit dem Kiebitzregenpfeifer zu verwechseln, der aber vorwiegend im Watt anzutreffen ist und bei uns nur selten im Prachtkleid erscheint. Die Ausdehnung der schwarzen Unterseitenfärbung variiert bei mitteleuropäischen Vögeln stark und kann manchmal fast völlig fehlen. Auch im Schlichtkleid (unten) Oberseite goldgelb getönt.

Stimme Ruft häufig weich „düh“, bei Beunruhigung scharf „tlie“, im Brutgebiet wehmütig klagend „dlü-i-vieh“. Der Gesang, oft im Singflug vorgetragen, besteht aus hohen Pfeiflauten, die in schnelle Roller und Triller übergehen.

Vorkommen Brütet auf der feuchten Bergtundra des skandinavischen Fjällbereichs und in ausgedehnten Mooren der Nadelwaldzone sowie in weiten, feuchten Heidegebieten; in Mitteleuropa nur auf Hochmooren. Bei uns geringe Restbestände in Niedersachsen. Auf dem Zug häufig in größeren Trupps auf Wiesen, Weiden und Feldern.

Nahrung Vor allem Insekten, Würmer, Schnecken.

Brut April–August, 1 Brut; Bodennest auf trockenem Untergrund.

> Amsel S, D I–XII

Kiebitzregenpfeifer *Pluvialis squatarola*

Familie Regenpfeifer *Charadriidae*

Typisch Der typische Ruf ist oft schon von weitem zu hören.
Merkmale Etwas größer und kräftiger als Goldregenpfeifer, Schnabel stärker; wirkt im Schlichtkleid oberseits grauer. Unterseite im Prachtkleid (rechts; bei uns selten zu sehen) kontrastreich schwarzweiß. Im Jugendkleid (oben) oberseits gelblichbeige. Im Flug leicht durch die in allen Kleidern schwarzen Achseln und den weißen Bürzel vom Goldregenpfeifer unterschieden. Zieht meist einzeln. Wirkt in Ruhehaltung mit eingezogenem Kopf etwas „bedrückt".
Stimme Ruft im Flug häufig „pli-o-ih" oder „tli-e-ii", die mittlere Silbe ist jeweils am tiefsten. Der Gesang des ♂ klingt ähnlich wie der Ruf des Großen Brachvogels.
Vorkommen Brütet in der arktischen Flechtentundra. An der Nord- und Ostseeküste regelmäßiger und zum Teil häufiger Durchzügler, seltener Übersommerer, vereinzelt auch Wintergast.

Hält sich meist einzeln im Watt auf; regelmäßig, aber seltener, auf Schlammflächen im Binnenland.
Verhalten Wirkt bei der Nahrungssuche ausgesprochen bedächtig.
Nahrung Wattwürmer, kleine Muscheln, Schnecken und Krebse.

> Amsel D, (W), (Ü) I–XII O

Kiebitz *Vanellus vanellus*

Familie Regenpfeifer *Charadriidae*

Typisch Im Frühjahr sieht man häufig den taumelnden Balzflug über dem Brutrevier.

Merkmale Wirkt von weitem schwarzweiß; auffällige, lange und spitze Federholle. ♀ mit kürzerer Holle und weißlicher Kehle. Im Schlichtkleid Oberseite mit hellen Federrändern, Kehlbereich hell gemustert, Holle kurz.

Stimme Häufig zu hören, klingt etwas weinerlich und heiser „piewi" oder „kiewitt"; beim Reviergesang im Singflug ständig „kchiäwitt-witt kchiäwitt"; außerdem ist das wuchtelnde Flügelgeräusch oft deutlich zu hören.

Vorkommen Brütet auf offenem und flachem Gelände mit niedriger Vegetation: auf Feuchtwiesen, Mooren, Wiesen und Weiden im Küstenbereich, auf Heiden, Feldern und Äckern, Schotter- und Ödlandflächen. Bei uns weit verbreiteter Brutvogel, am häufigsten an der Küste; im Herbst oft in großen Schwärmen.

Verhalten Oft geduckte Haltung.

Nahrung Insekten und deren Larven wie Käfer, Schnaken, Raupen; Regenwürmer, Samen und Früchte.

Brut März–Juni, 1 Brut; Bodennest mit wenig trockenem Pflanzenmaterial ausgelegt, meist etwas erhöht auf trockenem Untergrund.

~ Haustaube T, D, W I–XII

Knutt *Calidris canutus*

Familie Schnepfenvögel *Scolopacidae*

Typisch Bildet riesige, dichte Schwärme, „Wolken", die in Bodennähe eine gestreckte, in der Höhe mehr eine ovale Form annehmen.

Merkmale Großer, gedrungener und kurzbeiniger Strandläufer mit kurzem, geradem Schnabel. Im Prachtkleid überwiegend rostbraun gefärbt, Oberseite grob hell und schwärzlich gemustert. Schlichtkleid mit hellgrauer Ober- und weißlicher Unterseite. Jungvögel (kl. Foto) mit schwarzweiß gesäumten Rückenfedern und leicht rostbraun getönten Flanken. Im Flug lange, schmale Flügel mit heller Binde, weißlicher Bürzel. Foto oben Übergangskleid.

Stimme Bei Beunruhigung ein gedämpftes „djüg", im Flug „we-it we-it" oder „wit wit". Der Gesang, in kreisendem Singflug vorgetragen, klingt etwas wie der des Großen Brachvogels.

Vorkommen Brütet in der Moos- und Flechtentundra Grönlands. Außerhalb der Brutzeit meist im Wattenmeer; häufiger Durchzügler, vor allem an der Nordseeküste, seltener und in kleineren Trupps an der Ostsee; wenige Trupps überwintern an der Nordsee.

Nahrung Auf dem Zug hauptsächlich kleine Muscheln und Schnecken, Kleinkrebse.

~ Amsel D, (W) I–XII O

Sanderling *Calidris alba*
Familie Schnepfenvögel *Scolopacidae*

Typisch Sanderlinge laufen oft mit sehr schnellen Trippelschritten unmittelbar an der Wasserlinie entlang, vor den anlaufenden Wellen weichen sie landwärts aus.

Merkmale Ein kleiner, im Schlichtkleid sehr heller Strandläufer mit geradem, schwarzem Schnabel und schwarzen Beinen. Im Prachtkleid Oberseite, Hals und Vorderbrust rostrot mit dunkler Musterung, sonst reinweiß. Im Schlichtkleid (das bei uns oft zu sehen ist, kl. Foto) hellgraue Oberseite mit dunklem Bugfleck. Im Jugendkleid (oben) Stirn und Vorderbrust weiß, Scheitel und Brustseiten gemustert, oft mit rostbraunem Anflug. Wirkt im Flug silbergrau, die breite weiße Flügelbinde ist oft deutlich zu sehen.

Stimme Ruft häufig ein kurzes „plitt", „tjick" oder „tiwick", oft gereiht.

Vorkommen Brütet in der spärlich bewachsenen Flechtentundra. Außerhalb der Brutzeit an der Meeresküste, hält sich meistens an der Flutlinie auf. Häufiger Durchzügler, seltener Sommer- und Wintergast an der Nord- und Ostseeküste.

Nahrung Auf dem Zug Insekten, Kleinkrebse, Ringelwürmer, kleine Schnecken.

Brut Juni–Juli, 1 Brut; das Nest wird zwischen Flechten, Silberwurz oder Kriechweiden am Boden angelegt.

< Amsel D, (W) IV–V, VII–X O

Zwergstrandläufer *Calidris minuta*

Familie Schnepfenvögel *Scolopacidae*

Typisch Trippelt bei der Nahrungssuche hektisch umher.
Merkmale Winziger Strandvogel mit kurzem, schwarzem Schnabel und schwarzen Beinen; im Prachtkleid mit rotbraun-schwarz gefleckter Oberseite und einem undeutlichen weißen V auf dem Rücken. Im Schlichtkleid Oberseite mehr grau, Brustseiten verwaschen grau. Bei Jungvögeln (oben) ist das weiße V auf dem Rücken meist deutlich.
Stimme Beim Auffliegen häufig ein gedämpft vibrierendes „tirrtirrtirrit", im Flug oft „bit". Gesang ein zarter, klirrender Triller, der in schmetterlingsartigem Singflug vorgetragen wird.
Vorkommen Brütet in der feuchten Tundra des hohen Nordens; auf dem Zug häufig in kleinen Trupps an der Küste und im Binnenland. Hält sich meistens auf vegetationslosen Schlamm- und Schlickflächen auf, oft mit Alpenstrandläufern vergesellschaftet.
Nahrung Insekten, kleine Würmer, Schnecken, Samen.
Brut Juni–Juli, 1 Brut.
Der sehr ähnliche **Temminckstrandläufer** *Calidris temminckii* (links) ist langgestreckter und weniger hochbeinig, die Beine sind heller, das Gefieder ist mehr grau. Brütet an Fluss- und Seeufern in der Weiden- und Birkenzone Nordeuropas. Auf dem Zug an locker bewachsenen Ufern; wenig gesellig.

< Haussperling D V–XII O

Sichelstrandläufer *Calidris ferruginea*

Familie Schnepfenvögel *Scolopacidae*

Typisch Bei der Nahrungssuche oft bis zum Bauch im Wasser.

Merkmale Größe wie Alpenstrandläufer, wirkt aber größer und weniger gedrungen, Beine, Schnabel und Hals länger; Schnabel leicht abwärts gebogen. Im Prachtkleid (oben) leicht zu erkennen; im Schlichtkleid heller als Alpenstrandläufer und mit deutlichem weißem Überaugenstreif. Jungvögel (kleines Foto) oberseits mit hellen Federsäumen. Im Flug auffällige weiße Flügelbinde und weißer Bürzel kennzeichnend. Stochert häufiger im Flachwasser als Alpenstrandläufer.

Stimme Ruft im Flug trillernd „krilli" oder „tirri", weicher und weniger nasal als der Alpenstrandläufer. Gesang des ♂ trillernd und schnurrend.

Vorkommen Brütet in der arktischen Küstentundra. Auf dem Zug vorwiegend im Watt, seltener auf Schlammflächen des Binnenlandes und an Salzseen. Regelmäßig an den mitteleuropäischen Küsten, vor allem an der Nordsee; häufig mit Alpenstrandläufern zusammen.

Verhalten Bildet im Vergleich zu Alpenstrandläufer nie so große Scharen.

Nahrung Ringelwürmer, kleine Muscheln und Schnecken, Kleinkrebse, sowie verschiedene Insekten.

< Amsel D IV–X O

Alpenstrandläufer *Calidris alpina*
Familie Schnepfenvögel *Scolopacidae*

Typisch Der häufigste Strandläufer.
Merkmale Schnabel relativ lang, an der Spitze etwas abwärts gebogen. Im Prachtkleid (oben) mit großem, schwarzem Bauchfleck. Im Schlichtkleid (kl. Foto) überwiegend braungrau, ohne schwarzen Bauchfleck. Jungvögel mit brauner Oberseite, Federränder hell. Große Scharen fliegen oft in länglichen Pulks mit ausgezogener Spitze.
Stimme Ruft im Flug nasal gepresst „trirr" oder „krrü". Der Gesang beginnt mit „drür drürr", dann folgt ein schnurrendes Trillern, danach „krri-rü-rü".
Vorkommen Brütet in der Tundra, auf Sumpfwiesen und Moorflächen im Fjäll oberhalb der Baumgrenze und auf offenen Strandwiesen an der Meeresküste. Kleine Brutvorkommen an den Küsten der Norddeutschen Tiefebene, bei uns wenige Paare. Außerhalb der Brutzeit in oft riesigen Scharen auf Schlickflächen an der Küste, in kleinen Trupps auch im Binnenland.
Verhalten Beim Singflug schneller, spiraliger Aufstieg, gefolgt von Rütteln mit schwirrenden Flügelschlägen, am Ende kurze Gleitstrecke.
Nahrung Insekten, Ringelwürmer, kleine Muscheln und Schnecken, daneben auch Kleinkrebse.
Brut April–Juli, 1 Brut; Bodennest, im Bewuchs versteckt.

< Amsel J, D I–XII

Meerstrandläufer *Calidris maritima*

Familie Schnepfenvögel *Scolopacidae*

Typisch Relativ vertraut; sieht in seiner Tarntracht aus wie ein „lebendig gewordene, dunkler Stein".

Merkmale Größer und kurzbeiniger als Alpenstrandläufer, wirkt gedrungen, Brust etwas entenartig gewölbt; Schnabel kopflang, schwach nach unten gebogen, dunkel mit gelblicher Basis, Beine graugrün. Im Prachtkleid Rücken schwärzlich, rostbraun und weißlich gemustert; im Schlichtkleid (gr. Foto) überwiegend dunkelbraun-grau, Bauch hell, Beine blass orange (Jugendkleid kl. Foto). Wirkt auch im Flug sehr dunkel, die an der Basis weißen Schwanzseiten und die schmale Flügelbinde fallen auf.

Stimme Im Winter wenig ruffreudig; beim Abflug kurz „wiit" oder „witwiet". Gesang flötend, erinnert etwas an das Lachen des Grünspechtes, am Boden und in schwirrendem Singflug .

Vorkommen Brütet auf kargen, steinigen Plateaus des skandinavischen Fjälls, meist weit von der Küste entfernt. Außerhalb der Brutzeit in kleinen Trupps an steinigen und felsigen Küsten, auch auf Steinbuhnen, oft in der Spritzwasserzone.

Nahrung Insekten, Samen und grüne Pflanzenteile, im Winter kleine Strandschnecken und Krebse.

Brut Mai–Juli, 1 Brut; Nest: eine mit Pflanzenmaterial ausgelegte Mulde auf trockenem Boden.

< Amsel W, D I–V; VIII–XII O

Kampfläufer *Philomachus pugnax*

Familie Schnepfenvögel *Scolopacidae*

Typisch Die eindrucksvolle Arenabalz der ♂ im Frühjahr.

Merkmale ♂ im Prachtkleid (oben) mit auffälliger Halskrause, Gefieder sehr variabel gefärbt, Gesicht nackt und mit Hautpapillen besetzt. ♀ (kl. Foto links) und Schlichtkleid unauffällig, oberseits mit Schuppenmuster. Im Flug schmale Flügelbinde und die an der Basis weißen Schwanzkanten zu sehen.

Stimme Kaum zu hören; auf dem nächtlichen Zug rau „grü".

Vorkommen Brütet in weiten Mooren, auf Feuchtwiesen und auf Heideflächen mit Nass-Stellen; bei uns vorwiegend auf extensiv genutzten Feuchtwiesen mit Gräben und kleinen Tümpeln in Küstennähe. Außerhalb der Brutzeit häufig in Trupps auf Schlammflächen, im Frühjahr mehr auf Wiesen mit Staunässe. Seltener Brutvogel der Norddeutschen Tiefebene. Rückgang durch die Zerstörung und Entwässerung der Brutbiotope.

Verhalten Im Frühjahr Gruppenbalz auf traditionellen Plätzen.

Nahrung Wasserinsekten, kleine Schnecken und Muscheln, Würmer, Samen und grüne Pflanzenteile.

Brut Mai–Juli, 1 Brut; Nest meist gut getarnt, an einer trockenen Stelle.

♀ ~ Amsel, ♂ deutlich größer
S, D III–X

Dunkler Wasserläufer *Tringa erythropus*

Familie Schnepfenvögel *Scolopacidae*

Typisch Der bezeichnende Flugruf.
Merkmale Wenig größer als der Rotschenkel, Schnabel und Beine länger; im Prachtkleid (kl. Foto; selten bei uns zu sehen) überwiegend schwärzlich, auf der Oberseite fein weiß gemustert. Beine dunkelrot oder schwärzlich. Schlichtkleid ähnlich Rotschenkel, aber heller (ähnl. Jugendkleid). Jungvögel (oben) mit dunkel quer gewellter Unterseite. Flügel ohne weiße Abzeichen.
Stimme Ruft beim Abflug und im Flug häufig scharf „tjü-it", bei Störung am Brutplatz durchdringend „tjicktjicktjick-tjick ...". Gesang sehr melodisch schnurrend, etwas leiernd „kürrewikürrrewi...", häufig im Singflug.
Vorkommen Brütet auf weiten, von Wald umgebenen Mooren Nordskandinaviens und Nordrusslands. Außerhalb der Brutzeit in kleinen Trupps an flachen Gewässerufern und an Prielen und Brackwasserzonen der flachen Meeresküste.
Nahrung Wasserinsekten und deren Larven, Kleinkrebse, Würmer, Kaulquappen, kleine Fischchen.
Ein seltener Gast, der vor allem im östlichen Mitteleuropa auftritt, ist der **Teichwasserläufer** *Tringa stagnatilis*. Sehr zierlich mit langen, dünnen Beinen und doppelt kopflangem, sehr dünnem Schnabel. Hält sich auf dem Zug meist an seichten Gewässern auf.

< Amsel D IV–XI O

Rotschenkel *Tringa totanus*

Familie Schnepfenvögel *Scolopacidae*

Typisch Die leuchtend roten Beine und der im Flug sichtbare, breite, weiße Flügelhinterrand.

Merkmale Im Sitzen bis auf die roten Beine unscheinbar; zur Brutzeit (oben) Oberseite bräunlich, dunkel gefleckt; im Schlichtkleid (kleines Foto) Oberseite heller graubraun, weniger stark gemustert. Jungvögel ohne die rote Schnabelwurzel, Beine mehr gelblich, Oberseite mehr rotbraun.

Stimme Beim Abflug und im Flug laut flötend „djü-ü" oder „djü-dü-dü"; am Brutplatz häufig anhaltend schimpfend „tjiktjiktjik ...". Gesang jodelnd, oft im Singflug „tulie tulie tulie ...".

Vorkommen Brütet in offenen Sumpf- und Moorgebieten mit kurzer Vegetation. Bei uns häufiger Brutvogel an der Küste, nach Süden zunehmend seltener. Außerhalb der Brutzeit an der Flachküste, oft in größeren Trupps im Watt, in kleineren Flügen in binnenländischen Feuchtgebieten, Nahrungssuche oft im schlammigen Flachwasser.

Verhalten Zur Brutzeit girlandenförmige Schauflüge der ♂.

Nahrung Insekten, Ringelwürmer, Kleinkrebse, kleine Muscheln und Schnecken.

Brut April–Juni, 1 Brut; in der Vegetation verstecktes Bodennest.

> Amsel S, D, (W) I–XII

Grünschenkel *Tringa nebularia*

Familie Schnepfenvögel *Scolopacidae*

Typisch Fällt durch seine Größe, das helle Gefieder und die laut flötende Stimme auf. Prachtkleid unten.

Merkmale Ein stattlicher, heller Wasserläufer mit langem, leicht aufwärts gebogenem Schnabel und langen, grünlichen Beinen; im Jugend- (oben) und Schlichtkleid Oberseite heller und mehr grau, Unterseite fast reinweiß. Im Flug überragen die Beine den Schwanz weit.

Stimme Flugruf ein an Grünspecht erinnerndes, hart flötendes „tjüh tjüh tjüh", bei Störungen am Brutplatz ein noch härteres „kjükjükjü ..." Gesang flötend „klüviklüviklüvi..."; singt oft auf einer Warte, vollführt über dem Brutrevier häufig Singflüge.

Vorkommen Brütet in Nordeuropa auf offenen Mooren und Heideflächen mit einzelnen Büschen oder Bäumen in Gewässernähe; auch in der Weidenregion des Fjälls und in der Tundra. Außerhalb der Brutzeit in kleinen Trupps oder einzeln an der flachen Meeresküste, an kiesigen oder sandigen Fluss- und Seeufern und auf Überschwemmungswiesen.

Verhalten Nahrungssuche häufig im Seichtwasser, rennt oft mit etwas geöffnetem Schnabel hinter kleinen Fischen her oder fängt kleine Beutetiere auf der Wasseroberfläche.

Nahrung Wasserinsekten, Ringelwürmer, Kleinkrebse, Kaulquappen, kleine Fische und Frösche.

> Amsel D IV–X O

Bruchwasserläufer *Tringa glareola*

Familie Schnepfenvögel *Scolopacidae*

Typisch Zur Zugzeit einer der häufigsten Watvögel. Prachtkleid oben.

Merkmale Klein, grazil und etwas unscheinbar, ähnlich dem Waldwasserläufer; Oberseite heller und dichter gefleckt, im Schlichtkleid ist die Fleckung weniger stark ausgeprägt. Jungvögel (kl. Foto) mit regelmäßig angeordneter, gelblicher Fleckung. Die Beine überragen im Flug das Schwanzende deutlich.

Stimme Flugruf ein angenehmes, helles „jiff jiff jiff". Der Gesang klingt wie „de triede triede triede ..." und wird im hohen Singflug über dem Brutrevier vorgetragen, Eindringlinge werden mit harten anhaltenden „Tjip tjip tjip"-Rufen empfangen.

Vorkommen Brütet in Wassernähe auf Mooren mit einzelnen Bäumen, in Sumpfwäldern und in der Tundra; auf dem Zug in kleinen, nur locker zusammenhaltenden Trupps auf offenen Schlammflächen, überschwemmten Wiesen und an Altwässern, auch häufig an der Küste. Seltener Brutvogel des nordöstlichen Mitteleuropas.

Nahrung Insekten, Wasserinsekten, kleine Muscheln und Schnecken.

Brut Mai–Juli, 1 Brut; Bodennest, sorgfältig im dichten Bodenbewuchs versteckt; brütet manchmal auch in alten Drosselnestern.

< Amsel S, D II–X O

Waldwasserläufer *Tringa ochropus*

Familie Schnepfenvögel *Scolopacidae*

Typisch Beim Auffliegen starker Kontrast zwischen der dunklen Oberseite und der schneeweißen Schwanzwurzel; bezeichnender heller Flugruf.

Merkmale Gedrungener und oberseits dunkler und spärlicher gefleckt als der Bruchwasserläufer; Schwanz weiß mit 3–4 bräunlichen Querbinden. Jungvögel (oben) auf der Oberseite gelblich gepunktet. Scheitel und Hals dunkler (Prachtkleid kleines Foto).

Stimme Ruft häufig scharf und hell „tluit-ti-tit", besonders beim Abflug; bei Störungen am Brutplatz anhaltend „tick-tick-tick ..."; im kreisenden Singflug über dem Brutplatz „gegjärluid gegjärluid".

Vorkommen Brütet in Mooren mit lichtem Baumbestand, in feuchten Bruchwäldern und an baumbestandenen Gewässerufern. Auf dem Zug fast ausschließlich an Binnenseen, aber auch an kleinen Gräben und Tümpeln. Brutvogel im Nordosten Mitteleuropas, bei uns seltener Brutvogel.

Nahrung Insekten, deren Larven, Spinnen, Würmer, Krebse und kleine Fischchen.

Brut April-Juni, 1 Brut; nistet meistens in vorjährigen Drosselnestern, aber auch in alten Nestern von Krähen, Tauben und Eichhörnchen.

~ Amsel S, D, (W) I-XII

Flussuferläufer *Actitis hypoleucos*

Familie Schnepfenvögel *Scolopacidae*

Typisch Wippt häufig mit dem Hinterteil; fliegt abwechselnd mit steif nach unten gehaltenen Flügeln und Serien schwirrender, flacher Flügelschläge knapp über dem Wasser.
Merkmale Gedrungen und kurzbeinig mit kräftigem, geradem Schnabel und dunklem Bürzel (Prachtkleid rechts). Im Jugendkleid (oben, bei uns häufig) oberseits, vor allem auf den Flügeldecken, mit hellen Federrändern. Im Flug oft der weiße Flügelstreif sichtbar.
Stimme Ruft beim Abflug durchdringend und hell „hii-di-di-hii-di-di ...", Warnruf scharf „hiehd". Der Gesang, eine lange, geleierte Folge, klingt wie „hi-dih-titit-widih-titiwidih ...", vorwiegend im fledermausartigen Singflug mit zitternden Flügelschlägen.
Vorkommen Brütet an den Ufern von Flüssen und Seen, gerne auf nicht zu dicht bewachsenen Flussinseln, auch an felsigen Ufern mit lockerem Baumbestand. Bei uns seltener Brutvogel an naturnahen Flüssen, vorwiegend in Gebirgsgegenden. Außerhalb der Brutzeit häufig an kiesigen oder steinigen Gewässern, auch an der felsigen Küste.

Nahrung Kleine Insekten.
Brut Mai–Juli, 1 Brut; das Nest, eine mit Pflanzenteilen ausgelegte Mulde, wird nah am Ufer auf trockenem Boden gut versteckt in der Vegetation oder zwischen Treibgut angelegt.

< Amsel S, D III–X

Steinwälzer *Arenaria interpres*

Familie Schnepfenvögel *Scolopacidae*

Typisch Dreht bei der Nahrungssuche Steine und Pflanzen um.
Merkmale Kurzbeinig und gedrungen; Gefieder im Prachtkleid (oben) sehr bunt, im Schlichtkleid (kl. Foto) Oberseite bräunlich schwarz mit hellen Federrändern, Kinn und Kehle weiß; Jugendkleid ähnlich, aber oberseits mit hell rostbraunen Federsäumen. Im Flug mit breiter, weißer Flügelbinde, weißem Schwanz mit schwarzer Endbinde und schwarzem V auf dem weißen Bürzel.
Stimme Im Flug ein schnelles „trütrütrü" oder „tük-a-tük". Der Gesang, ein nasales „tivi-tivi-tititi", wird auf einer Singwarte oder im hohen Singflug vorgetragen.
Vorkommen Brütet an steinigen Küsten, auf meist spärlich bewachsenen, aber auch mit Bäumen bestandenen Inseln und in der Moos- und Flechtentundra Nordeuropas. In Mitteleuropa regelmäßig und recht häufig in kleinen Trupps an der steinigen Küste, an Hafenmolen und am Strand.
Verhalten Laufen bei der Nahrungssuche etwas wackelnd umher.
Nahrung Auf dem Zug kleine Muscheln, Schnecken und Krebse, Ringelwürmer, Abfälle.
Brut Mai-Juni, 1 Brut; Bodennest, meist zwischen Steinen.

~ Amsel D, Ü, (S), (W) IV-X

Odinshühnchen *Phalaropus lobatus*
Familie Schnepfenvöhel *Scolopacidae*

Typisch Schwimmvogel, dreht sich bei der Nahrungssuche häufig wie ein Spielzeug um die eigene Achse.
Merkmale Ein kleiner und zierlicher Watvogel mit knapp kopflangem, sehr feinem Schnabel; im Prachtkleid (bei uns kaum zu sehen; kl. Foto) ♀ mit weißer Kehle und leuchtend rostbraunem Band an den Halsseiten und am Kropf. ♂ viel unauffälliger und matter gefärbt. Im Jugendkleid (oben) mit deutlichem, dunklem Augenstreif. Im Flug fällt der weiße Flügelstreif meist auf.
Stimme Beim Abflug häufig „kritt kritt" oder „pit", auf dem Wasser oft ein leises „pirr".
Vorkommen Brütet an kleinen Seen und Tümpeln in den skandinavischen Fjällgebieten. Auf dem Zug (in südöstlicher Richtung) einzeln und in kleinen Trupps auf dem offenen Meer, gelegentlich in Mitteleuropa auf küstennahen Gewässern, noch seltener im Binnenland.
Verhalten Liegt beim Schwimmen hoch auf dem Wasser, nickt ständig mit dem Kopf, pickt sehr schnell links und rechts nach kleinen Insekten, die auf der Oberfläche schwimmen. Nur das ♂ brütet. Die ♀ werben um die ♂.
Nahrung Kleine Insekten, Spinnen, Krebstiere, Würmer und Schnecken.

> Haussperling D V-X O

Regenbrachvogel *Numenius phaeopus*

Familie Schnepfenvögel *Scolopacidae*

Typisch Die auffällig kichernde Stimme und der dunkel gestreifte Scheitel.

Merkmale Ein kleiner Brachvogel, Schnabel etwas kürzer, dicker und weniger stark gebogen als beim Großen Brachvogel; Oberseite kontrastreicher gezeichnet, Scheitel mit zwei breiten, dunkelbraunen Längsstreifen. Fliegt mit schnelleren Flügelschlägen als der Große Brachvogel.

Stimme Häufig zu hören. Flugruf, wimmernd „bibibibibi ..." oder etwas an Kuckucks-♀ erinnernd „pü-hü-hü-hü ...". Der Gesang erinnert an den des Großen Brachvogels, der trillernde Teil ist jedoch im Klangcharakter etwas härter und weniger „entschwebend" als bei der Vergleichsart.

Vorkommen Brütet in Nordeuropa auf Mooren und feuchten Heiden der Nadelwaldzone bis in die Fjällregion, auch in der Tundra; gerne in Gewässernähe, aber nicht auf Kulturflächen wie der Große Brachvogel. Auf dem Zug in kleineren oder größeren Trupps an der Küste, vorwiegend im Watt, aber auch an Steilküsten, seltener im Binnenland; häufig mit Großen Brachvögeln vergesellschaftet, überwintert manchmal an der Nordseeküste.

Nahrung Insekten, Ringelwürmer, kleine Krebstiere, Schnecken und Muscheln; im Herbst auch Beeren.

~ Lachmöwe D, (W) IV–IX O

Großer Brachvogel *Numenius arquata*

Familie Schnepfenvögel *Scolopacidae*

Typisch Größter Watvogel Europas.

Merkmale Langer, stark abwärts gebogener Schnabel, beim ♀ etwas länger und im Spitzendrittel mehr gebogen; Gefieder oberseits heller als beim ähnlichen Regenbrachvogel, keine dunkle Kopfzeichnung.

Stimme Sehr melodisch und stimmungsvoll; ruft im Flug häufig flötend „kürlie" oder etwas heiser „chrüie", bei Erregung gereiht „güi-güi-güi"; Gesang laut flötend und trillernd, wird vom ♂ im auf- und absteigenden Singflug hervorgebracht, kurz vor der Landung melancholischer Triller.

Vorkommen Ausgedehnte, offene Hoch- und Niedermoore, Verlandungszonen, Feuchtwiesen, Heideflächen. Brütet seit der Zerstörung der meisten Moore und Feuchtwiesen bei uns auf Mähwiesen; der Bruterfolg auf diesen Flächen ist durch zu frühe und häufige Mahd, Düngung und durch Freizeitrummel gefährdet. Bei uns (mit Ausnahme der Norddeutschen Tiefebene) seltener Brutvogel. Außerhalb der Brutzeit große Scharen im Watt.

Nahrung Regenwürmer, Insekten und deren Larven, kleine Muscheln, Schnecken und Krebstiere; Beeren und grüne Pflanzenteile.

Brut April–Juni, 1 Brut; gut getarntes Bodennest in niedriger Vegetation.

~ Lachmöwe S, D, (W) meist III–XI

Pfuhlschnepfe *Limosa lapponica*
Familie Schnepfenvögel *Scolopacidae*

Typisch Der leicht aufgebogene, lange Schnabel.
Merkmale Etwas kleiner und weniger hochbeinig als die ähnliche Uferschnepfe, Schnabel etwas kürzer und leicht aufgebogen, Schwanz eng quer gebändert. ♀ größer und langschnäbliger als ♂. Im Prachtkleid ♂ (unten) mit überwiegend rostrotem Gefieder, Rücken mit schwärzlicher Fleckung; ♀ (oben) viel matter gefärbt. Schlichtkleid überwiegend grau. Im Jugendkleid brachvogelähnlich. Im Flug überragen die Beine den Schwanz nur geringfügig, keine Flügelbinde.
Stimme Ruft im Flug nasal und durchdringend „gegege" oder „gägägägägä". Kleine Trupps sind oft schweigsam. Der Gesang ähnelt dem der Uferschnepfe, er beginnt mit „tuituitui ...", worauf ein jodelndes „dowi dowi dowi" oder „dwiedwiedwie ..." folgt.
Vorkommen Brütet im hohen Norden Skandinaviens und Russlands auf feuchter Tundra und auf Mooren am Rande der Nadelwaldgrenze; auf dem Zug in kleinen bis großen Trupps im Wattenmeer.
Nahrung Insekten und deren Larven, Ringelwürmer, Schnecken, Muscheln, kleine Krebse.

< Haustaube D, (W), (Ü) I–XII O

Uferschnepfe *Limosa limosa*

Familie Schnepfenvögel *Scolopacidae*

Typisch Im Flug setzen sich die weiße Flügelbinde und die weiße Schwanzbasis kontrastreich von der dunklen Oberseitenfärbung ab.

Merkmale Ein großer, langbeiniger und langschnäbliger Watvogel, wirkt schlank und elegant; beim ♂ im Prachtkleid (oben) Hals und Brust rostbraun, ♀ mit längerem Schnabel, Rostfärbung oft weniger intensiv. Jungvögel an Hals und Brust ockerfarben, Rücken mit hellen Federsäumen. Im Schlichtkleid ♂ und ♀ eintönig grau (kleines Foto).

Stimme Ruft häufig nasal „geg" oder „wäd", auch gereiht; bei Störungen am Brutplatz laut und energisch „widewidewide". Beim Singflug, oft in größerer Höhe, ein lautes und durchdringendes, etwas jammerndes „gruttegrutte ...".

Vorkommen Brütet ursprünglich auf Mooren und in Heide- und Steppengebieten in Gewässernähe; heute bei uns vorwiegend auf Feuchtwiesen mit extensiver Nutzung; Brutvorkommen in

Mitteleuropa hauptsächlich in der Norddeutschen Tiefebene und im östlichen Österreich; bei uns im Süden sehr selten. Außerhalb der Brutzeit häufig an der Küste und im Binnenland an Flachwasser.

Nahrung Regen- und andere Ringelwürmer, Schnecken, Insekten, kleine Krebstiere, Kaulquappen, Samen.

Brut April–Juni, 1 Brut; Bodennest, meist im hohen Gras.

~ Haustaube S, D III–VIII

Waldschnepfe *Scolopax rusticola*
Familie Schnepfenvögel *Scolopacidae*

Typisch Balzflug während der Dämmerung in Baumkronenhöhe unter quorrenden und puitzenden Lauten.
Merkmale Eine gedrungene, kurzbeinige und dickköpfige Schnepfe mit langem, geradem Schnabel; Gefieder tarnfarben, an den Waldboden hervorragend angepasst. Wirkt im Flug „halslos", die Flügel sind breit und abgerundet, der lange Schnabel zeigt schräg nach unten; fliegt aufgescheucht meist geräuschlos (manchmal mit kurzem Flügelklatschen) und in schwachen Zickzack-Kurven ab, um nicht weit entfernt wieder einzufallen; Dämmerungs- und nachtaktiv.
Stimme Mit Ausnahme des Balzfluges wenig stimmfreudig; bei Störung manchmal hoch „zwieht". Während des Balzfluges singt das ♂ abwechselnd tief und hölzern „kworr-kworr-kwo-worr" und sehr hoch und scharf „pizick".
Vorkommen Brütet in größeren Waldgebieten, meist in aufgelockertem Laub- und Mischwald mit einer artenreichen Kraut- und Strauchschicht und mit kleinen, eingesprengten Feuchtflächen oder Lichtungen. Bei uns weit verbreitet, aber meist selten. Zur Zugzeit auch in kleinen Waldflächen, manchmal sogar in Parks.
Nahrung Regenwürmer, Insekten und deren Larven, Spinnen.
Brut März–Juni, 1–2 Bruten; Bodennest, oft am Fuße eines Baumes.

~ Haustaube S, D, (W) I–XII

Bekassine *Gallinago gallinago*
Familie Schnepfenvögel *Scolopacidae*

Typisch Fliegt aufgescheucht im reißenden Zickzackflug und mehrmals rufend, oft nur wenige Meter vor dem Menschen auf („Himmeln").
Merkmale Sehr langschnäbliger, mittelgroßer Watvogel; Oberseite tarnfarben, Rücken bräunlich mit schwärzlichen Flecken und gelblichen Längsstreifen, Scheitel mit zwei dunklen Längsstreifen.
Stimme Ruft beim Auffliegen mehrmals nasal „ätsch". Der Gesang, ein taktfest wiederholtes, melodisches „tücka-tücka-tücka ..." oder „djepe-djepe-djepe", wird von ♀ und ♂ am Boden, auf einer Singwarte oder im Flug vorgetragen. Das ♂ vollführt hoch über dem Brutplatz Singflüge in Wellenbahnen; beim Abwärtssausen des Vogels geraten die abgespreizten äußeren Schwanzfedern in Schwingung und erzeugen einen vibrierenden Summton, der wie „wwwwwww ..." klingt („Meckern").

Vorkommen Brütet auf Mooren, Feuchtwiesen und anderen Feuchtflächen mit nicht zu hoher Vegetation. Bei uns weit verbreitet, aber nicht häufig. Außerhalb der Brutzeit an Seeufern und Schlammflächen an Gräben.
Nahrung Würmer, Schnecken, kleine Krebse, Insektenlarven.
Brut April–Juni, 1 Brut; sehr gut verstecktes Bodennest.

< Amsel S, D, (W) I–XII

Zwergschnepfe *Lymnocryptes minimus*
Familie Schnepfenvögel *Scolopacidae*

TYPISCH Fliegt meist erst wenige Meter vor dem Menschen auf und fällt nach kurzer Flugstrecke wieder ein.
MERKMALE Viel kleiner als die Bekassine, relativ kurzer Schnabel; Oberseite dunkel mit zwei breiten, gelblichen Längsstreifen.
STIMME Ruft beim Abflug manchmal kurz und heiser „ätsch". Die merkwürdigen, an das ferne Galoppieren eines Pferdes erinnernden Gesangsstrophen hört man meist über dem Brutrevier.
VORKOMMEN Brütet auf großen, nassen Mooren mit Seggen- und Wollgrasbeständen Nordskandinaviens und Nordrusslands, von der Nadelwaldzone bis in die Weidenregion. Rastet auf dem Zug auf deckungsbietenden Verlandungsflächen, nassen Wiesen, Gräben und kleinen Nass-Stellen auf Viehweiden, im Küstenbereich und im Binnenland; bei uns selten.

VERHALTEN Vorwiegend dämmerungsaktiv, sehr schwer sitzend zu beobachten, lebt sehr versteckt und drückt sich bei Gefahr fest an den Boden.
NAHRUNG Würmer, Schnecken, Insekten, Spinnen.
Die etwas größere, im Freiland nur schwer von der Bekassine zu unterscheidende **Doppelschnepfe** *Gallinago media* (kleines Foto) ist seltener Brutvogel Skandinaviens und Nordostpolens; bei uns sehr seltener Durchzügler.

< Amsel D, (W) I–XII O

Schmarotzerraubmöwe *Stercorarius parasiticus*

Familie Raubmöwen *Stercorariidae*

Typisch Jagt anderen Seevögeln die Beutefische ab, indem sie das Opfer durch Sturzflüge so lange attackiert, bis es die Nahrung fallen lässt.

Merkmale Kommt in verschiedenen Farbvarianten vor: einer hellen (Fotos) mit weißlicher Unterseite und dunklem Halsband (das auch fehlen kann) und einer einheitlich dunklen; Übergänge beider Formen möglich. Zwei kurze und spitze Schwanzspieße, die bei Jungvögeln jedoch kaum zu sehen sind.

Stimme Ruft möwenartig heiser und miauend „ihh-jür" oder „eh-jär".

Vorkommen Brütet in Nordeuropa auf offenen Flächen mit niedrigem Bewuchs, meist an der Küste oder auf grasbewachsenen Inseln, gebietsweise auch im Binnenland auf Mooren, Heideflächen und auf dem Tundraboden. Außerhalb der Brutzeit auf dem Meer, häufiger in Küstennähe als die Falkenraubmöwe. An der Nord- und Ostseeküste regelmäßig, aber nicht häufig.

Nahrung Mäuse, Lemminge, Klein- und Jungvögel, Eier, Fische.

Die größte Raubmöwenart, die **Skua** *Stercorarius skua*, erscheint ebenfalls gelegentlich an der Nord- und Ostseeküste. Im Flug erkennt man diese silbermöwengroße, dunkle Raubmöwe am besten an den hellen Flügelfeldern und an dem Fehlen von Schwanzspießen.

~ Lachmöwe D IV–X O

Falkenraubmöwe *Stercorarius longicaudus*

Familie Raubmöwen *Stercorariidae*

Typisch Auffallend lange Schwanzspieße, sehr eleganter Flug.
Merkmale Zierlicher und schnittiger als die anderen Raubmöwen, scharf abgegrenzte, dunkelbraune Kopfkappe, Hals und Vorderbrust weiß; die langen Schwanzspieße können auch abgebrochen sein.
Jungvögel schwer von jungen Schmarotzerraubmöwen zu unterscheiden, schlanker und mit schmaleren Flügeln, mittlere Schwanzfedern ebenfalls kurz, aber deutlich abgerundet. Flugsilhouette seeschwalbenartig, fliegt mit schnellen, elastischen Flügelschlägen.
Stimme Ruft etwas bussardartig „piää", oder scharf „kiu", bei Gefahr Serien von kurzen, harten „kriepp"-Rufen.
Vorkommen Brütet in Nordeuropa auf Fjällheiden oberhalb der Baumgrenze und auf dem Tundraboden. Außerhalb der Brutzeit Hochseevogel; selten an der Nord- und Ostseeküste zu beobachten.
Nahrung Im Brutgebiet vor allem Lemminge und andere Kleinsäuger, Jung- und Kleinvögel, Insekten; auf See hauptsächlich Fische (oft anderen Seevögeln abgejagt).
Die **Spatelraubmöwe** *Stercorarius pomarinus* ist seltener Gast an Nord- und Ostsee. Kennzeichnend sind die spatelförmig verlängerten und etwas gedrehten mittleren Steuerfedern.

~ Lachmöwe D IX–XI O

Dreizehenmöwe *Rissa tridactyla*

Familie Möwen *Laridae*

Typisch Die tiefschwarzen Flügelspitzen ohne weiße Flecken.

Merkmale Stämmige Möwe mit gelbem, leicht abwärts gebogen Schnabel, Füße schwarz (Fotos Prachtkleid). Im Schlichtkleid großer Ohrfleck und grauer "Schal". Im Jugendkleid oberseits dunkles Zickzackband.

Stimme Ruft im Flug häufig weinerlich „gak" oder „gog", auch rau „kekeke"; am Brutplatz laut „kiti-wääk".

Vorkommen Brütet in großen Kolonien an hohen und steilen Klippen der Meeresküste; gebietsweise auch an Häusern und anderen Gebäuden. Einziger Brutplatz in Mitteleuropa ist der Felsen von Helgoland mit mehreren tausend Paaren. Außerhalb der Brutzeit Hochseevogel, erscheint an der Nord- und Ostseeküste regelmäßig, aber nur in geringer Zahl, im Binnenland treten gelegentlich, vor allem in den Wintermonaten, einzelne Dreizehenmöwen im Jugendkleid auf.

Verhalten Nimmt häufig Beutetiere von der Wasseroberfläche auf; taucht manchmal im Sturzflug. Gleitet bei Sturm in großen Kuven über dem Meer.

Nahrung Kleine Fische, Muscheln, Schnecken, Kleinkrebse, Abfälle.

Brut Mai–Juli, 1 Brut; Nest meist auf einem Vorsprung oder einer schmalen Felsbank, besteht aus Erde, Schlamm und Algen.

> Lachmöwe S (D) I–XII

Zwergmöwe *Larus minutus*

Familie Möwen *Laridae*

Typisch Kleinste Möwe Europas; seeschwalbenartiger Flug.
Merkmale Im Prachtkleid (oben) ähnlich der größeren Lachmöwe, aber die Kopfmaske ist schwarz und reicht weiter in den Nacken; ohne Weiß am Auge, Flügelspitzen abgerundet, nicht schwarz; im Flug leicht an den schwärzlichen Unterflügeln mit breitem weißem Hinterrand zu erkennen. Im Schlichtkleid ähnlich Sumpfseeschwalben mit dunklem Oberkopfmuster, Flügeloberseite grau. Jungvögel (kl. Foto) im Flug mit auffallendem, dunklem Zickzackmuster auf den Flügeln.
Stimme Ruft hell „kik-ki-ki" oder seeschwalbenartig „kjäk", ♂ während der Balz „kik-käk-kik-käk", oft im segelnden Balzflug.
Vorkommen Brütet an flachen und reich bewachsenen Binnenseen, oft mit Lachmöwen zusammen. In Mitteleuropa einzelne Brutpaare in Holland und in Schleswig-Holstein, größere Bestände nur in Polen. Außerhalb der Brutzeit auf dem Meer, regelmäßig auch an größeren Binnenseen, sogar im Winter.
Nahrung Vor allem fliegende Insekten, kleine Fische, Kleinkrebse.
Brut Mai–Juli, 1 Brut; nistet kolonienweise in Sumpfgebieten.

< Lachmöwe S, D, W I–XII

Lachmöwe *Larus ridibundus*

Familie Möwen *Laridae*

Typisch Die häufigste Möwe im Binnenland.

Merkmale Schokoladebraune Kopfmaske (nicht bis in den Nacken reichend) mit halbmondförmiger weißer Zeichnung am Auge; die Spitzen der Handschwingen sind schwarz, Schnabel und Beine dunkelrot. Im Schlichtkleid (kleines Foto) Kopf weiß mit dunklem Ohrfleck. Jungvögel mit bräunlich gefleckter Oberseite, dunklem Flügelhinterrand und dunkler Schwanzendbinde. Im Flug schlanke, spitze Flügel mit weißem Vorderrand.

Stimme Besonders zur Brutzeit sehr lautes Geschrei. Klingt wie „kwerr", „kwäär" oder „kwärarrr"; im Winter häufig „ke-ke-ke" oder hoch „piee".

Vorkommen Brütet in oft großen Kolonien im Verlandungsbereich; häufig in Schilf- und Seggenbeständen und auf kleinen Inseln. Bei uns weit verbreitet, im Süden jedoch weniger zahlreich. Außerhalb der Brutzeit sehr häufig an der Küste und an Binnengewässern, auch mitten in der Großstadt, vor allem an Brücken und Parkseen.

Nahrung Sehr vielseitig; vor allem Würmer, Insekten, kleine Fische, Krebstiere, Aas, Abfälle.

Brut April–Juni, 1 Brut; Nest oft auf einer Seggenbülte.

Bezugsart T, D, W I–XII

Sturmmöwe *Larus canus*

Familie Möwen *Laridae*

Typisch Sieht aus wie eine kleine Silbermöwe, kein roter Schnabelfleck.
Merkmale Rundlicher, weißer Kopf, relativ schlanker, gelber Schnabel und dunkle Augen; Füße grünlich gelb. Im Schlichtkleid (kleines Foto) mit fein bräunlich gestricheltem Kopf. Jungvögel oberseits bräunlich gemustert, Schnabel dunkel. Im Flug schwarze Flügelspitzen mit weißen Flecken (Prachtkleid), auffallende dunkelbraune Schwanzendbinde (Jugendkleid).
Stimme Höher und durchdringender als Silbermöwe; im Flug oft „kia kia ..." oder „kjau kjau", bei Erregung „ä-ä-ä-iii-ä-iii-ä-iii-ä".
Vorkommen Brütet meist in Küstennähe; Kolonien auf Strandwiesen, Moor- und Heideflächen mit nicht zu hoher Vegetation; in Skandinavien häufig, in Mitteleuropa gebietsweise Binnenlandbrüter; bei uns vorwiegend im Norden. Außerhalb der Brutzeit hauptsächlich an der Meeresküste, aber auch an größeren Binnenlandseen und sogar an Parkgewässern; dort weniger dreist als die kleineren Lachmöwen.
Nahrung Würmer, Insekten, Fische, Mäuse, Pflanzenteile, Abfälle.
Brut April–Juni, 1 Brut; Bodennest in niedriger Vegetation.

> Lachmöwe T, W, D I–XII

Silbermöwe *Larus argentatus*

Familie Möwen *Laridae*

Typisch Die häufigste Großmöwe an der Küste; folgt häufig Schiffen.

Merkmale Gefieder bis auf die blaugrauen Oberflügel und die schwarzen Flügelspitzen weiß; Schnabel kräftig, gelb mit rotem Punkt, Augen gelb, Füße fleischfarben. Im Schlichtkleid mit zart bräunlicher Strichelung am Kopf. Jungvögel bräunlich gefleckt.

Stimme Häufig zu hören, laut und durchdringend; oft ein gereihtes „kjau" oder „kiija"; Warnruf am Brutplatz „gagaga". Jungvögel rufen hoch „psiiä.

Vorkommen Brütet auf Strandwiesen, in Dünen, auf Kiesbänken und kleinen Inseln, gebietsweise in Felsnischen und auf Hausdächern. Außerhalb der Brutzeit in Mitteleuropa an der Küste, nur selten im Binnenland.

Nahrung Sehr vielseitig; Krebstiere, Muscheln, Schnecken, Seesterne, Fische, Junge und Eier anderer Seevögel, Kleinsäuger, Abfall und Aas.

Brut April–Juli, 1 Brut; meist Bodennest mit je nach Umgebung mehr oder weniger Nistmaterial.

Die sehr ähnliche **Mittelmeermöwe** *Larus michahellis* (kleines Foto) hat gelbe Füße und einen etwas dunkleren Rücken, die Flügelspitzen überragen den Schwanz beim Stehen etwas länger. In Mitteleuropa seltener Brutvogel, in wenigen Paaren auch im Binnenland Schleswig-Holsteins und in Bayern.

Bezugsart T, W, D I–XII

Heringsmöwe *Larus fuscus*
Familie Möwen *Laridae*

Typisch Silbermöwengroß mit dunklem Mantel.
Merkmale Ähnlich wie die Silbermöwe, etwas zierlicher, die Flügelspitzen überragen den Schwanz weiter; Rücken und Flügeloberseite sind dunkel schiefergrau, die Beine gelb gefärbt. Im Winter mit gestricheltem Kopf und gelblichen bis rötlichen Beinen. Jungvögel von jungen Silbermöwen kaum zu unterscheiden, vom zweiten Lebensjahr ab auf der Oberseite dunkler.
Stimme Etwas tiefer und weniger durchdringend als die der Silbermöwe „kwau kwau kwau" oder „äa äa äa ...", bei Gefahr ähnlich wie die Silbermöwe „gagagga", aber heller.
Vorkommen Brütet an flachen Küsten und auf Inseln, bevorzugt im Brutbiotop höheren Pflanzenwuchs als die Silbermöwe; auch auf Mooren des Binnenlandes. In Mitteleuropa viel seltener als die Silbermöwe; mäßig häufiger Brutvogel an der Nordseeküste, besonders Hollands; an der Ostseeküste nur unregelmäßig brütend. Außerhalb der Brutzeit vorwiegend an der Küste, regelmäßig auch an Binnenseen, gelegentlich bis zum Alpenrand. Nahrungssuche häufig auf der offenen See, besucht seltener Müllplätze.
Nahrung Fische, Krebstiere, Muscheln, Mäuse, Aas, Würmer, Insekten, Jungvögel, Eier.
Brut Mai–Juli, 1 Brut; nistet in Kolonien, oft unter Silbermöwen.

~ Silbermöwe S, (W), Ü, D III–XII

Mantelmöwe *Larus marinus*

Familie Möwen *Laridae*

TYPISCH Größte Möwe bei uns; im Flug sind Kopf und der große Schnabel weit vorgestreckt, wirkt daher etwas greifvogelartig.

MERKMALE Die schwarze Flügeloberseite, der große, längliche Kopf, der kräftige gelbe Schnabel und die fleischfarbenen Füße. Jungvögel sehr ähnlich jungen Silbermöwen, Kopffärbung aber meist heller. Fliegt mit langsamen und gleichmäßigen Flügelschlägen und längeren Gleitphasen.

STIMME Ruft häufig „krau krau krau ...", Rufreihe („Jauchzen") tiefer und langsamer als bei der Silbermöwe; bei Beunruhigung tief „gagagaga".

VORKOMMEN Brütet an felsigen und steinigen Küsten Nord- und Westeuropas, gerne auf kleinen Felsinseln. Außerhalb der Brutzeit an Flachküsten, häufig auch an Müllplätzen. An der Nord- und Ostseeküste ganzjährig anzutreffen; bei uns seltener Brutvogel.

VERHALTEN Lebensweise mehr „räuberisch" als andere Möwen; jagt häufig anderen Vögeln die Beute ab, überwältigt Seevögel und deren Junge (häufig junge Eiderenten), erbeutet aber auch auf dem Land Kaninchen und Mäuse.

NAHRUNG Fische, Krebstiere, Würmer, Insekten, Vögel (meist Jungvögel), Säugetiere, Aas, Abfälle.

BRUT April–Juli, 1 Brut; Nest meist auf spärlich bewachsenem Boden.

> Silbermöwe J I–XII

Raubseeschwalbe *Sterna caspia*

Familie Seeschwalben *Sternidae*

Typisch Größte Seeschwalbe, fast silbermöwengroß, mit sehr kräftigem rotem Schnabel.

Merkmale Auffallende schwarze Kopfkappe, die im Schlichtkleid teilweise hell gesprenkelt aussieht. Jungvögel mit hellbraun gemusterter Kopfkappe und dunkelbraun geflecktem Rücken. Im Flug (kleines Foto) sind die dunkel abgesetzten Handschwingen meist gut zu sehen. Wirkt durch die langsamen Flügelschläge möwenartig.

Stimme Klingt graureiherartig heiser und nasal wie „chrääor" oder „chrääschräär". Am Brutplatz hört man häufig ein heiseres „tschäägrää", bei Gefahr „rrä" und bei Attacken „gagaga".

Vorkommen Nistet in oft großen Kolonien auf flachen Sandstränden, kleinen Inseln vor der Küste und an Salzwasserlagunen. Brütet an der südschwedischen und finnischen Ostseeküste. In Deutschland sehr seltener und unregelmäßiger Brutvogel; im 19. Jahrhundert noch mehrere hundert Brutpaare auf Sylt; tritt regelmäßig als Gast an der Ostsee- und (seltener) an der Nordseeküste auf, fast alljährlich auch im Binnenland.

Nahrung Fische bis 23 cm Länge, daneben auch Jungvögel, Eier, Insekten.

Brut Mai–Juli, 1 Brut; die Nester der Brutkolonie liegen meist an Stellen mit guter Rundumsicht auf Kies- oder Sandboden.

< Silbermöwe S, D IV–X

Lachseeschwalbe *Sterna nilotica*

Familie Seeschwalben *Sternidae*

Typisch Die nasal quäkende Stimme, der dicke schwarze Schnabel und der möwenartige Flug.

Merkmale Ähnlich der Brandseeschwalbe, aber gedrungener und langbeiniger; Schnabel dicker, kürzer und mehr möwenartig, einheitlich schwarz; der Kopf wirkt rundlicher, der Schwanz ist grau und weniger tief gegabelt. Im Schlichtkleid mit hellem Kopf und dunklem, länglichem Fleck hinter dem Auge. Jungvögel ähnlich Altvögeln im Schlichtkleid, aber Rücken mit bräunlichen Federsäumen. Im Flug fallen die relativ breiten Flügel auf (kleines Foto).

Stimme ruft häufig nasal „käwäg“ oder „gluwig“, bei Beunruhigung durchdringend quäkend „gägägä“.

Vorkommen Brütet auf Kiesbänken in naturnahen Flusslandschaften, an vegetationsarmen Salz- und Süßwasserseen und an der flachen Meeresküste. Ehemals häufiger Brutvogel auf Schotterbänken einiger Flüsse des Alpenvorlandes, heute nur mehr wenige Brutpaare an der Nordseeküste Schleswig-Holsteins; im Binnenland sehr seltener Gast.

Nahrung Vorwiegend Insekten, aber auch Regenwürmer, Frösche, Molche, Eidechsen, Mäuse, kleine Fische.

Brut Mai–Juli, 1 Brut; nistet in Kolonien oder Einzelpaaren. Nester meist auf spärlich bewachsenem Boden.

< Lachmöwe S IV–IX

Brandseeschwalbe *Sterna sandvicensis*

Familie Seeschwalben *Sternidae*

Typisch Relativ große Seeschwalbe mit struppiger Haube am Hinterkopf.
Merkmale Langer schwarzer Schnabel mit gelber Spitze. Im Schlichtkleid mit weißer Stirn; Jungvögel mit bräunlich gemustertem Rücken. Im Flug schlank und schmalflügelig (kleines Foto), fliegt mit tiefen Flügelschlägen.
Stimme ruft häufig durchdringend und hart „kjirreck" oder „krriwi", bei Beunruhigung kurz und scharf „krik" oder „irk"; in der Brutkolonie hört man oft „kräkräkrä ...", von Jungvögeln „trirr".
Vorkommen Ausschließlich an der Meeresküste; brütet in Kolonien auf Sand- und Kiesbänken, gerne auf Inseln, Halbinseln oder einsamen Landzungen, oft neben Kolonien anderer Seeschwalben oder Möwen. Außerhalb der Brutzeit in fischreichen Küstengewässern. An den Küsten Mitteleuropas mehrere große Kolonien, bei uns vor allem an der Nordsee.
Verhalten Fliegt bei der Fischjagd höher als Fluss- und Küstenseeschwalbe, noch vehementeres Stoßtauchen.
Nahrung Kleine und mittelgroße Fische bis 17 cm Länge.
Brut Mai–Juli, 1 Brut; die Nester sind einfache Mulden in Sand oder Kies, die mit meist nur wenig Nistmaterial ausgelegt werden.

< Lachmöwe S, D III–X

Zwergseeschwalbe *Sterna albifrons*
Familie Seeschwalben *Sternidae*

TYPISCH Die kleinste Seeschwalbe, auch im Prachtkleid mit weißer Stirn.
MERKMALE Aufgrund der geringen Größe, des gelben Schnabels mit schwarzer Spitze und der scharf abgesetzten weißen Stirn leicht zu erkennen. Im Schlichtkleid ist der Scheitel weißlich, geht allmählich in das Schwarz des Hinterkopfes über. Jungvögel mit bräunlichem Scheitel und dunkel gewellter Oberseite. Wirkt im Flug schlankflügelig mit plumpem Rumpf. Flügelschlag viel schneller und mehr ruckartig als bei anderen Seeschwalben, rüttelt vor dem Stoßtauchen viel länger.
STIMME Ruft bei Beunruhigung häufig heiser „wäd wäd wäd ...", hoch und rau „kirrit", „kürri-ik" oder hart „gik gik".
VORKOMMEN Brütet auf Sand- und Kiesstränden, flachen, felsigen Küsten, Lagunen und an Flachufern von Binnengewässern; meist in kleinen Kolonien und im Anschluss an Kolonien anderer Seeschwalben. Seltener Brutvogel

an der Nord- und Ostseeküste sowie an der Elbe entlang bis Hamburg. Tritt bei uns im Binnenland nur sehr selten auf.
NAHRUNG Kleine Fische, z.B. Sandaale , Kleinkrebse, Insekten.
BRUT Mai–Juli, 1 Brut, bis zu 2 Ersatzbruten; Nester meist in schütterer, spärlicher Vegetation, häufig auch auf unbewachsenem Boden.

< Flussseeschwalbe S, D V–IX

Flussseeschwalbe *Sterna hirundo*

Familie Seeschwalben *Sternidae*

Typisch Die einzige weiße Seeschwalbe, die regelmäßig im Binnenland beobachtet werden kann.
Merkmale Sehr schlank und elegant; intensiv roter Schnabel mit schwarzer Spitze; relativ lange Beine; im Sitzen überragen die Schwanzspieße die Flügel nicht. Im Schlicht- und Jugendkleid mit dunklem Schnabel und weißlicher Stirn. Im Flug fallen die dunkleren äußeren Handschwingen auf, die mit den hellen und von unten durchscheinenden inneren Handschwingen kontrastieren.
Stimme Häufig zu hören, klingt hart und schneidend; im Flug ständig kurz „kick", „kirikirikiri" oder „chriiär" (Warnruf, auf der ersten Silbe betont).
Vorkommen Brütet kolonieweise auf Sandstränden, in Dünenlandschaften, auf den Kiesbänken breiter, naturnaher Flüsse und an flachen, möglichst spärlich bewachsenen Ufern von Seen und Teichen. Die mitteleuropäischen Binnenlandbestände sind durch Flussbegradigung und -verbauung stark zurückgegangen, an einigen Stellen brüten die Seeschwalben jetzt erfolgreich auf künstlichen Nistflößen.
Nahrung Kleine Fische, Insektenlarven, Kleinkrebse, Kaulquappen.
Brut Mai–Juli, 1 Brut; Bodennest eine flache Mulde, meist auf Kies oder Sand, zwischen Treibgut oder spärlichem Pflanzenwuchs gut getarnt.

< Lachmöwe S, D IV–IX

Küstenseeschwalbe *Sterna paradisaea*

Familie Seeschwalben *Sternidae*

TYPISCH Der einheitlich rote Schnabel und die kurzen Beine.
MERKMALE Von der Flussseeschwalbe nur schwer zu unterscheiden; die Schwanzspieße sind länger und ragen beim Sitzen deutlich über die Flügelspitzen hinaus, im Flug wirkt die ganze Handschwinge durchscheinend. Kleines Foto Jugendkleid.
STIMME Nicht ganz so hart wie die der Flussseeschwalbe, Rufe meistens kürzer wie „kriär" oder „kriürr"; Stimmfühlungsruf weicher „gik".

VORKOMMEN Brütet in Mitteleuropa ausschließlich an der Küste, meist zusammen mit anderen Seeschwalben in großen Kolonien auf Sand- und Kiesstränden. Mehrere große Kolonien an der Nordseeküste, an der Ostseeküste seltener. Regelmäßiger und häufiger Gast vor allem an der Nordseeküste. Auf dem Zug überwinden Küstenseeschwalben riesige Entfernungen, europäische Vögel gelangen auf ihren Wanderungen bis in die Antarktis und legen dabei jährlich über 20 000 km zurück.
VERHALTEN Am Brutplatz recht angriffslustig, auch gegenüber Menschen; können blutende Kopfwunden verursachen.
NAHRUNG Fische und Kleinkrebse.
BRUT Mai–Juli, 1 Brut; Nest: eine flache Mulde im Sand, Kies oder zwischen spärlichem Bewuchs gut versteckt.

~ Flussseeschwalbe S, D IV–X

Trauerseeschwalbe *Chlidonias niger*

Familie Seeschwalben *Sternidae*

Typisch Wirkt im Flug beinahe wie eine große, dunkle Schwalbe.

Merkmale Kleine, im Prachtkleid sehr dunkle Seeschwalbe; Kopf und Vorderkörper sind rußschwarz gefärbt, die Flügel ober- und unterseits hellgrau. Im Schlichtkleid mit weißer Unterseite und dunklem Oberkopf. Jugendkleid (kleines Foto) ähnlich dem Schlichtkleid, aber mit dunkel gemusterter Oberseite.

Stimme Nicht sehr ruffreudig; im Flug kurz „kräk", „kik" oder nasal „kjäk"; während der Balz oft „kriär" und hoch und durchdringend „kiehk".

Vorkommen Brütet an flachen und sumpfigen Seen, Teichen und Altwässern mit reichlich vorhandenem Pflanzenwuchs. Bei uns selten und nur im Norden. Regelmäßiger und relativ häufiger Durchzügler an verschiedenen Gewässern des mitteleuropäischen Binnenlandes und an der Küste.

Verhalten Insekten werden auch in der Luft erbeutet, typischer ist aber Aufpicken von der Wasseroberfläche.

Nahrung Insekten, deren Larven, Kaulquappen, kleine Fische.

Brut Mai–Juli, 1 Brut; die Nester der Kolonie werden meist auf Bülten im Wasser oder schwimmend auf altem Schilf und anderem Material angelegt.

< Flussseeschwalbe S, D IV–IX

Weißbart-Seeschwalbe *Chlidonias hybridus*

Familie Seeschwalben *Sternidae*

Typisch Die schnarrende Stimme.
Merkmale Schnabel kräftiger als bei der Trauerseeschwalbe; im Prachtkleid (beide Fotos) am besten an den weißen Wangen und Halsseiten zu erkennen. Im Schlichtkleid sehr ähnlich der Trauerseeschwalbe, aber kein dunkler Fleck an der Brustseite, am Scheitel weniger Schwarz. Jungvögel ähnlich Altvögeln im Schlichtkleid, aber Vorderrücken bräunlich gemustert.
Stimme Ruft häufig schnarrend „kreck", „kwerr-ek" oder „krä" oder kreischend „schräh".
Vorkommen Brütet an flachen, verlandenden Binnenseen mit reichlichem Wasserpflanzenbewuchs. In Mitteleuropa nur in Ungern regelmäßiger Brutvogel. Bei uns im Frühjahr gelegentlich einzelne Durchzügler.
Nahrung Kleine Fische, Insekten, Kleinkrebse, Kaulquappen.
Brut Mai–Juli, 1 Brut; Nester aus Stängeln oft auf Schwimmpflanzen.

Die **Weißflügel-Seeschwalbe** *Chlidonias leucopterus* ähnelt im Prachtkleid der Trauerseeschwalbe, hat aber schwarze Unterflügeldecken. Sie ist seltener Brutvogel im Osten Mitteleuropas. Außerhalb der Brutzeit an Lagunen und in der Gezeitenzone.

< **Flussseeschwalbe S, D V–VII**

Trottellumme *Uria aalge*

Familie Alken *Alcidae*

Typisch Häufiger Brutvogel der hohen, senkrechten Vogelberge.

Merkmale Entengroßer Küstenvogel mit schlankem, spitzem Schnabel, der in aufrechter Haltung sitzt. Oft mit schmalem Augenring und schmaler, nach hinten ziehender Linie (Ringellumme, gr. Foto Mitte). Im Schlichtkleid Wangen, Kehle und Vorderhals weiß, dunkle Linie hinter dem Auge.

Stimme Ruft knarrend „aaarrr ...", „uarr ..." oder „arr-ah-oorr"; starke individuelle Unterschiede. Jungvögel etwas weinerlich „tühii tühii".

Vorkommen Brütet in großen und dicht gedrängten Kolonien auf schmalen Absätzen und kleinen Vorsprüngen steiler Felsklippen. Außerhalb der Brutzeit auf dem Meer, mindestens einige Kilometer von der Küste entfernt. Einziger Brutplatz Mitteleuropas ist Helgoland mit über 1000 Paaren. Vor der Nord- und Ostseeküste und in den Gewässern um Helgoland ganzjährig in geringer Zahl anzutreffen.

Nahrung Hauptsächlich Fische wie Heringe, Sprotten und Dorsche, daneben auch Muscheln, Würmer, Tintenfische und Krebstiere.

Brut Mai–Juli, 1 Brut; die Eier werden direkt auf den Fels gelegt:

~ Stockente J I–XII

Tordalk *Alca torda*

Familie Alken *Alcidae*

Typisch Der große, seitlich zusammengedrückte Schnabel.

Merkmale Ähnlich der Trottellumme, aber mit größerem Kopf, kurzem, dickem Hals und hohem Schnabel, Oberseite ganz schwarz. Im Schlichtkleid ist die ganze Unterseite weiß, am Kopf reicht das Schwarz nur bis unter das Auge. Jungvögel mit kleinerem, einheitlich schwarzem Schnabel (ohne die weiße Linie); leicht mit jungen Trottellummen zu verwechseln, doch ist der Schnabel des jungen Tordalks kürzer und weniger spitz. Wirkt auf dem Wasser gedrungen, der relativ lange, spitze Schwanz wird beim Schwimmen angehoben. Fliegt mit sehr schnellem Flügelschlag, der lange Schwanz überragt die ausgestreckten Füße (kleines Foto).

Stimme Ziemlich schweigsam; gelegentlich hört man knarrende Laute wie „arrr", „orrr" oder „uorr-o".

Vorkommen Brütet in Einzelpaaren oder kleinen Gruppen auf steilen Klip-

pen unbewohnter Inseln; oft werden Nistplätze inmitten oder am Rand von Lummenkolonien bezogen. In Mitteleuropa nur auf Helgoland Brutvogel (in wenigen Paaren). Das ganze Jahr über regelmäßiger, aber seltener Gast an der Ost- und Nordseeküste.

Nahrung Fische, Krebse, Würmer.

Brut Mai–Juli, 1 Brut; nistet bevorzugt in kleinen Höhlungen an steilen Felsen.

< Stockente (S), (Ü), (W) I–XII

Gryllteiste *Cepphus grylle*

Familie Alken *Alcidae*

Typisch Im Prachtkleid sehr auffällig und kennzeichnend gefärbt.

Merkmale Kleiner Alkenvogel mit überwiegend schwarzem Gefieder und stark davon abgesetztem weißen Flügelfeld; Füße intensiv rot. Im Schlichtkleid Unterseite weiß, Oberseite grau mit hellen Federrändern Jungvögel (kl. Foto) mit dunklen Füßen. Im Flug fallen die weißen Unterflügeldecken auf.

Stimme Auffallend hoch und gedehnt zirpend-pfeifend „ssiiii ...“ oder „piiiih“; daneben gereiht „sist sist ...“ oder „düse düse“.

Vorkommen Brütet in kleinen, lockeren Kolonien zwischen Felsen am Fuß von Steilhängen, auf den unteren Stockwerken der Vogelberge und (häufig) auf kleinen Felsinseln. Tritt bei uns ganzjährig, aber selten vor der Ostseeküste auf. Außerhalb der Brutzeit meist im küstennahen Flachwasser.

Verhalten Fliegt gewandter als die Trottellumme und oft recht hoch. Jagt im Gegensatz zu anderen Alkenvögeln dicht über dem Meeresgrund.

Nahrung Krebstiere, kleine Fische, Muscheln, Schnecken.

Brut Mai–Juli, 1 Brut; die Eier werden meist in kleinen Höhlungen auf wenig Nistmaterial gelegt.

< Stockente D, (W), (Ü) I–XII O

Tauben, Eulen,
Racken, Spechte u. a.

Tauben – Columbiformes

Tauben haben einen gedrungenen Körperbau und im Verhältnis dazu einen kleinen Kopf. Ihr Flug wirkt kräftig und oft reißend, beim Auffliegen hört man oft klatschende Flügelschläge. Während der Brutzeit bildet sich an der Innenwand des Kropfes eine milchartige Masse (Kropfmilch), mit der die Jungen in den ersten Lebenstagen gefüttert werden. Die Lautäußerungen der Tauben zur Brutzeit (Gesänge) sind oft weit hörbar und daher für die Artbestimmung sehr nützlich. Das Nest ist meist nur dürftig und besteht aus wenigen Zweigen, das Gelege enthält in der Regel 2 weiße Eier. In Mitteleuropa kommen 5 Arten vor; eine davon, die Straßentaube, stammt von verwilderten Haustauben ab, die wiederum auf die wilde Stammform, die Felsentaube *Columba livia* zurückgehen.

Kuckucke – Cuculiformes

Kuckucke sind schlanke und langschwänzige Vögel mit 2 nach vorne und 2 nach hinten gerichteten Zehen. Weniger als die Hälfte aller Kuckucksarten sind Brutschmarotzer. In Mitteleuropa kommt nur eine Art vor, deren „Rufe" allbekannt sind; das Flugbild erinnert etwas an das des Sperbers.

Eulen – Strigiformes

Wie Greifvögel sind die Eulen Beutegreifer, die vorwiegend Wirbeltiere fangen; sie haben jedoch ihre Augen nach vorne gerichtet und sind überwiegend dämmerungs- und nachtaktiv. Der Flug ist aufgrund des weichen und geräuschdämmenden Gefieders fast geräuschlos. Ihre Beutetiere lokalisieren Eulen vielfach mit Hilfe des ausgezeichneten Gehörs. Der Kopf ist meist dick und lässt sich sehr weit drehen. Viele Arten tragen auffällige Federohren. Unsere Eulen variieren hinsichtlich ihrer Größe beträchtlich – vom Sperlingskauz bis zum Uhu.
Für die Unterscheidung der nachtaktiven Eulen ist die Kenntnis der Lautäußerungen oft unentbehrlich.
In Mitteleuropa kommen 9 Arten vor, davon sind 2 sehr selten. Die Schleiereulen (1 Art) werden aufgrund von anatomischen Merkmalen und unterschiedlichen Längenverhältnissen im Handschwingenbereich sowie unterschiedliche Verhaltensweisen als eigene Familie von den **Eulen** abgetrennt.

Segler – Apodiformes

Segler sind von allen Vogelgruppen am perfektesten an den Luftraum angepasst. Kennzeichnend sind die sehr lange, sichelförmigen Flügel und der kurze Schwanz. Der Schnabel ist sehr kurz und breit und wirkt im geöffneten Zustand wie ein Insektenkescher. Die Füße sind klein, alle 4 Zehen sind nach vorne gerichtet (Klammerfuß). Die Jungen sind extreme Nesthocker. In Mitteleuropa leben 2 Arten.

Schwalmvögel – Caprimulgiformes

In Mitteleuropa kommt eine Familie (Nachtschwalben) vor mit einer Art (Ziegenmelker). Wie der Name schon andeutet, sind Nachtschwalben in der Dämmerung und nachts aktiv. Tagsüber ruhen die Vögel auf dem Boden oder in Längsrichtung auf einem Ast. Das Gefieder ist eulenartig weich, die Färbung und Zeichnung lässt den Vogel wie ein dürres Stück Holz aussehen.
Ähnlich den Schwalben, mit denen sie jedoch nicht verwandt sind, haben sie lange, spitze Flügel und jagen im Flug Insekten. Der breite Schädel mit der tief eingeschnittenen Mundspalte erlaubt eine sehr weite Öffnung des Schnabels, der wie ein Insektenkescher wirkt. Nachtschwalben sind Bodenbrüter; sie bauen kein Nest.

Rackenvögel – Coraciiformes

In dieser Ordnung sind Vogelgruppen zusammengefasst, die sich alle von Kleintieren ernähren und in Höhlungen brüten. In Mitteleuropa leben 4 Familien mit je einer Art:
Eisvögel sind auffällig gefärbte kleine,

bis mittelgroße Vögel mit großem Kopf und langem, kräftigem Schnabel. Die meisten von ihnen leben in tropischen Waldgebieten und graben sich für die Brut Höhlen in Steilwände. Der europäische Eisvogel ist auf Gewässer angewiesen und ernährt sich hauptsächlich von Fischen.

Spinte haben wie Segler und Schwalben eine schlanke Gestalt und lange spitze Flügel, im Gegensatz zu diesen allbekannten Luftjägern sind sie jedoch auffallend bunt gefärbt. Der Schnabel ist lang und spitz und etwas nach unten gebogen. Sie sind elegante Insektenjäger, die ihre Beutetiere im Flug fangen. Die Vögel brüten in selbstgegrabenen Erdlöchern. Spinte sind vor allem in südlichen Ländern verbreitet; unser einziger Vertreter, der Bienenfresser, ist nur im Südosten Mitteleuropas regelmäßiger Brutvogel.

Racken erinnern in Größe und Gestalt etwas an Häher; der Schnabel ist kräftig und trägt einen kleinen Haken an der Spitze. Auffallend ist die bunte Gefiederfärbung. Racken jagen vom Ansitz aus und im Flug große Insekten und kleine Wirbeltiere.

In Mitteleuropa gibt es nur noch wenige Brutplätze der Blauracke, die alle im Osten und Südosten liegen.

Wiedehopfe sind an ihrer großen aufrichtbaren Haube und den schwarzweiß gebänderten Schwingen leicht zu erkennen; trotzdem ist ein am Boden Nahrung suchender Wiedehopf oft erstaunlich unauffällig und wird erst beim Auffliegen "sichtbar".Weltweit gibt es nur eine Art, die in Mitteleuropa nur noch an wenigen Stellen brütet.

Spechtvögel – Piciformes

In Europa kommt aus dieser großen Ordnung, zu der auch Bartvögel, Honiganzeiger und Tukane gehören, nur eine Familie vor:

Spechte sind kleine bis mittelgroße, waldbewohnende Vögel, die sich von Kerbtieren ernähren. Sie sind durch eine Reihe von Anpassungen auf kletternde Lebensweise spezialisiert: Sie haben kräftige Füße mit 2 Zehen nach vorne und eine zur Seite; die Hinterzehe hat kaum Funktion beim Klettern und kann ganz fehlen (Dreizehenspecht). Die Schwanzfedern (besonders die mittleren) sind versteift und dienen beim Klettern als Stütze; der Schnabel ist sehr kräftig und meißelförmig, er dient zum Aufhacken des Holzes bei der Nahrungssuche, zum Zimmern einer Bruthöhle und zum Trommeln als akustische Revierbehauptung. Spechte haben eine sehr lange Zunge, die extrem weit hervorgestreckt werden kann, um die in ihren Gängen verborgenen Insekten hervorzuholen.

Spechte haben im Wald eine wichtige ökologische Funktion, indem sie durch ihren Höhlenbau Wohnraum für andere Höhlenbrüter schaffen.

Von den 10 in Mitteleuropa vorkommenden Arten weicht der Wendehals mit seinem Tarngefieder, den viel weicheren Schwanzfedern und dem relativ kurzen und schwachen Schnabel von den übrigen Spechten ab; er ist nicht in der Lage, eine Bruthöhle selbst zu zimmern, sondern brütet meist in übernommenen Spechthöhlen.

Hohltaube *Columba oenas*

Familie Tauben *Columbidae*

TYPISCH Brütet in Baumhöhlen.
MERKMALE Oft schwer von Straßentauben zu unterscheiden, aber etwas schlanker und mit grauem Bürzel, die schwarzen Flügelbinden fallen wenig auf. Im Flug durch schmalere Flügel, schwarze Flügelspitzen, schwarzen Flügelrand und das Fehlen weißer Flügelabzeichen von der größeren Ringeltaube unterschieden. Fliegt schnell und zielstrebig.
STIMME Bei Gefahr ein kurzes „hru"; der Reviergesang des ♂, eine dumpfe, monotone Folge wie „gue-ru gue-ru ..." (auf der ersten Silbe betont, ist bereits im März zu hören).
VORKOMMEN Brütet in lichtem Laub- und Mischwald, auch in Kiefernwald und Parks mit altem Baumbeständen; gebietsweise auch in kleinen Feldgehölzen, Obstgärten und sogar in Dünenlandschaft. Wichtig ist das Vorhandensein von Schwarzspechthöhlen für die Brut und offenen Flächen in der Nähe zur Nahrungssuche. Außerhalb der Brutzeit oft mit anderen Tauben auf Wiesen, abgeernteten Äckern und Feldern.
NAHRUNG Samen von Gräsern, Kräutern und Bäumen, Beeren, Eicheln, Bucheckern, grüne Pflanzenteile, Kulturpflanzen wie Gemüse, Klee.
BRUT März–September, 2–3 Bruten; Nest vorwiegend in alten Schwarzspechthöhlen und Nistkästen; trägt viele Halme, Blätter und kleine Zweige ein.

~ Haustaube S III–X

Ringeltaube *Columba palumbus*

Familie Tauben *Columbidae*

Typisch Im Flug leuchtend weiße Abzeichen am Flügel und Hals (kl. Foto).
Merkmale Langschwänziger als die Haustaube, Kropfgegend und Brust rötlich. Im Flug fallen neben den weißen Abzeichen der rundliche Bauch und das hell pfeifende Flügelgeräusch auf; beim Abflug und während des Balzfluges lautes Flügelklatschen.
Stimme Reviergesang dumpf gurrend und weit hörbar „gu-guh-gu-guru".
Vorkommen Brütet in aufgelockerten Waldgebieten mit Wiesen und Feldern oder kleinen Mooren, häufig in Feldgehölzen; gebietsweise, vor allem in der Norddeutschen Tiefebene, sind die sonst scheuen Waldvögel in die Parks und Anlagen der Städte eingewandert, wo sie zusammen mit Haus- und Türkentauben Nahrung suchen .
Verhalten Außerhalb der Brutzeit oft in großen Schwärmen auf Feldern. Im Frühjahr häufig ausgedehnte Balzflüge über dem Brutplatz.
Nahrung Je nach Jahreszeit Samen von Gräsern und krautigen Pflanzen, Beeren, Eicheln, Bucheckern, Getreide, grüne Blätter und Knospen, Kulturpflanzen (Raps, Klee, Kohl); in den Städten auch altes Brot.
Brut April–September; 2 (3) Bruten; Nest aus trockenem Reisig mit einer flachen Mulde, meist hoch auf Laub- und Nadelbäumen, gelegentlich auch in Büschen und sogar an Gebäuden.

> Haustaube T, D, W I–XII

Türkentaube *Streptopelia decaocto*

Familie Tauben *Columbidae*

Typisch Nach der Straßentaube die häufigste Taube in Siedlungen.
Merkmale Eine helle, schlanke und langschwänzige Taube mit schwärzlichem Nackenband; Brust rötlich überhaucht, Unterflügel weißlich.
Stimme Im Flug und besonders vor dem Landen hört man oft das typische nasale „chwäh chwäh" („Girren"). Der Reviergesang ist ein monotones, dreisilbiges „gu guh gu gu guh gu …". Flug schnell und etwas greifvogelähnlich, mit pfeifendem Fluggeräusch.
Vorkommen Erst vor wenigen Jahrzehnten aus dem Südosten nach Mitteleuropa eingewandert; lebt heute ganzjährig in Dörfern und Städten, besonders in Bereichen mit günstigem Nahrungsangebot wie Parkanlagen, Zoos, Lagerplätzen, Bauernhöfen.
Verhalten Bereits im zeitigen Frühjahr vollführen die ♂ ihre Balzflüge. Nach einem steilen Aufwärtsflug segelt der Vogel mit nach unten gebogenen Flügeln unter lautem Girren herab.
Nahrung Je nach Jahreszeit Samen, Knospen und grüne Pflanzenteile, Getreide, Beeren, Früchte, Brot.
Brut März–April, 2–4 Bruten; das Nest, eine flache und oft durchscheinende Plattform aus kleinen Zweigen, meist auf Bäumen oder Sträuchern.

< Haustaube J I–XII

Turteltaube *Streptopelia turtur*
Familie Tauben *Columbidae*

Typisch Die kleinste Taube bei uns; schneller, wendiger Flug.
Merkmale Eine zierliche Taube mit rostbraunen und dunkel gefleckten Flügeldecken; auffallende schwarzweiße Zeichnung an den Halsseiten. Das ♀ ist etwas blasser gefärbt; Jungvögel bräunlicher und ohne die schwarzweiße Halszeichnung. Bei Abflug und Landung fällt der gestufte, oberseits schwärzliche Schwanz mit schmalem weißem Saum auf; fliegt reißend schnell und wirft sich dabei etwas ruckartig hin und her; beim Abflug oft Flügelklatschen.

Stimme Reviergesang schnurrend und gurrend „turrr turrr turrr...“; bei Gefahr kurz „ru“.
Vorkommen Brütet in Feld- und Ufergehölzen, an Waldrändern, in Auwäldern, Obstbaugebieten, auch in Gärten und Parks mit Baumbestand. Bei uns Brutvogel in warmen und trockenen Gegenden des Tieflandes, fehlt in großen Teilen Süddeutschlands.
Verhalten Viel scheuer als die Türkentaube; zur Nahrungssuche fliegen Turteltauben oft paarweise oder in kleinen Trupps auf Felder.
Nahrung Samen und Früchte von Kräutern und Gräsern, Nadelbaumsamen; weniger Kulturpflanzen als die Türkentaube.
Brut Mai–August, meist 2 Bruten; flaches Nest aus trockenem Reisig in Bäumen oder hohen Büschen.

< Haustaube S IV–IX

Straßentaube *Columba livia*
Familie Tauben *Columbidae*

TYPISCH Sehr häufig in Städten.
MERKMALE Gefieder sehr variabel gefärbt von Blaugrau – der Färbung der wilden Felsentaube, ihrer Stammform – über Rostbraun und Schwarz bis fast ganz Weiß; meistens mit weißem oder hellgrauem Hinterrücken.
STIMME Das allbekannte Gurren, „guh- guruguh“ ist ein Bestandteil der Balz und somit ein echter Gesang; fast das ganze Jahr über zu hören.
VORKOMMEN Ein sehr häufiger Kulturfolger in Dörfern und Städten, besonders in Großstädten. Aufgrund der zunehmenden Verschmutzung von Gebäuden durch Taubenkot wurde in einigen Städten Fütterungsverbot erlassen.
VERHALTEN Straßentauben sind wie ihre wilden Vorfahren sehr gesellig und treten meistens in Schwärmen auf. An Plätzen, an denen sie regelmäßig gefüttert werden, verlieren sie oft ihre Scheu und kommen manchmal sogar auf die Hand. Als ursprüngliche Felsbewohner fliegen sie auch zu hochgelegenen Balkonfutterhäusern.
NAHRUNG Verschiedene Samen, auch Baumsamen, Getreide, Eicheln, Triebe, Blätter, Beeren, Brot, Abfälle.
BRUT März–September, gelegentlich auch im Winter, meist 3–4 Bruten; das Nest, eine flache Plattform aus Halmen und Zweigen, wird meist auf einem geschützten Gebäudesims gebaut.

Bezugsart J I–XII

Kuckuck *Cuculus canorus*

Familie Kuckucke *Cuculidae*

Typisch Der sperberähnliche Flug und der allbekannte „Kuckucksruf".

Merkmale Meistens im Flug zu sehen; im Gegensatz zum Sperber mit spitzen Flügeln. Kommt auch in einer selteneren, oberseits rostbraunen Variante vor (kleines Foto).

Stimme Der „Kuckucksruf" des ♂ ist ein echter Reviergesang; er ist weit zu hören und wird auf einer Warte hoch in Bäumen, von Ende April bis Juli, vorgetragen. Das ♀ trillert zur Brutzeit laut.

Vorkommen In allen naturnahen Lebensräumen vom Hochgebirge bis in die Dünenlandschaft an der Küste; bevorzugt abwechslungsreiche, halb offene Landschaft. Die Häufigkeit hängt vor allem von der Siedlungsdichte der Wirtsvogelarten ab; gebietsweise auch in Dörfern und Städten.

Nahrung Meist haarige Schmetterlingsraupen, die von anderen Vögeln gemieden werden, aber auch Käfer, Heuschrecken und andere Insekten.

Brut Mai–Juli; der Kuckuck baut kein eigenes Nest, sondern legt seine Eier einzeln in Nester bestimmter Singvogelarten; geeignete Kuckuckswirte sind vor allem Haus- und Gartenrotschwanz, Rotkehlchen, Bachstelze, Teich- und Drosselrohrsänger, Grasmücken, Pieper, Heckenbraunelle und Neuntöter. Jedes Kuckucks-♀ legt zeitlebens Eier eines Färbungstyps.

< Haustaube S IV–IX

Waldohreule *Asio otus*

Familie Eulen *Strigidae*

Typisch Die langen Federohren, die jedoch angelegt werden können und dann nicht mehr sichtbar sind.
Merkmale Schlanke und langflügelige Eule mit orangegelben Augen.
Stimme Der Gesang des ♂, ein ziemlich weit hörbares, dumpfes „huh", ist bereits im Februar zu hören; bei Gefahr ein laut bellendes „uäk", oft auch gereiht. Die Standortrufe der Jungen sind hoch und etwas klagend „zieh".

Vorkommen Brütet häufig in lichten Wäldern, an Waldrändern, in Windschutzhecken, Parks und Feldgehölzen; meidet jedoch die Innenbereiche größerer Waldflächen. Jagt in offener Landschaft mit niedriger Vegetation. Übernachtet im Winterhalbjahr oft in Schlafgemeinschaften von über 20 Vögeln, auch in Parks und Friedhöfen, manchmal sogar in Gärten.
Verhalten Sitzt am Tage in aufrechter, schlanker Haltung auf einem Baum, meist dicht am Stamm.
Nahrung Hauptsächlich Wühlmäuse – bei uns zu über 80 % Feldmäuse –, daneben Waldmäuse und verschiedene Kleinvögel.
Brut März–Juni, 1 Brut; nistet vorwiegend in alten Rabenkrähen- und Elsternnestern, gelegentlich auch in Greifvogel- und Eichhörnchennestern.

~ Haustaube J I–XII

Sumpfohreule *Asio flammeus*

Familie Eulen *Strigidae*

Typisch Lebt in Feuchtgebieten und jagt häufig tagsüber.
Merkmale Ähnlich der Waldohreule, aber mit kurzen Federohren, die oft nicht sichtbar sind; Gefieder heller und kontrastreicher gezeichnet. Augen schwefelgelb, breite, schwarze Augenumrandung. Erscheint im Flug heller und schmalflügeliger als die Waldohreule, Flügelspitzen dunkel.
Stimme Reviergesang des ♂ im Frühjahr dumpf „ku-ku-ku ...“; das ♀ antwortet mit „tjää-upp“; am Brutplatz warnen die Altvögel mit bellenden „kwä“-Rufen; die Standortrufe der ausgeflogenen Jungen klingen schnarchend „kschija“.
Vorkommen Brütet in offener Landschaft mit niedrigem, aber dichtem Bewuchs auf Mooren und Verlandungsbereichen, Heideflächen und auf Kulturflächen mit vorjährigem Gras oder Schilf. Bei uns seltener Brutvogel, im Süden nur noch sporadisch.

Verhalten Langsamer Suchflug über offenem Gelände, rüttelt gelegentlich; im Frühjahr vollführt das ♂ hoch über dem Brutplatz Schauflüge mit stark verlangsamten Flügelschlägen.
Nahrung Vorwiegend Feld- und Erdmäuse, bei deren Mangel auch andere Kleinsäuger und Vögel.
Brut April–Juni, 1 Brut; Nest aus wenigen trockenen Halmen in einer flachen Bodenmulde.

~ Haustaube T, W, D I–XII

Waldkauz *Strix aluco*

Familie Eulen *Strigidae*

Typisch Sitzt oft im Sonnenschein vor dem Eingang seiner Höhle.

Merkmale Eine gedrungene Eule mit großem, rundem Kopf und dunklen Augen; tritt in zwei Färbungsvarianten auf, einer rindenfarbig grauen und einer selteneren rotbraunen. Wirkt auch im Flug gedrungener als die Waldohreule, die Flügelunterseite der ziemlich breiten Flügel ist quer gebändert.

Stimme Der Reviergesang des ♂, ein schauriges, tremolierendes „huuu-huhuhuuhu", ist bereits im Herbst und Winter, vorwiegend aber im zeitigen Frühjahr zu hören. Das ♀ ruft häufig laut und durchdringend „kuwitt".

Vorkommen Brütet in nicht zu dichtem Laub- und Mischwald, der an offene Flächen oder Gewässer grenzt, auch in Parks, Friedhöfen und in Gärten mit alten Laubbäumen.

Verhalten Jagt vom Ansitz aus oder im Suchflug; schreckt Vögel auch am Schlafplatz auf, um sie dann im Flug zu erbeuten. Während der Jungenaufzucht auch gegen den Menschen aggressiv, greift in Nestnähe manchmal sogar an.

Nahrung Sehr vielseitig; vorwiegend Feld- und Waldmäuse, aber auch Vögel, Rötelmäuse, Ratten, Spitzmäuse, Frösche, Kröten, Fische und Käfer.

Brut März–Mai, 1 Brut; nistet in Baumhöhlen, seltener in alten Greifvogelnestern oder Gebäuden.

> **Haustaube J I–XII**

Habichtskauz *Strix uralensis*

Familie Eulen *Strigidae*

Typisch Sehr großer Kauz.
Merkmale Ähnlich dem Waldkauz, aber viel größer und heller gefärbt; ausgeprägter Gesichtsschleier, im Verhältnis kleine Augen. Wirkt im Flug durch den langen Schwanz und die kräftige Querbänderung an Flügeln und Schwanz etwas habichtartig.
Stimme Der Reviergesang des ♂, „wuhu...wuhu...owuhu...", ist im Frühjahr weit zu hören
Vorkommen Brütet in abwechslungsreichen Waldgebieten mit altem, nicht zu dicht stehendem Baumbestand, in Nordeuropa vorwiegend in Nadel- und Mischwald, in Mitteleuropa auch in reinem Buchenwald. Seltener Brutvogel im Osten Polens und der Slowakei. In Deutschland eingebürgert.
Verhalten Aktivität in der Dämmerung und nachts, während der Jungenaufzucht und im Winter manchmal auch tagsüber. Greift zur Brutzeit in Horstnähe auch Menschen an.
Nahrung Ähnlich vielseitig wie der Waldkauz; vorwiegend Wühlmäuse, aber auch Eichhörnchen, Spitzmäuse und Vögel (bis Birkhahngröße), daneben Frösche und Insekten. Hauptnahrung sind Erd- und Schermäuse.
Brut März–Juni, 1 Brut; nistet in Mitteleuropa meist in alten Greifvogelhorsten, in Nordeuropa in abgebrochenen hohlen Bäumen oder Nistkästen.

~ Mäusebussard J I–XII

Raufußkauz *Aegolius funereus*

Familie Eulen *Strigidae*

TYPISCH Der nächtliche Reviergesang, verrät ab Februar den heimlichen Kauz.
MERKMALE Kleiner Kauz mit großem, rundem Kopf; Gesichtsschleier relativ ausgeprägt, an den Kopfseiten dunkelbraun eingefasst; Gefieder auf der Oberseite dunkelbraun mit vielen weißen Flecken; Füße bis zu den Krallen befiedert (Name!). Jungvögel (unten) schokoladebraun, Flügel und Schwanz mit weißen Flecken. Im Flug erscheinen die Flügel und der Schwanz relativ lang; Flugbahn gerade, nicht wellenförmig wie beim Steinkauz.

STIMME Ruft bei Beunruhigung scharf „zjuck". Der Reviergesang des ♂, ein flötendes, leicht vibrierendes und etwas anschwellendes „u-u-u-u-u", ist oft mehrere 100 m weit zu hören.
VORKOMMEN Brütet in reich strukturierten Waldgebieten mit älteren, höhlenreichen Buchen- oder Kiefernbeständen, dichtem Fichtendickicht für die Tagesruhe und kleinen Mooren oder Kahlschlägen für den Beuteerwerb.
VERHALTEN Ausgeprägt nachtaktiv.
NAHRUNG Hauptsächlich Rötel-, Erd- und Waldmäuse, daneben Spitzmäuse, andere Kleinsäuger und Vögel.
BRUT März–Juni, 1 Brut; nistet vor allem in alten Schwarzspechthöhlen, bei uns auch in speziellen Nistkästen.

< Haustaube J I–XII

Sperlingskauz *Glaucidium passerinum*

Familie Eulen *Strigidae*

TYPISCH Kleinste Eule Europas.
MERKMALE Kleiner Kopf mit flacher Stirn, ohne ausgeprägten Gesichtsschleier. Fliegt spechtartig in Bögen oder gerade. Kleines Foto Jugendkleid.
STIMME Bei Gefahr einzeln oder gereiht „gju"; das ♀ lässt häufig ein feines „tsiii" hören. Der Reviergesang während der Brutzeit ist leicht nachpfeifbar „pjü pjü pjü ...", außerhalb der Brutzeit von ♂ und ♀ eine schnell ansteigende Reihe von hellen Pfeiftönen („Tonleiter").
VORKOMMEN Brütet in aufgelockertem, hochstämmigem Nadel- und Mischwald, meist am Rand von Lichtungen oder kleinen Mooren. Bei uns weit verbreitet, aber nicht häufig.
VERHALTEN Vorwiegend dämmerungsaktiv, aber vielfach auch am Tage zu beobachten. Sitzt oft auch auf der Spitze einer Fichte und macht mit dem Schwanz ruckartige Bewegungen. Jagt vom Ansitz aus Kleinsäuger oder im Überraschungsangriff Kleinvögel.

NAHRUNG Überwiegend Kleinsäuger wie Erd- und Rötelmäuse; besonders im Winter Vögel, vor allem Meisen, Goldhähnchen und Finken.
BRUT April–Juni, 1 Brut; nistet meist in alten Bunt- und Dreizehenspechthöhlen, die in Fichten angelegt sind.

< Amsel **J** I–XII

Uhu *Bubo bubo*

Familie Eulen *Strigidae*

Typisch Größte Eulenart.
Merkmale Großer Kopf mit orangeroten Augen und ausgeprägten Federohren. ♀ größer und schwerer als ♂. Im Flug fallen die langen und breiten, am Ende abgerundeten und unterseits hellen Flügel auf.
Stimme Der Reviergesang, ein dumpfes, aber weit hörbares „buho", ist vor allem während der Balz im Februar und März, aber auch im Oktober zu hören; auch das ♀ singt, aber seltener und um eine Terz höher, klingt eher heiser.
Vorkommen Reich strukturierte Landschaft mit Waldflächen und offenem Gelände, häufig in Gewässernähe; brütet in Felswänden, an Steilhängen und sogar in Steinbrüchen, gelegentlich auch nahe an einer Straße. Jagt hauptsächlich auf offenen Flächen. Bei uns seltener Brutvogel, der vielerorts bereits ausgerottet war; seit einigen Jahren Bestandserholung vor allem durch Aussetzungen und Schutzmaßnahmen.
Verhalten Dämmerungs- und nachtaktiv, zur Brutzeit schon etwas früher. Jagt vom Ansitz aus oder im Suchflug.
Nahrung Säugetiere und Vögel bis Hasen- bzw. Auerhuhn-Größe; generell häufig Mäuse und Ratten, gebietsweise viele Igel, Kaninchen oder auch Wasservögel bis zu Gänsesäger-Größe.
Brut März–Juli, 1 Brut; nistet in Nischen von steilen Felswänden.

> Mäusebussard J I–XII

Zwergohreule *Otus scops*

Familie Eulen *Strigidae*

TYPISCH Der monotone Reviergesang, der von April bis Juni zu hören ist.
MERKMALE Kleine, schlanke Ohreule, mit rindenfarbigem Tarngefieder; deutliche Federohren, die jedoch nicht immer zu sehen sind.
STIMME Reviergesang ein monotones, in Abständen von 2–3 Sekunden wiederholtes „djü", ähnlich den Rufen der Geburtshelferkröte, jedoch etwas länger; ♀ und ♂ singen oft stundenlang, nach der Verpaarung auch im Duett.
VORKOMMEN Brütet in sehr abwechslungsreicher, halb offener und warmer Landschaft mit gutem Angebot an Großinsekten; in Parks, Obstgärten, Alleen oder an Rändern von lichten Laubwäldern. In den Mittelmeerländern weit verbreitet; sehr seltener Brutvogel der Südschweiz, Südösterreichs, Ungarns und der Slowakei; starker Rückgang der Brutvorkommen in Mitteleuropa.
VERHALTEN Ruht am Tage meist gut versteckt in aufrechter Haltung und mit aufgestellten Federohren in Bäumen, Büschen oder Mauernischen. Jagt in der Dämmerung und nachts.
NAHRUNG Grillen, Schmetterlinge, Käfer, Heuschrecken, Spinnen, Asseln, Regenwürmer, kleine Frösche, Vögel und Säugetiere.
BRUT Mai–Juli, 1 Brut; nistet in Baumhöhlen, oft in alten Spechthöhlen, auch in Mauerlöchern und in Nistkästen.

< Amsel S IV–IX

Steinkauz *Athene noctua*

Familie Eulen *Strigidae*

Typisch Sitzt häufig am Tage auf Zaunpfählen oder Leitungsmasten.
Merkmale Kleine, gedrungene und kurzschwänzige Eule mit flachem Oberkopf und großen, gelben Augen; fliegt spechtartig in Bögen.
Stimme Ruft bei Gefahr laut und durchdringend „quiu", „quitt" oder „kja". Den Reviergesang des ♂, ein lang gezogenes, nasales, „guhg", hört man bereits ab März.
Vorkommen Brütet in der offenen Landschaft mit einzelnen Bäumen, Baumgruppen oder Alleen; gerne in Wiesen- und Weidegebieten mit Kopfweiden, Obstbäumen und am Rand von kleinen, lichten Wäldchen; auch an Dorfrändern und Einzelgehöften. Fehlt im geschlossenen Wald und oberhalb 700 m Höhe. Bei uns im Tiefland weit verbreitet, aber drastischer Rückgang.
Verhalten Vorwiegend dämmerungs- und nachtaktiv, oft auch am Tage zu beobachten; jagt vom Ansitz aus oder in niedrigem Suchflug.
Nahrung Vor allem Feld- und Waldmäuse, daneben Vögel (meist Junge) wie Sperlinge, Ammern, Lerchen, Stare; Frösche, Eidechsen, Regenwürmer, Käfer, Heuschrecken.
Brut April–Juni, 1 Brut; nistet in Baumhöhlen, Mauernischen und Nisthöhlen (Steinkauzröhren).

< Haustaube J I–XII

Schleiereule *Tyto alba*
Familie Schleiereulen *Tytonidae*

TYPISCH Der auffallend helle, herzförmige Gesichtsschleier. Rein nachtaktiv.
MERKMALE Eine helle Eule mit langen Beinen, schwarzen Augen und ohne Federöhren. Im Flug fallen die langen, schlanken Flügel und die sehr helle Unterseite auf.
STIMME Am Schleiereulen-Brutplatz hört man ab Februar/März die ganze Nacht hindurch schnarchende und kreischende Laute; der Reviergesang des ♂ klingt heiser und kreischend wie „chrührührüh ...".

VORKOMMEN In Mitteleuropa fast ausschließlich Kulturfolger; brütet in ungestörten Kirchtürmen, Scheunen, Dachstühlen und ähnlichen Schlupfwinkeln, die auch freien An- und Abflug gewähren. Jagt auf offenen Flächen. Große Bestandseinbußen durch schneereiche Winter und in feldmausarmen Jahren; leidet stark unter Nistplatzmangel, Intensivierung der Landwirtschaft und Verlusten durch Fahrzeuge und Leitungen. Bei uns im Tiefland weit verbreitet, aber selten in größerer Dichte.
NAHRUNG Hauptsächlich Feldmäuse, auffallend viel Spitzmäuse, vor allem in feldmausarmen Jahren; andere Kleinsäuger, wenig Vögel.
BRUT April–September, 1–2 (3) Bruten; nistet in ruhigen Nischen von Gebäuden und in speziellen Schleiereulen-Nistkästen, häufig in Kirchtürmen.

~ Haustaube | I–XII

Mauersegler *Apus apus*

Familie Segler *Apodidae*

Typisch Die langen, sichelförmigen Flügel und die schrillen Rufe.

Merkmale Gefieder schwärzlich, Kinn und Kehle weißlich. Jungvögel mit heller Stirn und zart hell gewelltem Oberkopf.

Stimme Ruft fast ständig hoch und schrill „sriieh" oder kürzer „sri", „sü".

Vorkommen Ursprünglich Felsbrüter, doch in Mitteleuropa fast ausschließlich Kulturfolger, der koloniеweise an Kirchtürmen, Kaminen, Hochhäusern und anderen Gebäuden nistet; gebietsweise auch in Baumhöhlen. Überall sehr häufig, vor allem in Städten.

Verhalten Verbringt den größten Teil des Lebens fliegend, außerhalb der Brutzeit oft wochenlang ohne Unterbrechung. Sehr gesellig, zur Brutzeit jagen oft mehrere Mauersegler in einem dichten Pulk mit rasender Geschwindigkeit und durchdringend lärmend um die Häuser. Nahrungssuche bei schlechtem Wetter oft niedrig über Wasserflächen oder Feuchtgebieten.

Nahrung Ausschließlich kleine fliegende Insekten und Spinnen; vor allem Fliegen, Hautflügler, Blattläuse, Käfer.

Brut Mai–August, 1 Brut; nistet in dunklen Hohlräumen, oft in Mauerlöchern oder unter Dächern; das Nistmaterial, Halme, Blätter, Haare und andere Stoffe, wird im Flug aufgelesen .

> **Rauchschwalbe S V–VIII**

Alpensegler *Apus melba*
Familie Segler *Apodidae*

Typisch Die weiße Unterseite mit braunem Brustband.
Merkmale Wirkt deutlich größer und heller als der Mauersegler. Flügelschlagfrequenz niedriger, gleitet oft mit gesenkt gehaltenen Flügeln.
Stimme Im Flug gedehnte Triller wie „trirr …", auf- und absteigend und leicht von den schrillen Rufen des Mauerseglers zu unterscheiden; erinnern in der Klangfarbe etwas an Kanarienvogel, die einzelnen Silben können im Gegensatz zu den Rufen des Mauerseglers noch wahrgenommen werden.
Vorkommen Brütet an hohen Felswänden, an der Felsküste und (seltener) an hohen Gebäuden. In Mitteleuropa seltener Brutvogel Österreichs und der Schweiz; bei uns nur wenige Paare auf einem Kirchturm in Freiburg.
Verhalten Erinnert sehr an das des Mauerseglers; der Flug ist etwas rasanter: im Normalflug 60–100 km/h, während der Flugspiele bis zu 250 km/h.

Nahrung Wie der Mauersegler ausschließlich kleine fliegende bzw. schwebende Insekten und Spinnen.
Brut Mai–August, 1 Brut; nistet in Nischen und Spalten steiler und hoher Felswände, auch in Dachstühlen und Nistkästen auf hohen Gebäuden; das Nistmaterial wird wie beim Mauersegler in der Luft gesammelt und zusammen mit Speichel zum Nest verklebt.

> **Mauersegler S IV–IX**

Ziegenmelker *Caprimulgus europaeus*

Familie Nachtschwalben *Caprimulgidae*

Typisch Die nahezu perfekte Tarnfärbung und der schnurrende Gesang.

Merkmale Schlank, langflügelig und langschwänzig, Kopf relativ flach, mit großen, schwarzen Augen; Gefieder oberseits rindenartig gemustert. Kleiner Schnabel, der sehr weit geöffnet werden kann und den riesigen, von Borsten umstellten Rachen freilegt. ♂ (kleines Foto) mit weißen Flecken an den Flügelspitzen und am Schwanz.

Stimme Ruft „kuäk" oder „kuik"; bei Störungen ein raues „wack". Der Gesang des ♂ ist anhaltend schnurrend wie „err ... örrr-err ...", vorwiegend in der Abenddämmerung zu hören.

Vorkommen Brütet vor allem in lockeren Kiefernwäldern auf Sandböden, auch in dichterem Wald mit Lichtungen, Schonungen oder Kahlschlägen und in trockenen Heide- und Dünengebieten; häufig auf Truppenübungsplätzen. Bei uns lückenhaft verbreitet, selten.

Verhalten Dämmerungs- und nachtaktiv. Versteckt sich tagsüber mit fast geschlossenen Augen auf dem Boden oder in Längsrichtung auf einem Ast.

Nahrung Ausschließlich fliegende Insekten wie Nachtfalter, Käfer.

Brut Juni–August, meist 1 Brut; Gelege ohne Nest auf dem Boden, oft im Hochwald neben einem alten Aststück.

~ Amsel S IV–X

Eisvogel *Alcedo atthis*

Familie Eisvögel *Alcedinidae*

Typisch Fliegt sehr schnell, niedrig und geradlinig über dem Wasser; der türkisblaue Rücken.

Merkmale Durch Größe, Gestalt und Färbung unverwechselbar; trotzdem leicht zu übersehen, wenn er ruhig am Ufer sitzt. Beim ♀ Basis des Unterschnabels rot. Kl. Foto Jugendkleid.

Stimme Ruft laut, hoch und durchdringend „tieht", „tji" oder „tii-tü"; oft werden die Einzelrufe zu einer Serie gereiht. Gesang aus abgewandelten Rufen und hell trillernden Elementen.

Vorkommen Brütet an langsam fließenden, klaren Bächen und Flüssen mit senkrechten, mehr als halbmeterhohen Steilufern für die Anlage der Brutröhre. Außerhalb der Brutzeit auch an Fischteichen, kleinen Tümpeln und sogar an der Meeresküste zu beobachten. Bei uns weit verbreitet, Gefährdung vor allem durch Flussverbauung, Gewässerverschmutzung und Kältewinter.

Verhalten Sitzt häufig am Ufer auf

Zweigen oder Pfählen direkt über dem Wasser und lauert auf kleine Fische.

Nahrung Meist kleine und schlanke Fische wie Elritzen, Stichlinge, kleine Karpfenfische und Forellen.

Brut März–September, 2 (3) Bruten; in einen Uferabbruch graben Eisvögel eine bis zu einem Meter lange, meist etwas ansteigende Röhre und erweitern deren Ende zu einer Nestkammer.

< Amsel T I–XII

Bienenfresser *Merops apiaster*

Familie Spinte *Meropidae*

Typisch Segelt häufig, dabei fallen die hell durchscheinenden, dreieckigen und spitz zulaufenden Flügel und die Schwanzspieße auf.

Merkmale Sehr bunt und auffällig, kaum mit einer anderen Art zu verwechseln. Jungvögel (kleines Foto) ohne verlängerte Schwanzfedern.

Stimme Häufig und oft weit zu hören; ruft im Flug „rrüp" oder „brürr", oft mehrmals wiederholt, auch im Duett; bei Auseinandersetzungen ein gedehntes „grää", bei Gefahr „quitquitquit …".

Vorkommen Offene, warme und abwechslungsreiche Landschaft mit reichlichem Angebot an großen Insekten; brütet an Steilufern von Flüssen, an sandigen, trockenen Böschungen oder in Sandgruben, seltener auf ebenem Boden. Häufiger Brutvogel Südeuropas, in Mitteleuropa vor allem in Ungarn, der Südslowakei und im österreichischen Burgenland; bei uns bereits regelmäßiger Brutvogel.

Verhalten Jagt Insekten häufig von trockenen Ästen, Leitungsdrähten oder ähnlichen Warten aus, auch wie Schwalben in der Luft.

Nahrung Vor allem stechende Insekten wie Bienen, Wespen, Hummeln, Hornissen, auch Schmetterlinge.

Brut Mai–Juli, 1 Brut; ♀ und ♂ bauen in einen Steilhang eine über 1,50 m lange Röhre mit Nestkammer am Ende.

~ Amsel S V–IX

Blauracke *Coracias garrulus*

Familie Racken *Coraciidae*

Typisch Das vor allem im Flug auffällige, intensiv blau und violett gefärbte Gefieder. Kleines Foto Jugendkleid.
Merkmale Fast krähengroßer, blauer Vogel mit rötlich braunem Rücken; wirkt auch im Flug krähenartig.
Stimme Ruft rau und hart „rak-rak-rak..“ oder (bei Gefahr) gedehnt „krah“. Der Gesang, in taumelndem Balzflug vorgetragen, erinnert an Krähenkrächzen „graraa-graraa ...“ und „rärrär...“.
Vorkommen Brütet in lichten Wäldern mit altem Baumbestand und vielen Höhlen, gerne in Eichen- oder Kiefernbeständen, auch in Alleen, Feldgehölzen und Parks; in Südeuropa auch Brutvogel steiler Abbrüche an Flüssen, in Felswänden und sogar altem Gemäuer. In Mitteleuropa nur noch im Nordosten und an wenigen Stellen Ostösterreichs. Bei uns nahezu ausgestorben.
Verhalten Sitzt häufig auf exponierten Warten wie Leitungsmasten, Telefondrähten oder Zweigen und hält nach

Insekten Ausschau; stürzt sich auf Beutetiere am Boden und kehrt dann wieder auf seine Warte zurück.
Nahrung Vor allem Käfer und andere große Insekten, auch Eidechsen, junge Mäuse und Würmer.
Brut Mai–Juli, 1 Brut; nistet in Baumhöhlen, häufig von Schwarz- oder Grünspecht, auch in Nistkästen. Im Süden oft in Erdhöhlen und Mauerlöchern.

< Rabenkrähe S IV–IX

Wiedehopf *Upupa epops*
Familie Wiedehopfe *Upupidae*

TYPISCH Die fächerförmig aufrichtbare Federhaube.
MERKMALE Langer, gebogener Schnabel. Fliegt unregelmäßig, wirkt wie ein großer Schmetterling. Im Flug fallen die kontrastreich schwarzweiß gebänderten Schwingen und der schwarze Schwanz mit weißer Binde auf.
STIMME Bei Auseinandersetzungen rau krächzende Rufe. Den Gesang des ♂, ein dumpfes „up up up", hört man recht weit.
VORKOMMEN Brütet in warmen, offenen Landschaften, vor allem in trockenem, extensiv bewirtschaftetem Kulturland, in Weinbergen, lichten Auwäldern und Parks, Obstgärten und Viehweiden; Brutplätze in Höhlen alter Bäume, in Fels- oder Mauerlöchern. Bei uns sehr selten geworden und nur noch in wenigen Tieflandgegenden Brutvogel.
VERHALTEN Wenig gesellig; Nahrungssuche auf dem Boden, läuft mit ruckartigen Kopfbewegungen; stellt bei Erregung und nach dem Landen die Federhaube auf.
NAHRUNG Vorwiegend große Insekten wie Käfer, Grillen, Raupen und Engerlinge; Spinnen, Würmer und Schnecken, auch kleine Eidechsen.
BRUT Mai–Juli, 1 Brut; nistet in verschiedenen Höhlen, gerne in Spechthöhlen, auch unter Dächern, in Mauerlöchern, Steinhaufen und Nistkästen.

~ Amsel S IV–IX

Wendehals *Jynx torquilla*
Familie Spechte *Picidae*

Typisch Der etwas an den Baumfalken erinnernde Reviergesang.
Merkmale Ein baumrindenartig gemusterter Specht, der mit seinem kurzen Schnabel wie ein Singvogel wirkt.
Stimme Ruft bei Revierstreitigkeiten zischend „gschrie“ oder „wät-wät ...“, bei Störung an der Bruthöhle “tep-tep-...“. Der Gesang, ein monotones und etwas klägliches, im Verlauf anschwellendes „gje-gje-gje ...“, ist von ♂ und ♀ zu hören, oft auch im Duett.
Vorkommen Brütet in lichten Laubwäldern, Feldgehölzen, Parks, Alleen und Obstgärten, an Flussufern und in Feuchtgebieten mit lockerem Baumbestand oder mit Einzelbäumen; meidet das Innere von geschlossenen Waldgebieten; häufig in Brutnachbarschaft mit dem Grünspecht; Nahrungssuche am Boden. Bei uns weit verbreitet, aber nirgends häufig. Außerhalb der Brutzeit häufig auch in unbewaldeter Landschaft und in Gärten anzutreffen.

Verhalten Bearbeitet mit dem Schnabel Ameisenhaufen, um mit seiner langen, klebrigen Zunge die Ameisenpuppen aus dem Innern zu holen. Bei Bedrohung schlangenartige Bewegungen von Hals und Kopf.
Nahrung Insekten, vor allem Puppen kleinerer Ameisenarten.
Brut Mai–August, 1–2 Bruten; Gelege in Baumhöhlen und Nistkästen.

< Amsel S IV–IX

Grauspecht *Picus canus*
Familie Spechte *Picidae*

TYPISCH Die laute, abfallende Gesangsstrophe, die vor allem im Frühjahr zu hören ist.
MERKMALE Etwas kleiner als der Grünspecht, Gefieder besonders an Kopf und Hals mehr grau, schmalerer Bartstreif; beim ♂ (oben) sind Stirn und Vorderscheitel intensiv rot, beim ♀ (kleines Foto) fehlt das Rot völlig.
STIMME Ruft im Kontakt mit Artgenossen rau „kjü“, bei Auseinandersetzungen gepresst „kjük“. Den Reviergesang von ♂ und (seltener) ♀, eine abfallende Reihe aus wohlklingenden „gü-gü-gü ...“-Lauten, kann man gut nachpfeifen. Schon im Winter sind die Trommelwirbel des ♂ zu hören (Dauer 2 sec, 20 Schläge pro sec).
VORKOMMEN Brütet in aufgelockerten Laub- und Mischwäldern, häufig in Buchen- und Auwäldern, in Feldgehölzen, Parks, Obstgärten und Friedhöfen; im Gebirge auch im Nadelwald bis in rund 1300 m Höhe. Bei uns weit verbreitet.

VERHALTEN Lebt versteckt; außerhalb der Brutzeit kaum gesellig; wenig scheu. Besucht im Winter Futterstellen.
NAHRUNG Vorwiegend Ameisen und deren Puppen; andere Insekten, Obst, Samen und Fettfutter an Futterstellen.
BRUT April–Juli, 1 Brut; selbst gezimmerte Höhle in meist morschen Laub- und seltener in Nadelbäumen; übernimmt auch alte Spechthöhlen.

> **Buntspecht J I–XII**

Grünspecht *Picus viridis*

Familie Spechte *Picidae*

Typisch Die laute und schallend lachende Gesangsstrophe.

Merkmale Ein großer, oberseits grün gefärbter Specht mit leuchtend rotem Scheitel; Bartstreif beim ♂ rot, schwarz eingerahmt, beim ♀ schwarz. Jungvögel sind unterseits – außer an Kopf und Hals – kräftig quer gebändert, die Oberkopffärbung ist mehr orange. Im Flug fällt vor allem der gelbgrüne Bürzel auf.

Stimme Ruft im Flug und in Höhlennähe hart „kjäck" oder „kjückjückjückjück". Der lachende Reviergesang „klü-klü-klü ..." sinkt im Gegensatz zur Grauspechtstrophe nicht ab; die Strophen der ♀ klingen weicher und sind leiser. Trommelt nur sehr selten, die einzelnen Wirbel sind kurz.

Vorkommen Brütet in Randbereichen von Laub- und Mischwald, in Feldgehölzen, Obstgärten, Parks und Gärten mit altem Baumbestand; in den Alpen auch im Nadelwald. Bei uns weit verbreitet, aber nur mäßig häufig.

Verhalten Hackt im Winter bis 10 cm tiefe Löcher in Ameisenhaufen.

Nahrung Hauptsächlich Ameisen, gelegentlich andere Insekten, Würmer und Schnecken, Obst.

Brut April–Juli, 1 Brut; nistet gerne in alten Höhlen; neue Höhlen werden in faules Holz gezimmert.

< Haustaube | I–XII

Schwarzspecht *Drycopus martius*

Familie Spechte *Picidae*

Typisch Ein schwarzer Specht mit sehr kräftigem, hellem Schnabel.
Merkmale ♂ mit roter Kopfplatte, ♀ (kleines Foto) nur am Hinterkopf rot. Die Zunge ist relativ kurz und ragt nur etwa 5 cm über die Schnabelspitze hinaus. Fliegt geradlinig mit unregelmäßigen Flügelschlägen ähnlich Hähern.
Stimme Der typische Flugruf ist weit hörbar und klingt wie „prrü-prrü-prrü ...", nach der Landung ertönt häufig ein abfallendes „kliööööh"; der Reviergesang im Frühjahr klingt wie „kwikwikwi ...". Trommelt laut und weit hörbar mit relativ langsamer Schlagfolge.
Vorkommen Brütet in abwechslungsreichen Misch- und Nadelwäldern mit Altbaumbeständen; Bruthöhle meistens in alten Buchen oder Kiefern; bei uns weit verbreitet in größeren Waldgebieten.
Verhalten Legt bei der Nahrungssuche mit kräftigen Schnabelhieben die im Holz lebenden Insekten frei; oft findet man in kernfaulen Fichten seine Hackspuren – längliche, tiefe Löcher.
Nahrung Vor allem große Ameisen und holzbohrende Käfer.
Brut März–Juni, 1 Brut; zimmert eine große Höhle mit hochovalem Schlupfloch (7–15 m Höhe); bezieht oft auch alte Höhlen.

< Rabenkrähe J I–XII

Weißrückenspecht *Dendrocopus leucotos*

Familie Spechte *Picidae*

TYPISCH Das Fehlen eines weißen Schulterflecken (s. Buntspecht).
MERKMALE Größer und schwerer als der Buntspecht, mit längerem Schnabel; Vorderrücken schwarz, Hinterrücken weiß, Flanken gestrichelt, Unterschwanzfedern zart rosa. Scheitel beim ♂ rot, beim ♀ (unten) ganz schwarz.
STIMME Ruft weniger häufig und meist leiser als der Buntspecht; je nach Erregungsgrad ein weiches „kjük" oder ein härteres „gek gek gek ...". Der Trommelwirbel ist länger als beim Buntspecht und zum Ende beschleunigt (jeweils 30–40 Schläge in ca. 1,6 sec).
VORKOMMEN Brütet in urwaldartigen Mischwäldern mit einem hohen Anteil an absterbenden und toten Bäumen. Seltener Brutvogel des östlichen Mitteleuropas; bei uns nur in naturnahen Bergwäldern der Alpen und des Bayerischen Waldes. Stark gefährdet aufgrund der geringen Siedlungsdichte und der großen Empfindlichkeit gegenüber forstlichen Eingriffen.
VERHALTEN Stemmt bei der Nahrungssuche oft Rinde ab und hackt tiefe Löcher in morsches Holz; bearbeitet häufig liegende Stämme.
NAHRUNG Vorwiegend im Holz lebende Käferlarven; Ameisen, Früchte, Nüsse; an Futterstellen Talg.
BRUT April–Juni, 1 Brut; zimmert eine Höhle in absterbendes Holz.

> Buntspecht J I–XII

Buntspecht *Dendrocopus major*

Familie Spechte *Picidae*

Typisch Der häufigste und am weitesten verbreitete Specht Europas

Merkmale Gefieder kontrastreich schwarzweiß, auffallende weiße Schulterflecken; Unterschwanzdecken kräftig rot, Flanken ungestrichelt. ♂ (oben) mit rotem Fleck am Hinterkopf, ♀ kleines Foto. Jungvögel mit rotem Scheitel. Flugbahn bogenförmig.

Stimme Ruft das ganze Jahr über hart und metallisch „kick" oder „kix", bei Erregung schnell wiederholt; im Frühjahr hört man von ♂ und ♀ während der Verfolgungsspiele oft ein heiseres Gezeter. ♂ und ♀ trommeln auf trockenen Ästen, aber auch an Holzmasten, Sirenen und Blechdächern; Trommelwirbel kurz (ca. 0,5 sec lang und am Anfang betont); Schlagfolge zum Ende schneller.

Vorkommen Brütet in allen Arten von Wäldern, besonders mit Eichen und Hainbuchen, daneben in Feldgehölzen, Parks und Gärten mit Baumbestand, oft auch mitten in Dörfern und sogar in der Großstadt.

Nahrung Im Sommer hauptsächlich im Holz lebende Insekten und deren Larven, andere Insekten, Jungvögel, Eier, Früchte; im Winterhalbjahr Nadelbaumsamen, Nüsse, Talg.

Brut April–Juni, 1 Brut; zimmert jedes Jahr eine neue Höhle, meist in kranken Bäumen; schafft somit Wohnraum für viele Höhlenbrüter.

< Amsel J I–XII

Blutspecht *Dendrocopus syriacus*

Familie Spechte *Picidae*

Typisch Im Unterschied zum Buntspecht ohne das schwarze Querband, das hinter der Ohrgegend den Bartstreif mit dem schwarzen Hinterkopf verbindet; Stimme wichtig. ♀ oben, ♂ rechts.

Merkmale Sehr ähnlich wie der Buntspecht, Jungvögel beider Arten nur schwer voneinander zu unterscheiden.

Stimme Rufe weniger hart als beim Buntspecht, ähnlich denen des Mittelspechtes: „gjük", „gük" oder „dschük"; daneben Serien von „kürr", auch mit den „gjük"-Rufen kombiniert wie „gjük-gjük-kürr". Trommelwirbel etwas länger als beim Buntspecht (ca. 1 sec, 20 Schläge), aber seltener zu hören.

Vorkommen Brütet in Flussauen, naturnahen, trockenen Eichen- und Mischwäldern; in Mitteleuropa hauptsächlich in Weinbergen, Obstgärten, Parks; fehlt im Wald. Erst in den letzten Jahrzehnten in Ungarn, der Slowakei, Südpolen und Ostösterreich eingewandert.

Nahrung Wie der Buntspecht holzbewohnende Insekten und deren Larven, aber das ganze Jahr über auch Steinfrüchte, Beeren, Nüsse.

Brut April–Juni, 1 Brut; zimmert wie Buntspecht Höhlen in kranke Bäume.

~ Buntspecht J I–XII O

Mittelspecht *Dendrocopus medius*

Familie Spechte *Picidae*

Typisch Die in allen Kleidern auffallende rote Kopfplatte ohne Schwarz.
Merkmale Ähnlich wie der Buntspecht, aber etwas kleiner und mit schwächerem Schnabel; Brustseiten dunkel gestrichelt, Unterschwanz rosa, geht allmählich in die gelbliche Bauchfärbung über. Kleines Bild Jungvogel.
Stimme Ruft seltener als der Buntspecht: weich „qük"; das ganze Jahr über hört man zeternde Rufreihen wie „gegege ...". Trommelt nur selten, Reviergesang, ein quäkendes „gäägää ...".
Vorkommen Nur im Tiefland; brütet in naturnahen, aufgelockerten Laubwäldern mit Beständen an alten Eichen und Hainbuchen, besonders in Hartholzauen, Obstgärten, aber auch in größeren Parks mit alten Eichen. Bei uns nur in wärmeren Gegenden, fehlt gebietsweise ganz.
Verhalten Hackt bei der Nahrungssuche weniger intensiv als der Buntspecht, zimmert keine "Schmieden".
Nahrung Vorwiegend Insekten, die zwischen der Rinde oder im Gezweig leben; Baumfrüchte, Kirschkerne.
Brut April–Juni, 1 Brut; Nisthöhle in fauligem Holz, oft auch in einem horizontalen Seitenast.

< Buntspecht J I–XII

Kleinspecht *Dendrocopus minor*

Familie Spechte *Picidae*

TYPISCH Kleinster Specht Europas.
MERKMALE Schwacher Schnabel; Rücken schwarzweiß quer gebändert, Unterseite ohne Rot. ♂ mit rotem, schwarz umrandetem Scheitel, ♀ (kleines Foto) ganz ohne Rot im Gefieder.
STIMME Der Reviergesang, ein helles „ki-ki-ki ..." erinnert etwas an die Strophe des Turmfalken; meistens im Frühjahr zu hören. ♂ und ♀ trommeln in langen und schwachen, gleichmäßigen Wirbeln (Dauer 1–1,5 sec) auf dünnen Ästen, oft sehr hoch auf Laubbäumen.

VORKOMMEN Brütet in aufgelockerten Laub- und Mischwäldern, gerne in Bruch- und Auwäldern und in flussbegleitenden Gehölzen; auch in Parks mit alten Weiden oder Pappeln und in Obstgärten. Bei uns im Tiefland weit verbreitet, aber nicht häufig.
VERHALTEN Klettert häufig in spechttypischer Längsrichtung an dünnen Ästen und Zweigen, vor allem im Kronenbereich der Bäume. Zieht im Winter oft mit Kleinvögeln umher.
NAHRUNG Vor allem auf Blättern und Zweigen lebende Insekten und deren Larven; im Winter hauptsächlich Käfer, die unter der Rinde überwintern; an Futterstellen Sonnenblumenkerne.
BRUT April–Juni, 1 Brut; Nisthöhle in krankem oder totem Holz, oft auch in relativ schwachen Ästen mit Schlupfloch an der Unterseite.

~ Haussperling | I–XII

Dreizehenspecht *Picoides tridactylus*

Familie Spechte *Picidae*

Typisch ♀ und ♂ ganz ohne Rot im Gefieder.

Merkmale Knapp buntspechtgroßer, schwarzweißer Specht; Flügel schwarz, Rücken weiß, bei der Alpenform oft mit dunkler Musterung (oben). ♂ mit gelber Scheitelmitte. ♀ kleines Foto.

Stimme Ruft weniger häufig als der Buntspecht, bei Erregung ein weiches „kjüg“ oder „gük“, das bei stärkerer Beunruhigung zu einem Keckern gesteigert wird; die schirkenden Rufe ausgeflogener Jungvögel erinnern an Wacholderdrosseln. ♂ und ♀ trommeln ab dem Spätwinter, am häufigsten im April und Mai, die Trommelwirbel sind recht lang (rund 1,3 sec, 20 Schläge) und werden zum Ende hin etwas beschleunigt.

Vorkommen Brütet in naturnahen Fichtenwäldern (Fichtentaiga) mit vielen halbtoten und abgestorbenen Bäumen, in Mitteleuropa nur in den Alpen und den höheren Mittelgebirgen Süddeutschlands, Tschechiens, der Slowakei und Polens oberhalb rund 700 m.

Verhalten Wenig scheu; Nahrungssuche vor allem unter der Rinde.

Nahrung Vorwiegend Larven und Puppen holzbewohnender Käfer; Baumsaft (vor allem im Frühjahr).

Brut Mai–Juli, 1 Brut; zimmert jedes Jahr eine neue Höhle in tote oder absterbende Nadelbäume.

< Buntspecht J I–XII

Singvögel

Sperlingsvögel – Passeriformes

Mehr als die Hälfte aller Vogelarten der Erde gehört in diese Ordnung. in Europa kommt nur die Unterordnung der **Singvögel (Oscines)** vor, die in 24 verschiedenen Familien ganz unterschiedliche Lebensräume in Mitteleuropa bewohnen.

Singvögel sind sehr klein bis fast bussardgroß. Sie haben einen speziellen Stimmapparat (Syrinx) mit mehr als 3 Paar Singmuskeln.

Typisch sind auch 4 Zehen, von denen eine immer nach hinten gerichtet ist. Alle jungen Singvögel sind Nesthocker, d. h. sie werden nackt, blind und unfähig zu artgemäßer Fortbewegung geboren. Schnabelwülste und Rachenraum der Nestlinge sind auffällig gefärbt, bei Annäherung der Altvögel ans Nest sperren sie ihren Schnabel weit auf (Sperren) und präsentieren so das auffällige Rachenmuster.

Lerchen sind kleine, relativ kompakt gebaute Vögel, die hauptsächlich auf dem Boden leben. Die meisten Arten sind bräunlich gestreift, die Geschlechter sind in der Regel gleich gefärbt. In Mitteleuropa können 5 Arten angetroffen werden.

Schwalben sind kleine schlanke Singvögel mit langgestrecktem Körper, spitzen Flügeln und mehr oder weniger tief eingekerbten Schwänzen. Schnabel und Beine sind kurz. Schwalben ernähren sich ausschließlich von Insekten, die sie im Flug erhaschen. In Mitteleuropa kommen 4 Arten vor.

Pieper und Stelzen halten sich vor allem auf dem Boden auf; sie ernähren sich von Insekten. Die eigentlichen Stelzen haben auffällig lange Schwänze, lange schlanke Beine und ein kontrastreich gefärbtes Gefieder. Die Pieper erinnern in ihrer Tarnfärbung an Lerchen, sind aber viel schlanker und graziler; typisch sind die oft auffälligen Singflüge. In Mitteleuropa trifft man 9 verschiedene Arten an.

Seidenschwänze sind mit ihrem rötlichbraunem Gefieder und der deutlich sichtbaren Federhaube unverkennbar. In Europa kommt nur eine Art vor. Die Vögel ernähren sich meist von Beeren und Früchten. In Mitteleuropa erscheinen sie nur als Wintergäste.

Wasseramseln sind die am besten an das Wasserleben angepaßten Singvögel; sie können schwimmen und tauchen und suchen ihre Nahrung vor allem unter Wasser. Häufig sieht man sie auf einem Stein im Wasser sitzen und knicksen. In Europa lebt nur eine Art.

Zaunkönige sind bis auf eine Art, den auch in Europa lebenden Zaunkönig, nur in der Neuen Welt verbreitet. Seine Winzigkeit, die rundliche Gestalt mit ständig steil aufgerichtetem Schwanz und die laute Stimme machen den Zaunkönig leicht erkennbar.

Braunellen sind unauffällige, an Sperlinge erinnernde Vögel, die sich vor allem in bodennahem Bewuchs aufhalten. Am besten sind sie aufgrund ihrer Stimmen zu entdecken. In Mitteleuropa leben 2 Arten, eine davon im Hochgebirge.

Drosseln haben ziemlich lange Beine und einen schlanken Insektenfresserschnabel. Sie zeichnen sich durch besondere stimmliche Fähigkeiten aus. Ihre Nahrung – Insekten – suchen sie meist auf dem Boden. Die Jungvögel haben meist ein geflecktes Jugendgefieder. In Mitteleuropa kommen 16 Arten vor.

Schnäpper sind nah mit den Dosseln verwandt und werden nicht selten mit ihnen in eine Familie gestellt, da ihr Stimmapparat ähnlich gebaut ist und ihre Jungen gefleckt sind. Sie sind kleiner als Sperlinge, sitzen oft frei auf Warten und fangen Insekten in der Luft. Schnäpper sind Höhlen- oder Halbhöhlenbrüter. In Mitteleuropa leben 4 Arten.

Zweigsänger zeichnen sich wie viele Sänger durch laute und wohlklingende Stimmen aus. Die meisten Arten sind klein und unauffällig gefärbt; ihre Schnäbel sind relativ lang und schmal. In Mitteleuropa können 28 Arten beobachtet werden, einige davon nur sehr selten.

Goldhähnchen sind die kleinsten Singvögel und die kleinsten Vögel Europas. Auf dem Scheitel sind sie auffällig gelb gefärbt. In dichten Nadelbäumen, ihrem Lebensraum sind sie oft schwer zu entdecken. In Mitteleuropa kommen 2 Arten vor.

Timalien sind langschwänzige Gebüsch- und Schilfvögel. Eine Art, die Bartmeise, ist in Mitteleuropa unsteter Brutvogel großer Schilfbestände; typisch sind die nasalen Rufe.

Schwanzmeisen fallen trotz ihrer sehr langen Schwänze vor allem durch ihre Stimmen auf; sie sind nur selten einzeln zu sehen; rastlos turnen sie an dünnen Zweigen und picken mit ihren winzigen Schnäbeln kleine Insekten auf. Die einzige Art Europas baut sehr kunstvolle Nester.

Meisen sind kräftig gebaute Kleinvögel mit kurzen spitzen Schnäbeln und relativ kurzen Schwänzen; sie klettern sehr geschickt im Gezweig und sind nur selten am Boden anzutreffen. Alle Meisen sind Höhlenbrüter. sie ernähren sich von Insekten und von Samen. In Mitteleuropa leben 6 verschiedene Arten.

Kleiber sind robuste Singvögel mit kräftigen Schnäbeln und kurzen Schwänzen. Sie klettern an der Baumrinde – auch abwärts mit dem Kopf nach unten. Zu große Höhleneingänge werden mit feuchtem Lehm auf die passende Weite verkleinert. Die einzige in Mitteleuropa vorkommende Art ist überall häufig.

Mauerläufer kommen nur in den Hochgebirgen Europas und Asiens vor. Die einzige Art ist auch Brutvogel der Alpen. Der Mauerläufer ist ein ausgeprägter Felskletterer und nicht schwer zu erkennen.

Baumläufer sind rindenfarbene Kleinvögel mit langen gebogenen Schnäbeln, die in Spiralen an Baumstämmen hochklettern; dabei stützen sie sich, ähnlich Spechten, mit dem Schwanz ab. Die beiden in Europa vorkommenden Arten sind einander sehr ähnlich.

Pirole leben hauptsächlich in Afrika und Südostasien; sie sind drosselgroß, die Männchen der meisten Arten tragen ein auffälliges Gefieder. Die einzige in Europa anzutreffende Art ist ein scheuer Waldbewohner.

Würger spießen häufig Beutetiere auf Dornen auf oder klemmen sie in Astgabeln ein. In ihrem Verhalten erinnern sie an Greifvögel. Sie leben meist in buschreicher Landschaft, wo sie frei auf erhöhten Warten stehen und nach Insekten und kleinen Wirbeltieren Ausschau halten. In Mitteleuropa kommen 4 Arten vor.

Krähenvögel sind die größten Singvögel; die meisten Arten haben ein dunkles Federkleid, viele sind auffällig gefärbt. Sie zeichnen sich durch große Anpassungsfähigkeit und Intelligenz aus. Ihre Gesänge sind nur wenig entwickelt. In Mitteleuropa brüten 9 Arten.

Stare sind sehr lebhafte und gesellige Vögel; die meisten haben kurze Schwänze und kräftige spitze Schnäbel. Die einzige in Mitteleuropa vorkommende Starenart ist ein (noch) häufiger Höhlenbrüter; durch sein Verhalten, die Rufe und den Gesang mit vielen vortrefflichen Nachahmungen ist der Star leicht zu bestimmen.

Sperlinge erinnern etwas an Finken, ihre Schwänze sind jedoch gar nicht oder nur sehr schwach gekerbt. Sie sind nah verwandt mit den afrikanischen Webervögeln. Sperlinge brüten in Höhlungen oder bauen wie die Webervögel überdachte Freinester. Von den 3 in Mitteleuropa vorkommenden Arten lebt eine nur im Hochgebirge.

Finken sind körnerfressende Kleinvögel mit spitzen, mehr oder weniger kegelförmigen Schnäbeln. Viele Finkenmännchen sind auffällig bunt gefärbt. die Weibchen dagegen meist viel schlichter. Wichtige Bestimmungsmerkmale sind neben der Zeichnung die Form des Schnabels und des Schwanzes sowie die typischen Rufe und Gesänge. In Mitteleuropa leben 14 Arten.

Ammern sind ziemlich langgestreckte, finkenähnliche Singvögel mit kurzen und kräftigen Schnäbeln. Die meisten Arten leben in offener Landschaft mit Büschen und Bäumen. Die Männchen sind meist viel bunter gefärbt als die Weibchen. In Mitteleuropa kommen 8 Arten vor, 2 davon als regelmäßige Wintergäste.

Haubenlerche *Galerida cristata*

Familie Lerchen *Alaudidae*

Typisch Die auffällige Kopfhaube.
Merkmale Gedrungener und kurzschwänziger als die Feldlerche, Beine etwas kräftiger; längerer, leicht abwärts gebogener Schnabel. Oberseite weniger kontrastreich gemustert. Der Flug wirkt leicht, auffallend sind die breiten Flügel, die unruhig flatternden Flügelschläge und das Gelbbraun der äußeren Steuerfedern. Kleines Foto Jugendkleid.
Stimme Ruft im Flug häufig melodisch „djui", bei Erregung „di-dji-djie" oder „dü-dü-dür-dli". Der Gesang besteht aus kürzeren und längeren Strophen von pfeifendem und zwitscherndem Klangcharakter und enthält häufig Imitationen anderer Vogelstimmen und sogar menschlicher Pfiffe.
Vorkommen Trockenes Öd- und Brachland, Steppen, Bahndämme, Fabrik- und Sportanlagen, auch in Großstädten; brütet sogar auf kiesbeschichteten Flachdächern; fehlt bei uns gebietsweise, besonders im Süden. Nach der Brutzeit in kleinen Trupps.
Verhalten Der Gesang wird häufig auf mittelhohen Warten, aber auch im kreisenden Singflug vorgetragen.
Nahrung Samen von Gräsern und Wildkräutern, grüne Pflanzenteile, kleine Insekten und Spinnen.
Brut April–Juni, 2 Bruten; einfaches Bodennest aus locker zusammengefügten Halmen.

> **Haussperling J I–XII**

Heidelerche *Lullula arborea*

Familie Lerchen *Alaudidae*

Typisch Die volltönenden und stimmungsvollen Gesangsstrophen.
Merkmale Kleiner und deutlich kurzschwänziger als die Feldlerche; aus der Nähe sieht man die weißlichen, am Hinterkopf fast zusammenlaufenden Überaugenstreifen und das schwarzweiße Flügelabzeichen. Stellt bei Beunruhigung die sonst kaum sichtbare, rundliche Kopfhaube mehrmals auf.
Stimme Ruft sanft und melodisch „did-loi" oder – bei Störung – „titroit".

Der Gesang des ♂ enthält sehr viele verschiedene, meist melancholisch weiche und zum Schluss abfallende Strophen wie „dlidlidlidlidlidlidli" oder „düdidüdidüdidüdidüdi", die in einer festgelegten Anordnung aufeinander folgen.
Vorkommen Brütet vor allem auf Waldblößen in trockenen, lichten Kiefernwäldern und in nicht zu offenen Heidegebieten. Bei uns selten geworden; fehlt gebietsweise ganz.
Verhalten Die einzige Lerche bei uns, die häufig auf Bäumen sitzt. Oft sind die Spitzen kleiner Kiefern, die als bevorzugte Singwarten dienen, durch das Gewicht der Lerchen verbogen.
Nahrung Insekten, Spinnen, Knospen, grüne Pflanzenteile.
Brut März–Juni, 2–3 Bruten; sauber gefertigtes, gut verstecktes Bodennest mit tiefer Mulde.

~ Haussperling T III–X

Feldlerche *Alauda arvensis*

Familie Lerchen *Alaudidae*

Typisch Der lang anhaltende, tirilierende Gesang.
Merkmale Gefieder oberseits tarnfarben; die Oberkopffedern können bei Erregung zu einer kleinen Haube gesträubt werden; Hinterrand der Flügel und Außenkanten des Schwanzes auffällig weiß gesäumt.
Stimme Ruft im Flug wohltönend und hart „tschrl" oder „tschriü"; der Gesang ist weit hörbar und wird fast ausschließlich im Singflug vorgetragen; trillernde, wirbelnde und flötende Abschnitte, die pausenlos aufeinander folgen; häufig Nachahmungen anderer Vogelarten, z. B. Rotschenkel und Waldwasserläufer.
Vorkommen Brütet in allen Arten von offener, weiträumiger Landschaft, vor allem auf Acker- und Weideland, niedrig bewachsenen Feldern und Feuchtwiesen. Bei uns überall häufig.
Verhalten Fliegt zum Singflug stumm auf und steigt ununterbrochen singend steil empor, um dann minutenlang singend hoch am Himmel zu „hängen"; kreist gelegentlich niedrig mit schwirrenden Flügelschlägen. Der Normalflug ist weich und bogenförmig.
Nahrung Insekten, Spinnen, Samen, grüne Pflanzenteile.
Brut April–Juli, 2 Bruten; meist gut verstecktes Grasnest in einer selbst gescharrten Bodenmulde.

> **Haussperling T II–X**

Ohrenlerche *Eremophila alpestris*

Familie Lerchen *Alaudidae*

Typisch Die einzige Lerchenart bei uns mit Gelb an Kopf, Kinn und Kehle.
Merkmale Oberseite sandgrau, Unterseite weißlich. Die gelb-schwarze Kopfzeichnung ist im Winter meist nur undeutlich ausgeprägt, besonders bei den ♀; die beim ♂ im Prachtkleid deutlichen Federohren sind bei ♀ (unten), bei manchen ♂ (großes Foto) und im Schlichtkleid kaum sichtbar. Wirkt im Flug spitzflügeliger als andere Lerchen.
Stimme Ruft im Flug rein und klingelnd „siit-dit-dit" oder „tsie-tui-tsie" oder „tsie-tsie"; bei Beunruhigung „psi-it" oder – ähnlich wie die Schneeammer – „piü". Der Gesang ist meist ein schnelles, in kurzen Strophen vorgetragenes, hohes Zwitschern; singt manchmal auch anhaltend zwitschernd wie die Feldlerche.
Vorkommen Brütet in offener Fjällandschaft auf trockenen und steinigen Plateaus oberhalb der Weidenregion Nordeuropas; im Winter in kleinen Trupps und häufig in Gesellschaft von Feldlerchen an der Nord- und Ostseeküste; auf Strandwiesen, auf Ödland und Feldern mit kurzer Vegetation; erscheint nur selten im Binnenland.
Verhalten Läuft am Boden oft geduckt und ruckartig und ist daher leicht zu übersehen.
Nahrung Insekten, Spinnen, Samen und grüne Pflanzenteile.

> **Haussperling W X–III O**

Uferschwalbe *Riparia riparia*

Familie Schwalben *Hirundinidae*

Typisch Kleinste europäische Schwalbe; stets in Trupps oder Schwärmen.
Merkmale Deutlich kleiner als Haussperling; Schwanz schwach gegabelt; Oberseite braun, Unterseite weiß mit braunem Brustband.
Stimme Ruft häufig rau und kratzend „tschripp" oder „tschr" und schnell gereiht „brbrbr", bei Gefahr scharf „zier". Der Gesang ist unauffällig zwitschernd, meist in Nistplatznähe zu hören.

Vorkommen Sandige Steilufer und Sandgruben mit Steilwänden, meist in der Nähe des Wassers, auch an der Meeresküste. Brütet bei uns nur gebietsweise. Gefährdung hauptsächlich durch Störungen während der Brutzeit und Rekultivierung alter Sandgruben.
Verhalten Sehr gesellig, nistet oft in großen Kolonien; zur Nahrungssuche häufig weitab über Wasserflächen. Nach der Brutzeit häufig große Schwärme im Schilf.
Nahrung Kleine Fluginsekten, vor allem Fliegen, Mücken und Zuckmücken sowie in die Luft gewirbelte Spinnen.
Brut Mai–August, 2 Bruten; beide Partner graben eine 60–100 cm lange, waagrechte Höhle mit querovalem Flugloch in Steilwände; häufig an der Küste. Bruthöhlen meist in Linien nebeneinander angeordnet.

< Haussperling S IV–X

Felsenschwalbe *Ptyonoprogne rupestris*

Familie Schwalben *Hirundinidae*

Typisch Bei gespreiztem Schwanz wird wie bei der Rauchschwalbe eine helle Fleckenreihe sichtbar.

Merkmale Ähnlich der Uferschwalbe, aber größer und kräftiger, kaum gegabelter Schwanz; Gefieder oberseits bräunlich, kein Brustband, Unterflügeldecken dunkel und deutlich abgesetzt. Im Flug mauerseglerartig schnell und wendig.

Stimme Ruft häufig schnurrend oder sperlingsähnlich „dschri", „trt trt" oder „pit pit"; Gesang anhaltend schwätzend, mit Rufen und Trillern durchsetzt.

Vorkommen Brütet an sonnigen und reich strukturierten, aber spärlich bewachsenen Felswänden des Alpengebietes, unregelmäßig und in wenigen Paaren auch in Bayern. Nahrungssuche außerhalb der Brutzeit und bei nasser Witterung häufig über Gewässern. Erscheint bei uns bereits im März.

Verhalten Fliegt geschickt und sehr wendig nah am Felsen, folgt den Felsstrukturen. Weniger gesellig als andere Schwalben.

Nahrung Fliegende Kleininsekten.

Brut April–Juli, 1–2 Bruten; nistet an regen- und windgeschützten Stellen unter Überhängen, in Felsnischen und -höhlungen sowie an Gebäuden. Nest aus Schlamm, oben offen.

< Haussperling S III–X

Rauchschwalbe *Hirundo rustica*

Familie Schwalben *Hirundinidae*

Typisch Die häufigste Schwalbe in ländlicher Umgebung.

Merkmale Sehr schlank mit auffallend langen Schwanzspießen. Oberseite und Brustband metallisch blauschwarz, Stirn und Kehle rotbraun. Jungvögel matter gefärbt und mit kürzeren Schwanzspießen. Flug elegant und reißend, wirkt zielstrebiger als bei der Mehlschwalbe.

Stimme Ruft häufig hell „wid wid", bei Gefahr durchdringend und sehr hell „zidit", auch mehrfach gereiht. Gesang wohlklingend und ziemlich anhaltend zwitschernd und schwätzend, meist mit schnurrendem Schlussteil.

Vorkommen Überall häufig in Dörfern und offenem Kulturland, vor allem bei Einzelhöfen; Nahrungssuche meist im Grünland. Brütet im Gebirge bis in die Almenregion.

Verhalten Fliegt bei schlechtem Wetter oft bodennah oder knapp über Wasserflächen. Besonders außerhalb der Brutzeit sehr gesellig.

Nahrung Fliegende Kleininsekten.

Brut Mai–August 2–3 Bruten. Nistet meist im Innern von Gebäuden (Ställe und Scheunen) auf einer Konsole direkt an einer senkrechten Wand; schalenförmiges Nest aus Lehm und Halmen.

< Haussperling S IV–X

Mehlschwalbe *Delichon urbica*

Familie Schwalben *Hirundinidae*

Typisch Der weiße Bürzel und die reinweiße Unterseite.
Merkmale Gedrungener als die Rauchschwalbe, Schwanz nur schwach gegabelt und ohne lange Spieße; Oberseite metallisch blauschwarz, Jungvögel schwarzbraun, ohne Glanz. Fliegt wegen der höheren Flügelschlagfrequenz mehr flatternd als die Rauchschwalbe, häufig Gleitstrecken.
Stimme Ruft häufig „prrt", „trrtrr" oder „dschrb", bei Gefahr hoch und schrill „sier", oft auch gereiht. Gesang recht unauffällig und vokalarm zwitschernd, nicht so abwechslungsreich wie der Rauchschwalbengesang und ohne den schnurrenden Schlussteil.
Vorkommen Häufig in Dörfern und Siedlungen; in Städten zunehmend seltener; als ursprünglicher Felsbrüter auch in Steinbrüchen und im Gebirge .
Verhalten Jagt meist in größerer Höhe als die Rauchschwalbe; stets sehr gesellig. Übernachtet nicht im Schilf.

Nahrung Fliegende Kleininsekten.
Brut Mai–September, 2–3 Bruten; nistet in Kolonien aussen an Gebäuden, meist direkt unter dem Dach; sauber gemörteltes, halbkugeliges Lehmnest, bis auf ein kleines Einflugloch geschlossen, später weiter offen (kl. Foto).

< **Haussperling S IV–X**

Wiesenpieper *Anthus pratensis*

Familie Pieper und Stelzen *Motacillidae*

Typisch Steht seltener auf Bäumen als der Baumpieper.
Merkmale Vom sehr ähnlichen Baumpieper vor allem anhand von Stimme und Lebensraum unterschieden. Oberseite mehr oliv, Brust weniger gelblich und zarter gestreift. Haltung meist weniger aufgerichtet als Baumpieper; hält sich häufiger auf dem Boden auf. Flug wellenförmig, unstet.
Stimme Ruft aufgescheucht ständig hell und schrill „ist“, Kontaktlaut weicher („psip“). Gesang aus hohen und dünnen, zum Schluss hart klirrenden Touren, die meist mit einer schneller werdende „tsip“-Folge beginnen.
Vorkommen Brütet in Mooren, Feuchtwiesen, Heiden, Dünen und Ödland; im Gebirge auf Bergwiesen bis zur Baumgrenze. Bei uns im Süden deutlich seltener und meist im Bergland.
Verhalten Unauffällig und am Boden leicht zu übersehen. Singflug seltener als beim Baumpieper, steigt häufig von einer Bodenerhebung auf; singt auch auf dem Boden, jedoch dort viel einförmiger.
Nahrung Hauptsächlich Insekten und andere Kleintiere, die am Boden erbeutet werden; feine Samen.
Brut April–Juni, 2 Bruten; lockeres und wenig kunstvolles Bodennest, meist unter einem Grasbüschel.

< Haussperling S, W I–XII

Baumpieper *Anthus trivialis*
Familie Pieper und Stelzen *Motacillidae*

Typisch Regelmäßig im Wald und auf Bäumen stehend anzutreffen.
Merkmale Schlanker als Haussperling, Brust und Kehle gelblich mit kräftiger dunkelbrauner Längsfleckung; Beine rötlich.
Stimme Ruft aufgescheucht etwas rau „psie", häufig in Abständen wiederholt, in Nestnähe taktmäßig wiederholt „tsitt". Gesang lauter und volltönender als beim Wiesenpieper, verschiedene längere Touren, die teilweise an Kanariengesang erinnern und zum Schluss zunehmend gedehnt werden.

Vorkommen Brütet an Rändern von Laub- und Nadelwald, auf kräuterreichen Lichtungen, Mooren und Heideflächen mit einzelnen Bäumen oder Büschen sowie auf jungen Kahlschlägen mit ähnlicher Struktur. Bei uns überall recht häufig bis zur Baumgrenze.
Verhalten Singt meist von hohen Baumwipfeln oder in kurzem Singflug, wobei der Vogel von der Singwarte aufsteigt, kurz vor dem höchsten Punkt seine Strophen beginnt und dann in typischer Haltung (kleines Foto) zum Ausgangspunkt oder zu einer anderen Singwarte herabgleitet.
Nahrung Meist Insekten, Spinnen.
Brut Mai–Juli, 2 Bruten; gut verstecktes Nest aus Halmen, Blättern und Moos im Bodenbewuchs.

~ **Haussperling S IV–IX**

Bergpieper *Anthus spinoletta*

Familie Pieper und Stelzen *Motacillidae*

Typisch Die dunklen Beine.
Merkmale Größer als Baum- und Wiesenpieper, Gefieder mehr grau, viel weniger deutlich gefleckt. Im Prachtkleid Unterseite etwas rötlich überhaucht, fast ungefleckt, beim ♀ oft leicht gestreift und mit bräunlichem Anflug. Im Winter mit weniger deutlichem Überaugenstreif, etwas stärker gestreift und mit weißlicher Unterseite.
Stimme Ruft etwas tiefer als Wiesenpieper „isst isst" oder „sit sit", in Nestnähe taktmäßig wiederholt „zit". Gesang häufig im Singflug, aus verschieden langen und hohen Touren, teils rein, teils geräuschhaft ; „tri tri tri ...", „zwizwizwi ..." oder „füifüifüi ...".

Vorkommen Brütet auf schattigen und feuchten Bergwiesen oberhalb der Baumgrenze bis an die Schneegrenze; relativ häufig in den Alpen und im Hochschwarzwald sowie in den Karpaten und Sudeten. Außerhalb der Brutzeit auf Schlammflächen und in nassen Wiesen, besonders bei Frost häufig an Fluss- und Seeufer. Der unterseits kräftiger gestreifte **Strandpieper** *Anthus petrosus* (links) ist Brutvogel an den skandinavischen Küsten; im Winter regelmäßig an der Nord- und Ostseeküste.
Nahrung Meist Insekten, Spinnen.
Brut April–Juni, 1–2 Bruten; Nest unter Steinen oder Bodenpflanzen.

> **Haussperling T I–XII**

Brachpieper *Anthus campestris*

Familie Pieper und Stelzen *Motacillidae*

Typisch Wirkt stelzenartig.
Merkmale Größer und schlanker als der Baumpieper, Beine und Schwanz länger; Gefieder hell sandfarben, fast ungestreift, deutlicher heller Überaugenstreif. Bei Jungvögeln (kleines Foto) Oberseite und Brust gefleckt.
Stimme Ruft sperlings- oder lerchenähnlich. Flugruf „tschrl" oder „psia", beim Abflug oft „ziehp". Der Gesang, ein mehrfach wiederholtes „zirluih", „tschrlie" oder „träih", wirkt monoton.
Vorkommen Brütet in Steppenlandschaften, in offenem und trockenem Ödland mit steinigem oder sandigem Boden, auf Brachflächen und Lichtungen im Kiefernwald, in Weinbergen, Heidegebieten und Dünen. Bei uns selten geworden, nur noch lokal in milden Tieflandgebieten Brutvogel. Gefährdung vor allem durch Aufforstung von Heideflächen und Rekultivierung von Kies- und Sandgruben.
Verhalten Läuft oft wie ein Regenpfeifer in waagrechter Körperhaltung auf vegetationslosem Boden. Singt häufig in kreisendem, wellenförmigem Singflug, wobei der Vogel am Ende mit vibrierenden Flügeln abwärts gleitet.
Nahrung Kleine Bodeninsekten, Spinnen und Schnecken.
Brut Mai–August, 1–2 Bruten; Nest aus trockenem Gras und Wurzeln, innen mit feinen Gräsern und Haaren.

> Haussperling S IV–IX

Schafstelze *Motacilla flava*

Familie Pieper und Stelzen *Motacillidae*

TYPISCH Die einfarbige zitronengelbe Unterseite.

MERKMALE Etwas kleiner und kurzschwänziger als die Bachstelze; Kopf schiefergrau mit kurzem, weißem Überaugenstreif. ♀ etwas blasser, Kopf mehr braungrau. Zur Zugzeit tritt bei uns regelmäßig die nordische Unterart *M. f. thunbergi* (kleines Foto) auf: Oberkopf schwärzlich, Überaugenstreif fehlt; weitere Unterarten, die sich vor allem in der Kopfzeichnung von der Nominatform *M. f. flava* unterscheiden, gelegentlich auf dem Zug in Mitteleuropa.

STIMME Ruft häufig im Flug scharf „psiehp", bei Gefahr „sriesrie". Einfacher Gesang aus kurzen Elementen wie „sri sri ..." oder „tsip tsip tsipsi ...".

VORKOMMEN Weniger eng an Wasser gebunden als andere Stelzen; brütet in Mooren, Sümpfen, Heidelandschaften, Wiesen und Weiden des Tieflandes; auch auf Äckern und Feldern; meidet Waldgebiete und Bergland.

VERHALTEN Oft in der Nähe von Weidevieh anzutreffen. Singt vom Boden aus, auf Singwarten oder im auf- und absteigenden Singflug

NAHRUNG Vorwiegend Insekten, deren Larven und Spinnen.

BRUT Mai–Juli, 1–2 Bruten; lockeres Nest aus Halmen, Gräsern und Würzelchen in einer Mulde unter dichtem Bodenbewuchs.

> Haussperling S IV–IX

Gebirgsstelze *Motacilla cinerea*

Familie Pieper und Stelzen *Motacillidae*

Typisch Wippt fast ständig mit dem sehr langen Schwanz.

Merkmale Von der ebenfalls unterseits gelben Schafstelze durch viel längeren Schwanz, einheitlich grauen Rücken und dunklere Flügel unterschieden. ♂ mit schwarzer Kehle; ♂ im Winter, ♀ (kleines Foto) und Jungvögel mit weißlicher Kehle. Im Flug sieht man manchmal den weißen Flügelstreif.

Stimme Ruft scharf und metallisch „ziss-ziss" oder „ziit ziit", bei Störung in Nestnähe schrill „sissiht" oder „sieht zickzick". Gesang: hohe und schrill zwitschernde Strophen aus gereihten, rufähnlichen Elementen wie „ziep ziep ziep", „tze tze tze", „tsit tsit tsit".

Vorkommen Brütet an schnell fließenden Bächen und seichten Flüssen der Gebirge (bis 1900 m Höhe), im Flachland meist an Stauwehren, Brücken und Mühlgräben; außerhalb der Brutzeit auch an Seen und Parkteichen.

Verhalten Flattert häufig von Stein zu Stein, um Insekten zu fangen; fliegt schnell und oft niedrig über dem Fließgewässer. Singt oft im Singflug.

Nahrung Insekten, Spinnen, kleine Würmer und Krebstiere am Wasser.

Brut März–Juli, 2 Bruten; Nest aus Zweigen, Gras und Moos, mit Haaren ausgelegt, in Nischen an Felsen, zwischen Baumwurzeln und unter Brücken; stets in Ufernähe.

> **Haussperling T I–XII**

Bachstelze *Motacilla alba*

Familie Pieper und Stelzen *Motacillidae*

Typisch Der lange, schwarze Schwanz mit weißen Außenkanten, mit dem der Vogel ständig wippt.
Merkmale Gefieder schwarzweißgrau; lange und schlanke, schwarze Beine. ♀ weniger kontrastreich und mit weniger Schwarz am Oberkopf als ♂. Im Winter mit weißer Kehle und dunklem Brustband. Jungvögel kleines Foto.
Stimme Ruft häufig durchdringend „zick“, „zlipp“ oder „zilipp“, oft mehrfach wiederholt. Gesang hastig zwitschernd aus rufartigen Elementen. Auftauchende Greifvögel werden mit lautem Zwitschern empfangen.
Vorkommen Überall häufig in offenem Kulturland, besonders in Wassernähe; brütet als Kulturfolger in Dörfern, Städten, an Einzelgehöften, in Kiesgruben; außerhalb der Brutzeit oft an Seen und Flüssen, auf Wiesen und Äckern.
Verhalten Läuft mit schnellen Trippelschritten am Boden, macht dabei rhythmische Kopfbewegungen; Nahrungssuche meist auf vegetationsarmem Boden; fängt häufig Insekten in kurzem Jagdflug.
Nahrung Insekten, deren Larven; daneben Spinnen, kleine Würmer .
Brut April–August, 2 Bruten; unordentliches Nest aus Zweigen, Halmen, Blättern und Moos, in Halbhöhlen, auf Dachbalken, an Wehranlagen und in Holzstößen.

> **Haussperling T III–XI**

Seidenschwanz *Bombycilla garrulus*
Familie Seidenschwänze *Bombycillidae*

Typisch Die aufrichtbare Federhaube, das seidige Gefieder und die bezeichnenden hohen Rufe.
Merkmale Gefieder sehr bunt, von weitem jedoch einheitlich bräunlich; beim ♂ (oben) sind die roten Hornplättchen auf den Flügeln größer, bei Jungvögeln die gelben Flügelabzeichen weniger markant. Fliegt schnell und zielgerichtet; das Flugbild erinnert an das des Stars, wirkt aber graziler.
Stimme Ruft beim Abflug und im Flug hoch und schwirrend „srii", klingt aus der Nähe viel weicher; die Rufe eines Trupps sind oft recht weit zu hören. Gesang anhaltend sirrend und plaudernd, ähnlich den typischen Flugrufen und mit teilweise quäkenden und geräuschhaften Elementen.

Vorkommen Brütet in der aufgelockerten und unterwuchsreichen Fichtentaiga und in Birkenwäldern Nordskandinaviens und Nordrusslands. Im Winterhalbjahr bei uns fast alljährlich in geringer Zahl zu beobachten; in manchen Jahren jedoch invasionsartige Einflüge nach Mitteleuropa.
Verhalten Sehr gesellig, meist auf beerentragenden Sträuchern und Bäumen, oft in Parks und Anlagen; wenig scheu.
Nahrung Zur Brutzeit überwiegend Insekten; sonst fast ausschließlich Beeren, vor allem Eberesche, Schneeball, Weißdorn, Obst.

~ Star W, D X–IV O

Wasseramsel *Cinclus cinclus*

Familie Wasseramseln *Cinclidae*

Typisch Der einzige Singvogel, der schwimmen und tauchen kann.
Merkmale Rundliche, zaunkönigsartige Gestalt mit kurzem Schwanz, Beine und Füße kräftig. Jungvögel (kleines Foto) mit schiefergrauer Oberseite, Kehle und Brust wirken wegen der dunklen Federränder schmutzig weiß.
Stimme Ruft im Flug häufig scharf und kratzend „srit" oder „zit", daneben rau „zerrb". Gesang eine taktmäßig aneinander gereihte, schwätzende Folge von pfeifenden, trillernden, quirlenden,

rau zwitschernden und kratzenden Elementen, oft mit Imitationen anderer Vögel; ♀ und ♂ singen, auch im Winter.
Vorkommen Brütet an schnell fließenden, klaren Bächen und Flüssen bis in 2000 m Höhe, in den Alpen und Mittelgebirgen weit verbreitet, sonst selten, im Norden nur sporadisch. Im Winterhalbjahr auch an langsam fließenden Flüssen und Seeufern.
Verhalten Steht häufig auf einem Stein im Wasser und knickst; fliegt schnell, geradlinig und niedrig über dem Wasser.
Nahrung Vor allem Wasserinsekten und deren Larven; daneben Würmer, kleine Krebstiere und Fischchen.
Brut März–Juli, 2 Bruten; großes, überdachtes Moosnest in der überhängenden Uferböschung, unter Brücken sowie in speziellen Nistkästen.

~ Star | I–XII

Zaunkönig *Troglodytes troglodytes*

Familie Zaunkönige *Troglodytidae*

Typisch Der bei Erregung meist gestelzt gehaltene Schwanz.
Merkmale Winzig und gedrungen, mit kurzem Schwanz.
Stimme Ruft bei Beunruhigung laut und hart „teck teck teck …", oft auch „tetet te tete …" oder schnurrend „tserr …". Die Standortrufe ausgeflogener Jungvögel klingen wie „ziip" und sind schwer zu orten. Gesang laut und schmetternd mit trillernden Abschnitten und am Schluss in Flötentönen ausklingend oder in einem hohen und scharfen Ton endend.
Vorkommen Häufig in Wassernähe; brütet in unterholzreichen Wäldern, in Gebüsch und Gestrüpp; auch in Parks und verwilderten Gärten; in den Alpen bis rund 2000 m Höhe. Weit verbreitet und meist häufig, jedoch große Bestandsschwankungen von Jahr zu Jahr.
Verhalten Sehr lebhaft; huscht häufig wie eine Maus in bodennahem Gestrüpp, verschwindet oft in Schilf- oder

Reisighaufen, im Wurzelwerk einer Uferböschung oder in einem Holzstoß, fliegt geradlinig mit schnellem Flügelschlag. Singt fast das ganze Jahr über.
Nahrung Insekten, deren Larven, kleine Spinnen und Würmer.
Brut April–Juli, 2 Bruten; kugeliges Moosnest mit seitlichem Einschlupf, meist niedrig im Gestrüpp oder in einem Wurzelteller.

< Haussperling J I–XII

Heckenbraunelle *Prunella modularis*

Familie Braunellen *Prunellidae*

Typisch Unauffällig, sieht einem Haussperlings-♀ ähnlich, hat aber einen schlanken Schnabel.

Merkmale Kopf und Brust schiefergrau, Flanken dunkel gestrichelt; von nahem sind die braunen Ohrdecken und die rotbraune Iris zu erkennen. Jungvögel mit braungrauem, dunkel geflecktem Oberkopf, unterseits stärker gestrichelt.

Stimme Ruft bei Störung hoch pfeifend und gedehnt „zieh", als Stimmfühlungsruf oft ein hohes, reines „dididi", außerhalb der Brutzeit, vor allem im Herbst, ein hohes, weit hörbares „zihdit" oder „tsitsitsi". Gesang wohlklingend, eine kontinuierliche und eilige Zwitscherfolge von hellem Klangcharakter, leicht auf- und absteigend; Lautstärke und Strophenlänge variieren erheblich; jedes ♂ verfügt über mehrere Strophentypen.

Vorkommen Brütet häufig in Nadel- und Mischwald, in Parks, Friedhöfen und verwilderten Gärten mit dichtem Gebüsch; brütet im Gebirge bis zur Latschenregion.

Verhalten Hüpft oft am Boden in geduckter Haltung, verlässt nur selten die Deckung. Singt häufig auf Spitzen junger Nadelbäume.

Nahrung Insekten, Spinnen, im Winterhalbjahr feine Samen (Mohn).

Brut April–Juli, 2 Bruten; fest gefügtes Moosnest mit einem Unterbau aus Reisern, oft in Jungfichten oder Gebüsch.

~ Haussperling T I–XII

Alpenbraunelle *Prunella collaris*

Familie Braunellen *Prunellidae*

Typisch Flug und Verhalten lerchenartig, kein Deckungsvogel wie die Heckenbraunelle.
Merkmale Größer, gedrungener und lebhafter gefärbt als Heckenbraunelle; wirkt von weitem einheitlich braungrau, aus der Nähe sieht man die rostbraune Musterung der Flanken, die helle Kehlzeichnung und die gelbliche Schnabelwurzel. Jugendkleid rechts.
Stimme Ruft häufig hell „trrü trrü" oder „drür drür ...", bei Gefahr hart „tüütütütüt". Gesang anhaltend schwätzend mit tiefen Trillern, etwas langsamer als der der Heckenbraunelle, erinnert etwas an Feldlerchengesang.
Vorkommen Brütet an sonnigen Felsabbrüchen, auf alpinen Matten mit Felsbrocken und auf Steinhalden; häufig in der Nähe von bewirtschafteten Berghütten; im Sommer meist oberhalb 1300 m, im Winterhalbjahr in tieferen Lagen, dringt jedoch nur in strengen Wintern bis in die Siedlungen vor. Verbreiteter Brutvogel der Alpen und des Tatra-Gebirges.

Verhalten Nahrungssuche in offenem Gelände; singt meist auf Warten, aber auch im Singflug.
Nahrung Insekten, Spinnen, Würmer; im Winter vor allem Samen.
Brut Mai–August, 1–2 Bruten; Nest meist in einer Bodensenke oder Felsspalte oder unter Alpenrosen.

> Haussperling J I–XII

Rotkehlchen *Erithacus rubecula*

Familie Drosseln *Turdidae*

Typisch Die großen dunklen Augen und die orangerote Brust.
Merkmale Rundliche Gestalt, relativ lange Beine; Jungvögel ohne Rot, stark bräunlich gefleckt (kleines Foto).
Stimme Ruft bei Störung scharf „zick", oft in schneller Folge („Schnickern"); ein hohes, durchdringendes „zieh" hört man beim Auftauchen eines Luftfeindes. Der Gesang ist fast das ganze Jahr über zu hören, eine klare, abfallende Tonfolge von feierlichem und melancholischem Klangcharakter; die recht langen Strophen beginnen meist mit hohen, reinen Flötentönen.

Vorkommen Brütet in allen Arten von Wäldern, vor allem in unterholzreichem Laub- und Mischwald, in Parks und Gärten mit Baumbestand oder Gebüsch. Bei uns weit verbreitet.
Verhalten Hält sich zur Nahrungssuche oft am Boden auf, knickst häufig, zuckt mit Flügeln und Schwanz. Wenig scheu, oft sehr neugierig. Singt schon ab März aus der Deckung von Büschen und Bäumen, häufig bis in die späte Dämmerung. Besucht Futterstellen.
Nahrung Insekten, Schnecken, Würmer, Beeren, Früchte.
Brut April–Juli, 2 Bruten; Napfnest aus alten Blättern, Gras und Moos, am Boden in dichtem Bewuchs, in bodennahen Höhlungen oder zwischen Baumwurzeln verborgen.

< Haussperling T I–XII

Blaukehlchen *Luscinia svecica*

Familie Drosseln *Turdidae*

Typisch Fächert häufig den Schwanz und stelzt ihn ruckartig.
Merkmale In Größe und Gestalt ähnlich dem Rotkehlchen, etwas hochbeiniger; Schwanzwurzel rostrot. Mitteleuropäische Unterart (*L. s. cyanecula*) mit weißem, nordeuropäische Unterart (*L. s. svecica*) mit rotem Fleck („Stern") im blauen Kehllatz. ♀ (rechts) und ♂ im Winter mit weißlicher Kehle. Jungvögel ähnlich jungen Rotkehlchen, aber wie Altvögel mit roter Schwanzwurzel.
Stimme Ruft bei Störung hart „tack" oder pfeifend „hüit". Gesang aus eilig vorgetragenen, langen Strophen von rein klingenden, scharfen und gepressten Tönen und mit Imitationen vielen verschiedener Vogelarten; zu Beginn häufig eine sich beschleunigende Reihe von grillenartigen Zirplauten.
Vorkommen Brütet in verschilftem Weidengebüsch an Gräben, Teichen, Seen und Flüssen, in versumpftem Auwald; bei uns seltener Brutvogel.

Verhalten Singt von mittelhohen Warten oder im Singflug.
Nahrung Insekten, Würmer, Beeren.
Brut April–Juni, 1 Brut; gut verstecktes Nest, meist bodennah im Gewirr von Altschilf oder zwischen Kräutern.

< **Haussperling S III–IX**

Nachtigall *Luscinia megarhynchos*

Familie Drosseln *Turdidae*

Typisch Der stimmungsvolle, laut schmetternde und flötende Gesang.
Merkmale Oberseite bis auf den rötlich braunen Schwanz einfarbig braun, Unterseite etwas heller und ungemustert. Jungvögel (kleines Foto) ähnlich jungen Rotkehlchen, aber größer und mit rötlich braunem Schwanz.
Stimme Ruft ähnlich Fitis „huit", bei Gefahr tief knarrend „karr". Gesang sehr abwechslungsreich und wohlklingend, mit monoton schmetternden und kristallklaren, flötenden Touren; dazwischen tief und hart „tjuck tjuck tjuck ...", grillenartig zirpende Teile und lange crescendoartig anschwellende Touren wie „hü hü hü ..." („Schluchzen").

Vorkommen Brütet im Laub- und Mischwald mit dichtem Unterholz, in Auwäldern, Parks, Friedhöfen und verwilderten Gärten; gebietsweise, vor allem in Süddeutschland, sehr selten oder fehlend.
Verhalten Wenig gesellig; lebt versteckt. Nahrungssuche am Boden; bewegt sich sehr elegant, stelzt häufig den Schwanz. Singt aus dichtem Gebüsch, auch nachts.
Nahrung Insekten, Würmer, Beeren.
Brut Mai–Juni, 1 Brut; lockeres Nest in dichtem Bodenbewuchs.

> Haussperling S IV–IX

Sprosser *Luscinia luscinia*

Familie Drosseln *Turdidae*

Typisch Gesang weniger abwechslungsreich, langsamer und weniger schmetternd als der der Nachtigall, ohne das „Schluchzen".

Merkmale An Gefiedermerkmalen nur schwer von der Nachtigall zu unterscheiden; von nahem fällt manchmal die leicht dunkel gewölkte Brust, die dunklere, mehr olivbraune Oberseite und der nur schwach rötlich gefärbte Schwanz auf. Jugendkleid rechts.

Stimme Ruft bei Störung ähnlich wie die Nachtigall tief und sonor „karr" oder klar und hell „siih". Gesang ähnlich weit hörbar wie der der Nachtigall, regelmäßig mit eingeflochtenen tonlosen, schnarrenden und rohrsängerartigen Motiven; Imitationen von Singdrossel und Waldschnepfe sind bekannt.

Vorkommen Brütet oft an feuchteren Standorten als die Nachtigall: dichtes Gebüsch an Gewässerufern, Bruchwald mit Erlen-, Birken- und Weidengebüsch. Bei uns nur im Nordosten Brutvogel, in

Schleswig-Holstein beide Zwillingsarten gebietsweise nebeneinander .

Verhalten Ähnlich wie das der Nachtigall, bei Erregung jedoch drehende Schwanzbewegungen.

Nahrung Insekten, Spinnen, Würmer, Schnecken, Beeren.

Brut Mai–Juni, 1 Brut; lockeres Nest, meist in einer Bodensenke unter dichtem Gebüsch gebaut.

> Haussperling S IV–IX

Hausrotschwanz *Phoenicurus ochruros*

Familie Drosseln *Turdidae*

Typisch Sitzt häufig in aufrechter Haltung auf Warten, knickst und zittert ständig mit dem Schwanz.
Merkmale Schlank und hochbeinig, Bürzel und Schwanz rostrot; ♂ an der auffallenden dunklen Färbung und am hellen Flügelfleck schon von weitem leicht erkennbar. ♀ (kleines Foto) graubraun. Jungvögel schwarzbraun.

Stimme Ruft bei Störung hart und kurz „hid-tek-tek", in Nestnähe sehr schnell und tonlos „tektektek". Gesang eine kurze, hastige Strophe aus zwei Teilen, beginnt mit „jirr-tititit", der zweite Teil, ein gepresstes, kratzendes „zchr-chz-tritütitit", erfolgt nach kurzer Pause.
Vorkommen Brütet an Einzelhäusern, in Dörfern und Städten, auch mitten in der Großstadt; ursprünglich Felsbewohner, im Gebirge bis über 3000 m Höhe; weit verbreitet, in der Kulturlandschaft und in Siedlungen häufig.
Verhalten Fliegt zum Erhaschen von Insekten häufig kurz auf den Boden singt von hohen Warten wie Hausantennen, auch vor Sonnenaufgang.
Nahrung Insekten, Spinnen, Beeren.
Brut April–Juli, 2 Bruten; Nest in Mauerlöchern, Felsspalten, unter Dächern und in Halbhöhlen-Nistkästen.

< **Haussperling T III–X**

Gartenrotschwanz *Phoenicurus phoenicurus*

Familie Drosseln *Turdidae*

TYPISCH Zittert in kurzen Abständen mit dem Schwanz.
MERKMALE ♂ im Prachtkleid trotz der Buntheit oft schwer zu entdecken, im Schlichtkleid verwaschene Kopf- und Unterseitenfärbung durch helle Federsäume. ♀ (unten) mit deutlich hellerer Unterseite als Hausrotschwanz-♀, Jungvögel unterseits stark gemustert.
STIMME Ruft bei Störung kurz und gezogen „hüit" oder „hüit-teck-teck". Gesang wohlklingend und wehmütig, beginnt meist mit „hüit trä trä trä", daran schließen sich raue, gequetschte und reine Töne und häufig Imitationen an.
VORKOMMEN In lichtem Laub-, Misch- und Nadelwald, in Parks, Gärten und Obstgärten mit altem Baumbestand, auch in Dörfern und an Stadträndern. Bei uns weit verbreitet, in den letzten Jahren jedoch deutlich seltener geworden.
VERHALTEN Sitzt häufig auf niedrigen Zweigen, fliegt auf den Boden, um Insekten aufzunehmen. Singt schon vor dem Morgengrauen auf Baumspitzen und Antennen.
NAHRUNG Insekten, Spinnen, Beeren.
BRUT Mai–Juli, 2 Bruten; nistet in Baum- und Felshöhlen, Mauernischen, auf Dachbalken und in Nistkästen.

< Haussperling S IV–X

Braunkehlchen *Saxicola rubetra*

Familie Drosseln *Turdidae*

TYPISCH Sitzt häufig exponiert auf vorjährigen Stauden, auf Pfosten oder Stacheldrahtzäunen.

MERKMALE Gedrungen und kurzschwänzig, trotz der auffälligen Färbung leicht zu übersehen. ♂ mit weißem, ♀ (kleines Foto) mit gelblichem Überaugenstreif.

STIMME Ruft häufig hart und sehr kurz „tek tek" oder „zek zek", oft abwechselnd mit weichen „jü"-Rufen. Gesang: verschiedene kurze und eilige Strophen aus kratzenden, schmatzenden und flötenden Tönen; viele Strophen enthalten Imitationen oder sind verkürzte Imitationen anderer Vogelgesänge.

VORKOMMEN Brütet in offenen, weiten Feuchtgebieten, extensiv genutzten Streuwiesen, in Brachflächen und sog. Ödland; entscheidend ist das Angebot an vorjährigen Stauden und anderen Warten. Bei uns durch Zerstörung von Feuchtgebieten selten geworden.

VERHALTEN Fliegt niedrig von Warte zu Warte; wippt häufig mit dem Schwanz und zuckt mit den Flügeln. Singt meist auf niedrigen Warten oder in kurzem Singflug.

NAHRUNG Insekten, Spinnen.

BRUT Mai–Juni, 1 Brut; Nest gut getarnt, meist unter Grasbüscheln.

< Haussperling S IV–IX

Schwarzkehlchen *Saxicola torquata*

Familie Drosseln *Turdidae*

Typisch Die auffallend kontrastreiche Färbung des ♂ (oben).
Merkmale Gestalt etwas rundlicher als Braunkehlchen. ♀ (rechts) Kopf und Oberseite bräunlich gemustert, keine weißen Schwanzseiten wie Braunkehlchen-♀, Überaugenstreif nur angedeutet. Jungvögel mit fein gestrichelter Brust.
Stimme Ruft bei Störung hart und kratzend „trat", meist mehrfach wiederholt, oder „fid-kr". Gesang: eine kurze, eilige Strophe mit kratzenden, ratternden und pfeifenden Tönen und häufig mit Imitationen anderer Vogelstimmen.
Vorkommen Meist an trockeneren Standorten als Braunkehlchen: brütet in offener, steiniger Landschaft mit Ginsterbüschen, an Bahndämmen, aber auch auf Hochmooren und extensiv genutzten Wiesen; im Gebirge (Schweiz) bis 1400 m Höhe. Bei uns selten, nur gebietsweise Brutvogel.
Verhalten Hält sich zur Nahrungssuche öfter auf dem Boden auf als Braunkehlchen; sitzt häufiger in aufrechter Haltung; hält auf Buschspitzen nach vorbeifliegenden Insekten Ausschau; wippt ständig mit dem Schwanz und zuckt mit den Flügeln.
Nahrung Insekten, kleine Würmer.
Brut April–Juli, 2 Bruten; Nest meist in dichtem Bodenbewuchs.

< **Haussperling S III–X**

Steinschmätzer *Oenanthe oenanthe*

Familie Drosseln *Turdidae*

Typisch Die im Flug auffallende Bürzel- und Schwanzfärbung: ein breites schwarzes, auf dem Kopf stehendes T.
Merkmale Lange schwarze Beine, relativ kurzer Schwanz und aufrechte Haltung kennzeichnend. Beim ♂ (oben) Rücken taubengrau, Wangen und Flügel schwarz, deutlicher Überaugenstreif; ♂ im Schlichtkleid und ♀ (kl. Foto) bräunlich ohne kontrastreiche Kopfzeichnung.

Stimme Ruft hart und hölzern „tk", meist wiederholt, dazwischen oft einzelne „fid"- oder „jiw"-Laute. Gesang selten zu hören, kurze, hastig schwätzende Strophen aus harten, rauen Tönen und weichen Pfeiflauten; häufig in tänzelndem Singflug vorgetragen.
Vorkommen Offene, steinige oder felsige Landschaft; Ödland, Schuttplätze, Kiesgruben, Dünen, Moor- und Heidelandschaften; im Gebirge bis über 2000 m Höhe. Bei uns selten, fehlt gebietsweise.
Verhalten Bodenvogel, sitzt oft auf Steinen oder Erdschollen; knickst und wippt mit dem Schwanz.
Nahrung Insekten, Spinnen, Würmer sowie kleine Schnecken.
Brut April–Juni, 1 Brut; Nest in Steinhaufen, Felsspalten, Mauerlöchern, alten Säugetierbauten.

~ Haussperling S IV–X

Steinrötel *Monticola saxatilis*
Familie Drosseln *Turdidae*

Typisch Das deutliche weiße Rückenfeld des ♂, dessen Ausdehnung von ♂ zu ♂ stark variiert.
Merkmale Unterseite und Schwanz beim ♂ rostrot, Kopf graublau. ♀ (rechts) und ♂ im Schlichtkleid bräunlich, oberseits kräftig gefleckt, unterseits mit gelblicher Schuppenzeichnung.
Stimme Ruft bei Beunruhigung hart und oft mehrfach wiederholt „tack" oder leise „jih", manchmal auch elsterartig schackernd. Gesang flötend und etwas gepresst zwitschernd, häufig mit deutlichen Imitationen anderer Vogelstimmen.
Vorkommen Brütet an spärlich bewachsenen, sonnigen Felsabhängen, auch in Steinbrüchen und Ruinen; seltener Brutvogel der österreichischen und Schweizer Alpen, in manchen Jahren auch in den Bayerischen Alpen.
Verhalten Ziemlich scheu; sitzt häufig aufrecht und frei auf Warten (Felsen, Gebäude, Bäume). Auffallender Singflug, wobei der Vogel nach dem Steigflug mit stark gespreiztem Schwanz herabschwebt.

Nahrung Insekten, Spinnen, Würmer, Beeren.
Brut Mai–Juli, 1 Brut; lockeres Nest in Felsspalten.

> Haussperling S IV–X

Misteldrossel *Turdus viscivorus*

Familie Drosseln *Turdidae*

Typisch Größte Drossel Europas.

Merkmale Deutlich größer, langflügeliger und langschwänziger als die Singdrossel; Oberseite mehr graubraun, Unterseite gröber gefleckt; Schwanzaußenfedern mit weißlichen Enden. Jungvögel mit dunkel gefleckter und hell gestrichelter Oberseite, Kehle einfarbig weißlich. Im Flug einer Taube ähnlich, rundlicher Bauch und weißliche Unterflügeldecken auffallend; wellenförmige Flugbahn.

Stimme Ruft laut und trocken schnarrend "kerrr", besonders häufig beim Abflug. Gesang an den der Amsel erinnernd, aber von melancholischem Klangcharakter und wenig abwechslungsreich; kurze, flötende Strophen in fast gleichbleibender Tonhöhe vorgetragen.

Vorkommen Hochstämmiger Laub- und Nadelwald, Feldgehölze; gebietsweise auch in Parkanlagen; im Gebirge bis zur Baumgrenze. Bei uns weit verbreitet, aber meist deutlich seltener als die Singdrossel.

Nahrung Würmer, Schnecken, Insekten, im Herbst auch Beeren (Mistel), Früchte, Obst.

Brut März–Juni, meist 1 Brut; etwas schlampig wirkendes Nest aus Gras, Wurzeln und Zweigen, mit Erde verfestigt und mit Gräsern ausgepolstert; meist in 2–10 m Höhe in einer Astgabel.

> Amsel T, W I–XII

Singdrossel *Turdus philomelos*
Familie Drosseln *Turdidae*

Typisch Fliegt aufgeschreckt mit hohen, scharfen „zipp"-Rufen weg.
Merkmale Kleine, oberseits braune Drossel mit großen dunklen Augen; Unterseite mit kleinen dunklen Flecken übersät. Jungvögel oberseits hell gestrichelt. Im Flug fallen die gelblichen Unterflügeldecken auf.
Stimme Zetert erregt amselartig, aber weniger durchdringend „dickdickdickdick …". Gesang laut und abwechselungsreich, aus 2- bis 3mal wiederholten, klangvollen flötenden und zwitschernden Motiven, z. B. „judit-judit-judit". Oft Imitationen anderer Vogelstimmen, besonders von Watvögeln.
Vorkommen Weit verbreitet und häufig in allen Arten von hochstämmigen Wäldern, vor allem in unterholzreichem, lichtem Mischwald, in Feldgehölzen, Parks und Gärten.
Verhalten Zur Nahrungssuche oft auf Wiesen in Waldrandnähe, rennt ein kurzes Stück und bleibt dann abrupt

stehen. Schlägt häufig auf bestimmten Steinen („Drosselschmiede", kl. Foto) Gehäuseschnecken auf. Singt im Frühjahr oft ausdauernd auf Baumspitzen.
Nahrung Schnecken, Würmer, Insekten, im Herbst auch Beeren, Obst.
Brut April–Juli, 2 Bruten; stabiles, wohlgeformtes Nest mit tiefer Mulde, innen mit Holzmulm und Lehm ausgekleidet; oft in Jungfichten versteckt.

< Amsel S III–XI

Amsel *Turdus merula*

Familie Drosseln *Turdidae*

Typisch Sehr häufiger Kulturfolger.
Merkmale Schnabel und Augenring beim ♂ orangegelb, Gefieder glänzend schwarz, beim ♀ (kleines Foto) dunkel graubraun bis schwärzlichbraun mit hellerer, schwach gemusterter Brust. Jungvögel mit mehr rotbraunem Gefieder, Unterseite stärker gemustert.
Stimme Ruft häufig „tix tix“ oder „duk duk duk“; bei Erregung metallisch „tsink tsink“ und schrilles Zetern. Gesang laut und volltönend, von flötendem und orgelndem Klangcharakter; die relativ langsam vorgetragenen variablen Strophen werden nicht wie bei der Singdrossel wiederholt, sie enden meist mit etwas höheren, gepresst zwitschernden Lauten.
Vorkommen Überall häufig in Wäldern, Gehölzen, Parks und Gärten.
Verhalten Bei der Nahrungssuche meist auf dem Boden hüpfend, hält oft ruckartig an, stelzt den Schwanz und zuckt mit den Flügeln.
Nahrung Regenwürmer, Schnecken, Insekten, Beeren, Früchte, Obst.
Brut März–August, 2–3 Bruten; stabiles Nest meist niedrig in Bäumen, Büschen, Hecken, auch auf Fenstersimsen und Balkonen.

Bezugsart T I–XII

Ringdrossel *Turdus torquatus*
Familie Drosseln *Turdidae*

Typisch Das auffallende weiße Brustschild des ♂.
Merkmale In Größe und Gestalt ähnlich der Amsel, Flügel und Schwanz etwas länger, auf der Unterseite mehr oder weniger deutliche Schuppenzeichnung, die sich im Winter verstärkt; ♀ (rechts) mit matterem, weniger auffallendem Brustschild, Gefieder mehr braun und stärker geschuppt. Jungvögel ohne Brustschild, Unterseite mit Kehle stark dunkel gefleckt.
Stimme Ruft bei Erregung hölzern und hart „tok tok tok", im Flug vibrierend „tsriet"; Gesang aus kurzen, flötenden Strophen, deren Motive wie bei der Singdrossel mehrfach wiederholt werden. Klangcharakter an Amsel und Misteldrossel erinnernd, aber weniger wohlklingend und rauer; „derü derü", „trü trü" oder „tjüli tjüli".
Vorkommen Brütet häufig in den Alpen und den höheren Mittelgebirgen in lockerem Fichtenwald und in der Latschenzone von rund 1000–2000 m Höhe; zur Zugzeit auch in Tälern und im Tiefland anzutreffen.

Verhalten Ziemlich scheu.
Nahrung Würmer (Regenwürmer), Schnecken, Insekten, Beeren.
Brut April–Juli, 1–2 Bruten; großes Nest aus Gras, Moos und Heidekraut, meist niedrig in einer Fichte oder Latsche, manchmal auch auf dem Boden.

~ Amsel S, D II–X

Wacholderdrossel *Turdus pilaris*

Familie Drosseln *Turdidae*

Typisch Die auffallende Färbung.
Merkmale Langflügelig und langschwänzig. Im Flug kontrastiert der schwarze Schwanz mit dem hellgrauen Bürzel und den weißen Unterflügeldecken. Jugendkleid unten.
Stimme Ruft im Flug laut und rau schackernd „schak schak schak" oder, in Nestnähe, „trarrat"; Greifvögel und Krähen werden mit schnarrendem „trrtrrtrrt" verjagt. Gesang nicht sehr laut, schwätzend und gepresst zwitschernd, mit harten und schrillen Lauten durchsetzt; singt oft im Flug.
Vorkommen Brütet in Feldgehölzen, an Waldrändern, in Auwald, lichten Birkenwäldern, in Parks und Gärten mit Bäumen. Bei uns recht häufig, nur im Nordwesten selten oder fehlend.
Verhalten Nahrungssuche am Boden, sitzt meist in aufrechter Haltung; sehr gesellig; in den Brutkolonien greifen die Drosseln Nestfeinde gemeinsam an. Flug wirkt etwas schwerfällig.
Nahrung Würmer, Schnecken, Insekten, Beeren, Früchte, Obst.
Brut April–Juni, 1–2 Bruten; Koloniebrüter. Großes Nest aus Gras, Moos, Wurzeln und kleinen Zweigen, auf Bäumen in Astgabeln oder nahe am Stamm, oft ziemlich ungeschützt.

> Amsel T I–XII

Rotdrossel *Turdus iliacus*

Familie Drosseln *Turdidae*

Typisch Der Flugruf, ein gedehntes, hohes, etwas rau klingendes „zjieh".
Merkmale Aus der Nähe durch den weißlichen Überaugenstreif, die rotbraunen Flanken und die längsgestreifte (nicht gefleckte) Brust von der etwas größeren und helleren Singdrossel zu unterscheiden. Im Flug fallen die rotbraunen Unterflügeldecken auf.
Stimme Ruft bei Störung gedämpft „djüg", in Nestnähe knatternd „trrt"; neben dem typischen Flugruf auch ein gedämpftes „kök". Gesang eine schnelle, meist melancholisch klingende abfallende Tonreihe wie „trü trü trü trü" oder „tjirre tjerre tjürre tjörre", auf die ein hastiges, gepresstes Zwitschern folgt; der erste (flötende) Teil des Gesangs ist recht variabel.
Vorkommen Brütet in lichten nordischen Nadel- und Birkenwäldern bis zum Tundrarand. Einzelne Paare brüten gelegentlich bei uns. Im Winterhalbjahr in offener Landschaft und aufgelockerten Wäldern, in Parks und Gärten mit beerentragenden Büschen.
Nahrung Würmer, Schnecken, Insekten, auf dem Zug vor allem Beeren (besonders Weintrauben).

< Amsel D, (W) X–III

Grauschnäpper *Muscicapa striata*

Familie Schnäpper *Muscicapidae*

Typisch Steht in aufrechter Haltung auf erhöhter Warte und fängt vorbeifliegende Insekten.

Merkmale Unscheinbar, große dunkle Augen; Oberseite graubraun, Unterseite weißlich, an Kopf und Brust verwaschen längs gestreift. Jungvögel (unten) mit geschuppter Oberseite.

Stimme Ruft bei Beunruhigung kurz „tk", scharf „pst" oder „zek", häufig auch „zi-tk-tk". Gesang wenig eindrucksvoll und selten zu hören: eine hastige Folge von kurzen Einzelelementen und Doppeltönen wie „tsi-tsi-tsi-sri-trü-zr".

Vorkommen Brütet in lichtem Laub- und Mischwald, in Feldgehölzen, Parks und Gärten, oft im Siedlungsbereich oder an Einzelgebäuden. Bei uns weit verbreitet, aber meist nicht häufig.

Verhalten Wenig gesellig; jagt meist im Baumkronenbereich; kehrt nach einem Jagdflug wieder auf dieselbe Sitzwarte zurück; nach dem Landen und bei Erregung häufig Flügel- und Schwanzzucken. Rüttelt gelegentlich.

Nahrung Fliegende Insekten; im Herbst auch Beeren.

Brut Mai–Juli, 1–2 Bruten; Halbhöhlenbrüter; lockeres Nest aus Moos, Federn und Haaren in Baumhöhlen, Mauerlöchern, unter Dachvorsprüngen, in Spalieren und Halbhöhlen-Nistkästen.

< Haussperling S V–IX

Zwergschnäpper *Ficedula parva*

Familie Schnäpper *Muscicapidae*

Typisch Unser kleinster Schnäpper.
Merkmale Oberseite graubraun, heller Augenring, Unterseite rahmfarben, Seiten der Schwanzbasis auffallend weiß. Altes ♂ mit orangeroter Kehle und grauen Kopfseiten, einjährige ♂ an der Kehle nur rötlich überhaucht oder wie ♀ (rechts) ohne Rot. Jungvögel oberseits mit hellen Federrändern.
Stimme Ruft bei Beunruhigung melodisch „düi", häufig auch hoch „zit" oder an Zaunkönig erinnernd „zrrr". Der Gesang, eine abfallende, reintonige und etwas hoch pfeifende Folge, erinnert etwas an Fitisgesang „tink tink tink ...dlü tink dlu dlü dlü ..."
Vorkommen Brütet in alten, feuchten Laubwäldern, besonders in Buchenwald, gebietsweise auch in Parkanlagen, in Misch- und Nadelwald; östliche Art, die westwärts bis Norddeutschland und Südbayern (vor allem im Bergland bis rund 1300 m Höhe) verbreitet ist und nur an wenigen Stellen brütet.

Verhalten Zuckt häufig mit dem Schwanz und lässt dabei die Flügel hängen. Hält sich meist hoch in den Baumkronen auf, um nach Fliegenschnäppermanier Insekten zu fangen.
Nahrung Meist fliegende Insekten.
Brut Mai–Juli, 1 Brut; Moosnest in Halbhöhlen oder Nischen, meist hoch in Laubbäumen.

< Haussperling S V–IX

Trauerschnäpper *Ficedula hypoleuca*
Familie Schnäpper *Muscicapidae*

Typisch Zuckt häufig mit Flügeln und Schwanz.
Merkmale ♂ mit tiefschwarzer bis graubrauner Oberseite, deutlichem weißem Flügelfleck und weißem Stirnfleck. Schwarzweiße ♂ bei uns vorwiegend in den Alpen oder als Durchzügler aus nordischen Brutgebieten. ♀ (oben) stets mit graubrauner Oberseite, Unterseite und Flügelfleck schmutzig weiß. ♂ (kleines Foto) im Schlichtkleid wie ♀, aber mit dem weißlichen Stirnfleck.
Stimme Ruft bei Störung häufig scharrf „bit", auch mehrfach gereiht, daneben hart „tk". Gesang auf- und absteigend „wu-ti-wu-ti-wu-ti", erinnert an den des Gartenrotschwanzes.
Vorkommen Brütet in Laub, Misch- und Nadelwald, in Parks und Gärten mit ausreichendem Nisthöhlenangebot; gebietsweise selten.
Verhalten Jagt fliegende Insekten von einer Warte aus, kehrt aber selten zum Ausgangspunkt zurück; nimmt Insekten auch vom Boden auf. Singt meist nur im Mai.
Nahrung Fliegende Insekten; im Herbst auch Beeren.
Brut Mai–Juni, 1 Brut; großes Nest aus Gräsern, Blättern und Moos, in Baumhöhlen oder Nistkästen.

Haussperling S IV–IX

Halsbandschnäpper *Ficedula albicollis*

Familie Schnäpper *Muscicapidae*

Typisch Das auffallende weiße Halsband des ♂.

Merkmale ♂ stets kontrastreich schwarzweiß, weißer Bürzel, größeres weißes Flügelfeld als beim Trauerschnäpper; ♀ (rechts) im Feld kaum sicher vom Trauerschnäpper-♀ zu unterscheiden, jedoch weißer Flügelfleck größer und deutlicher, Bürzelregion heller, Halsband angedeutet, ♂ im Schlichtkleid sehr ähnlich wie ♀.

Stimme Ruft hoch, gedehnt und voll „sieb", daneben hart und kurz „tek", auch mehrfach wiederholt. Gesang einfacher, langsamer und höher als der des Trauerschnäppers, zwischen den Strophen oft die typischen „sieb"-Rufe; „sit-sit-sit-sju-si-sju-trü-si-trü-si sieb".

Vorkommen Brütet in Laubwäldern und Parks mit altem Laubbaumbestand, in Friedhöfen, Obstgärten. Bei uns nur gebietsweise Brutvogel, fehlt fast völlig im Norden.

Verhalten Sehr ähnlich wie das des Trauerschnäppers, jagt gewöhnlich im Kronenbereich der Bäume.

Nahrung Fast ausschließlich fliegende Insekten.

Brut Mai–Juli, 1 Brut; nistet wie der Trauerschnäpper in Baumhöhlen und in künstlichen Nisthöhlen. Wie auch bei der Zwillingsart wurde „Vielweiberei" nachgewiesen, d.h. ein ♂ kann mit mehreren ♀ verpaart sein.

< Haussperling S IV–IX

Feldschwirl *Locustella naevia*

Familie Zweigsänger *Sylviidae*

Typisch Der an die Grüne Laubheuschrecke erinnernde Gesang.
Merkmale Schlanker, deutlich abgerundeter Schwanz; Oberseite oliv- bis gelblich braun mit dunkler Fleckung, Unterseite weißlich, schwach gestreift. Jungvögel (kleines Foto) mit mehr rötlicher Oberseite. Bestimmung meist nur anhand des Gesangs möglich.
Stimme Ruft bei Erregung „tschek tschek", am Nest scharf „pitt pitt". Gesang weit hörbar, ein gleichmäßiges, mechanisches Schwirren auf derselben Tonhöhe, das leise beginnt und oft minutenlang anhält; nur schwer lokalisierbar. Singt auch nachts.
Vorkommen Brütet in dichtem Gebüsch in Sumpfgebieten, in hochgrasigen Feuchtwiesen, Bruch- und Auwäldern, aber auch auf Heideflächen, trockenen Waldlichtungen und sogar in Fichtenschonungen mit hohem Gras. Bei uns weit verbreitet.
Verhalten Scheu, lebt versteckt in dichtem Pflanzenwuchs.
Nahrung Insekten, Spinnen.
Brut Mai–Juli, 1–2 Bruten; tiefes Napfnest aus alten Blättern, Gras und Halmen, meist bodennah versteckt.
Der winzige **Cistensänger** *Cisticola juncidis* ist sehr seltener und unregelmäßiger Brutvogel Hollands, Belgiens und der Südschweiz. Gesang: scharf und hoch „dsip dsip ...", oft im Singflug.

< Haussperling S IV–IX

Rohrschwirl *Locustella luscinoides*

Familie Zweigsänger *Sylviidae*

Typisch Der schnurrende Gesang.
Merkmale Schwanz breit abgerundet, deutlich gestuft; Färbung nachtigallähnlich, ungefleckt.
Stimme Ruft bei Störung kurz „zik", am Nest „pit" oder hart schnarrende Folgen. Gesang deutlich tiefer als der des Feldschwirls und in kürzeren Strophen, oft mit einleitenden, sich beschleunigenden Elementen „tik tiktiktik ...örr"; klingt ähnlich wie der Gesang der Maulwurfsgrille.
Vorkommen Brütet in ausgedehnten Verlandungszonen an Gewässern mit Schilf, Rohrkolben und Binsen. Bei uns selten, fehlt gebietsweise.
Verhalten Lebt weniger versteckt als Feldschwirl; singt häufig hoch auf Schilfhalmen; zuckt oft mehrfach mit Flügeln und Schwanz.
Nahrung Insekten, Spinnen.
Brut Mai–Juli, 2 Bruten; großes Nest aus Schilfblättern, in dichtem Schilfbestand knapp über dem Wasser.

Beim ähnlichen **Schlagschwirl** *Locustella fluviatilis* (kleines Foto) sind Kehle und Brust zart längs gestreift. Lebt versteckt in unterholzreichen Auwäldern, Flussauen und anderen Sumpfgebieten. Gesang ausdauernd wetzend „dzedzedze ...". Östliche Art, die sich nach Westen ausbreitet; Westgrenze derzeit in Südbayern und Norddeutschland.

< Haussperling S IV–IX

Sumpfrohrsänger *Acrocephalus palustris*

Familie Zweigsänger *Sylviidae*

Typisch Der laute, wohlklingende und sehr abwechslungsreiche Gesang, eine Folge von brillanten Imitationen anderer Vogelarten, dazwischen immer wieder quirlende, quetschende und knarrende Töne eingestreut.

Merkmale Ohne Kenntnis der Gesänge im Feld kaum sicher vom Teichrohrsänger zu unterscheiden; Oberseite mehr olivbraun, Stirn nicht so flach.

Stimme Ruft bei Störung „tschak", „tuik" oder wetzend „wäd". Gesang ohne Strophengliederung, eine schnelle folge von Imitationen, häufig von Blau- und Kohlmeise, Amsel, Buchfink, Rauchschwalbe, Stieglitz, Bach- und Schafstelze, Feldlerche, Star, Haus- und Feldsperling, Wachtel sowie vieler anderer Vogelarten. Zusätzlich erlernen Sumpfrohrsänger auf dem Zug eine Vielzahl von Stimmen afrikanischer Vogelarten, die sie in ihren Gesang einflechten. Singt häufig auch nachts.

Vorkommen Brütet in üppigem Gebüsch an Gewässern, in Hochstaudenfluren und Brennnesseldickicht, in Getreide- und Rapsfeldern und in verwilderten Gärten. Bei uns weit verbreitet, nicht selten.

Nahrung Insekten, Spinnen.

Brut Mai–Juli, 1 Brut; Nest lockerer und flacher als beim Teichrohrsänger, meist in Hochstauden geflochten.

< Haussperling S V–IX

Teichrohrsänger *Acrocephalus scirpaceus*

Familie Zweigsänger *Sylviidae*

Typisch Kommt auch in schmalen Schilfstreifen vor.

Merkmale Sehr ähnlich dem Sumpfrohrsänger, im Feld nur an der Stimme sicher zu erkennen; Schnabel etwas feiner, Stirn flacher, Füße dunkler, Oberseitenfärbung mehr rötlich braun. Jungvögel beider Arten gleich gefärbt.

Stimme Ruft bei Störung hart „kra" oder wetzend „wäd". Gesang ähnlich dem des Drosselrohrsängers, aber leiser, weniger durchdringend, kontinuierlicher und schneller; häufig raue, kratzige und nasale Töne, die 2- bis 3mal wiederholt werden, z. B. „terete-tereschirk-schirk-schirk-zerr-zerr-twi-twi".

Vorkommen Brütet im Schilf und in dichtem Ufergebüsch am Wasser; zur Zugzeit manchmal in wasserfernem Gebüsch. Bei uns weit verbreitet, meist der häufigste Rohrsänger im Schilf.

Nahrung Insekten, Spinnen.

Brut Mai–August, 1 Brut; stabiles, tiefmuldiges Nest zwischen senkrechte Schilfhalme geflochten, meist in 1–1,5 m Höhe gebaut.

Der etwas größere **Seidensänger** *Cettia cetti* (langer, breit gerundeter Schwanz, dunkel rotbraune Oberseite) lebt in dicht bewachsenen Feuchtgebieten und fällt vor allem durch seinen sehr lauten, plötzlich einsetzenden Gesang auf. Sehr seltener Brutvogel Hollands, Belgiens und der Südschweiz.

< Haussperling S V–IX

Drosselrohrsänger *Acrocephalus arundinaceus*

Familie Zweigsänger *Sylviidae*

Typisch Unser größter Rohrsänger, fast singdrosselgroß.

Merkmale Kräftiger langer Schnabel, flaches Kopfprofil, deutlicher Überaugenstreif.

Stimme Ruft bei Störung hart „karr“, in Nestnähe „zäck zäck“. Gesang sehr laut und rau, deutlich abgesetzte Strophen in mäßigem Tempo. Tiefe, knarrende Folgen wechseln mit hohen, wohltönenden ab, z. B. „karre-karre-karre-kiet-kiet-kiet drü-drü-drü dore dore“.

Vorkommen Brütet im Röhricht; vor allem in den zum Wasser weisenden Randbereichen von ausgedehnten Schilfwäldern an Seen, Teichen und Flüssen. Bei uns durch Lebensraumzerstörung selten geworden.

Verhalten Fliegt langsam und etwas schwerfällig, meist mit leicht gefächertem Schwanz. Klettert oft singend an Schilfhalmen empor.

Nahrung Insekten, Spinnen, Wasserinsekten, winzige Frösche.

Brut Mai–Juni, 1 Brut; stabiles Hängenest mit tiefer Mulde, aus Schilfblättern erbaut, meist bis 1 m hoch zwischen Schilfhalme geflochten. Das Baumaterial wird vorher ins Wasser getaucht, damit es sich leichter um die Rohrhalme schlingen lässt; nach dem Trocknen ist das fertige Nest sehr fest und hält auch stärkstem Wind stand.

> Haussperling **S IV–IX**

Schilfrohrsänger *Acrocephalus schoenobaenus*

Familie Zweigsänger *Sylviidae*

Typisch Startet häufig zu kurzen Singflügen, landet an einer anderen Stelle und singt dort weiter.

Merkmale Gestrichelte Oberseite, aber einfarbiger Bürzel; dunkler Scheitel und deutlicher weißlicher Überaugenstreif kennzeichnend.

Stimme Ruft bei Störung hart „zäck", „tsrr" oder schnarrend „karr". Gesang meist durch einige kurze „trr" eingeleitet, viel längere Strophen und schnelleres Tempo als Teichrohrsänger; dazwischen lange, wohltönende Tonfolgen, viele Imitationen.

Vorkommen Röhrichtgürtel, schilfdurchsetztes Weidengebüsch an Ufern und Gräben. Bei uns selten.

Nahrung Insekten und Spinnen.

Brut Mai–Juli, 1 Brut; umfangreiches Nest, meist bodennah im Schilf oder Weidengebüsch.

Der sehr ähnliche **Mariskenrohrsänger** *Acrocephalus melanopogon* (kleines Foto) hat eine kontrastreichere Kopffärbung; im Gesang nachtigallähnliche „düh"-Reihen. Brütet meist am Schilfrand. Seltener Brutvogel des österreichischen Burgenlandes.

Der **Seggenrohrsänger** *Acrocephalus paludicola* ist etwas gelblicher gefärbt als der Schilfrohrsänger, Scheitel dunkler, in der Mitte mit gelblichem Längsstreif. Lebt in ausgedehnten Seggenbeständen des nordöstlichen Mitteleuropas.

< Haussperling S IV–IX

Gelbspötter *Hippolais icterina*

Familie Zweigsänger *Sylviidae*

Typisch Der laute und raue Gesang mit vielen Imitationen.

Merkmale Gefieder auffallend gelblich; Gestalt rohrsängerartig, langer orangefarbener Schnabel.

Stimme Ruft häufig „dederiod" oder „tetedwi", bei Störung hart „tetete" oder sperlingsartig „err". Gesang ohne deutliche Strophengliederung, Klangfarbe rau, heiser und gequetscht, daneben wohltönende, pfeifende und lang gezogene Laute. Viele Imitationen, z. B. Star, Pirol, Buntspecht; viele Motive werden ein- oder mehrmals wiederholt. Singt meist versteckt in Baumkronen.

Vorkommen Brütet in lichtem Laub- und Mischwald, in Auwäldern, unterholzreichen Parks, Feldgehölzen und Gärten. Bei uns inzwischen selten.

Nahrung Insekten und Spinnen.

Brut Mai–Juli, 1 Brut; sauberes Napfnest aus Halmen, Blättern und Baumrinde, mit Gespinsten fest verfilzt, in Astgabeln von Büschen und Jungbäumen in 1–3 m Höhe.

Der etwas kleinere **Orpheusspötter** *Hippolais polyglotta* (links) hat deutlich kürzere Flügel; Gesang weniger schneidend, mehr kontinuierlich schwätzend, häufig Imitationen von Sperlingen. Brutvogel in der Südschweiz und in Südwestdeutschland.

< Haussperling S V–VII

Mönchsgrasmücke *Sylvia atricapilla*

Familie Zweigsänger *Sylviidae*

Typisch Der laut flötende Gesang mit großen Intervallsprüngen.
Merkmale Gefieder graubraun, im Herbst mehr grau, ♂ mit schwarzer, ♀ (oben links) mit rotbrauner, junge ♂ mit dunkel rotbrauner Kopfkappe.
Stimme ruft bei Störung hart „tak" oder „tzeck", bei starker Erregung schnell gereiht und schnarrend; vor dem Abfliegen oft leise „dididi". Der Gesang beginnt mit leise schwätzendem Vorgesang und geht plötzlich in laute, klare Flötentöne über („Überschlag"); in beiden Gesangsteilen Imitationen anderer Vogelarten möglich; gebietsweise ♂ mit reduziertem Überschlag, klingt wie „diladiladila".
Vorkommen Unsere häufigste Grasmücke; brütet in lichten Laub- und Nadelwäldern, Auwäldern, Fichtenschonungen, Parks und Gärten.
Verhalten Lebt versteckt in Bäumen und Gebüsch; das ♂ singt meist in dichtem Blattwerk verborgen.

Nahrung Insekten, deren Larven, Spinnen; im Herbst auch Beeren.
Brut Mai–Juli, 1–2 Bruten; zierliches Nest aus Stängeln, Grashalmen und Würzelchen; meist niedrig in dichtem Gebüsch gebaut.
Die etwas größere **Orpheusgrasmücke** *Sylvia hortensis* ist seltener Brutvogel der Südschweiz. Ihr Gesang klingt drosselartig volltönend.

< Haussperling S IV–X

Sperbergrasmücke *Sylvia nisoria*

Familie Zweigsänger *Sylviidae*

TYPISCH Die stechend gelben Augen und die „gesperberte" Unterseite.
MERKMALE Große Grasmücke mit kräftigem Schnabel, 2 weißlichen Flügelbinden und schmalen weißen Schwanzseiten. ♀ (kleines Foto) mit weniger deutlich quer gebänderter Unterseite. Jungvögel mit schmutzig weißer Unterseite und fehlender oder nur angedeuteter Bänderung.
STIMME Ruft bei Störung ratternd „trtrtr" oder „örrr", daneben hart „tack tack". Gesang ähnlich dem der Gartengrasmücke, aber in kürzeren Strophen, dazwischen oft die typischen rauen „örrr"-Rufe.
VORKOMMEN Dornbuschreiche Waldränder, dornige Feldhecken, Wacholderheiden, verwilderte Parks mit Weißdorn und Schlehe; oft in Brutnachbarschaft mit dem Neuntöter. Vorwiegend östliche Art; bei uns seltener Brutvogel, fast nur im Nordosten.
VERHALTEN Meist in dichtem Gebüsch verborgen; die Bewegungen wirken plump; stelzt häufig den Schwanz. Singt auch im Singflug, steigt dazu mit weit ausholenden Flügelschlägen etwas auf, um dann gleich wieder die nächste Deckung anzusteuern.
NAHRUNG Insekten, Spinnen, im Herbst auch Beeren und Früchte.
BRUT Mai–Juli, 1 Brut; großes, lockeres und tiefmuldiges Nest .

~ Haussperling S V–IX

Gartengrasmücke *Sylvia borin*

Familie Zweigsänger *Sylviidae*

Typisch Lebt versteckt, daher nur schwer zu beobachten.
Merkmale Wirkt plump; ohne besondere Kennzeichen; Kopf rundlich, Schnabel relativ kurz; Gefieder oberseits graubräunlich, Unterseite etwas heller, angedeuteter Augenstreif, Jungvögel mit mehr rotbrauner Oberseite.
Stimme Bei Störung anhaltende, taktmäßig wiederholte „wet-wet-wet"-Rufe, daneben ein raues „tscharr" und ein laubsängerartig weiches „uit". Gesang wohltönend und in langen Strophen, anhaltend „plätschernd", erinnert wegen der kräftigen orgelnden Motive an Amselgesang; die Strophen sind in der Tonlage tiefer als die der Mönchsgrasmücke. Imitiert manchmal Stimmen anderer Vogelarten, z. B. den Buchfinkenschlag. Singt bei Beunruhigung leise und gequetscht klingende Strophen.
Vorkommen Brütet häufig in dichtem, hohem Gebüsch, im Uferdickicht, an buschreichen Waldrändern, in unterholzreichen Wäldern und Parks; seltener in Gärten als die Mönchsgrasmücke. Im Gebirge bis rund 2000 m Höhe, dort oft in Erlengebüsch.

Nahrung Insekten, Spinnen, im Herbst viele Beeren.
Brut Mai–Juli, 1–2 Bruten; lockeres, unordentliches Nest aus Grashalmen und Würzelchen, oft niedrig in Brennnesseldickicht oder Brombeergestrüpp.

< Haussperling S V–IX

Dorngrasmücke *Sylvia communis*
Familie Zweigsänger *Sylviidae*

Typisch Der eilig zwitschernde, etwas rau klingende Gesang.
Merkmale Relativ langer Schwanz mit weißen Außenkanten; Färbung kontrastreich, schmaler weißer Augenring. ♀ (kleines Foto) matter gefärbt, mit bräunlicher Kopfkappe.
Stimme Ruft bei Störung „woid-woid-wid-wid", daneben hart „scharr" und gereiht „tschek". Gesang aus kurzen rauen, aber wohlklingenden Strophen, häufig mit Imitationen anderer Vögel. Im Singflug sind die Strophen länger, anhaltender und enthalten besonders viele Imitationen.
Vorkommen Brütet in dornigem Gestrüpp, in Feldhecken und Rainen mit einzelnen Dornbüschen, häufig an Bahndämmen, in aufgelassenen Kiesgruben und stark verwilderten Gärten. Bei uns weit verbreitet, aber Bestände seit Jahrzehnten abnehmend.
Verhalten Sehr lebhaft; singt oft mit gesträubtem Scheitel- und Kehlgefieder auf einer Buschspitze, startet von dort aus zu kurzen, tänzelnden Singflügen, um gleich wieder in die schützende Deckung zurückzukehren.
Nahrung Insekten und Spinnen; im Herbst auch Beeren.
Brut Mai–Juli, 1–2 Bruten; tiefmuldiges, wenig stabiles Nest aus trockenen Halmen und Wurzeln, meist unter 1/2 m hoch.

< Haussperling S IV–IX

Klappergrasmücke *Sylvia curruca*

Familie Zweigsänger *Sylviidae*

TYPISCH Der klappernde Gesang.
MERKMALE Kleinste heimische Grasmücke; aus der Nähe erkennt man die von der weißen Kehle scharf abgesetzten, maskenhaft schwärzlichen Wangen und den relativ kurzen Schwanz; Flügel ohne Rotbraun (vgl. Dorngrasmücke).
STIMME Ruft oft „tjäck", bei Störung ein unregelmäßig wiederholtes „tack", bei Auftauchen eines Flugfeindes kurz „wäd". Gesang aus zwei Teilen: Auf einen leisen, eilig schwätzenden Vorgesang folgt ein laut schmetterndes Klappern auf gleicher Tonhöhe. Der Vorgesang ist nur aus der Nähe zu hören, er beginnt sehr hoch.

VORKOMMEN Brütet in halb offener Landschaft mit dichtem Buschwerk, an Waldrändern, in Fichten- und Kiefernschonungen, in Parks und Gärten, im Gebirge bis zur oberen Latschenregion. Bei uns weit verbreitet, meist selten.
VERHALTEN Wenig auffällig, lebt versteckt; der Flug wirkt ruckartig und huschend. Singt häufig in kurzen Pausen während der Insektensuche oder von einer Warte aus, gelegentlich auch in kurzem, horizontal verlaufendem Singflug.
NAHRUNG Insekten und Spinnen, im Herbst auch Beeren.
BRUT Mai–Juli, 1 Brut; zierliches, flaches Nest aus feinen Reisern, trockenem Gras und Würzelchen, in 0,5–1 m Höhe in jungem Nadelbaum.

< Haussperling S IV–X

Berglaubsänger *Phylloscopus bonelli*
Familie Zweigsänger *Sylviidae*

Typisch Die kurze Schwirrstrophe.
Merkmale Gefieder unauffällig, oberseits graubraun, unterseits weißlich, Flügelbug gelb, Bürzel oft mit auffallendem, gelblichem Fleck.
Stimme Ruft bei Erregung deutlich zweisilbig „dü-id" oder „düi-e". Gesang eine kurze, trillernde Schwirrstrophe, ähnlich der des Waldlaubsängers, aber ohne die einleitenden, sich beschleunigenden Elemente und etwas langsamer; von weitem mit dem Gesang der Klappergrasmücke zu verwechseln.

Vorkommen Brütet in lichten Kiefern-, Lärchen- und Laubwäldern, häufig an trockenen, unterholzreichen Südhängen, im Gebirge bis zur Baumgrenze. Bei uns bis auf wenige Ausnahmen nur in den Bayerischen Alpen und in Baden-Württemberg Brutvogel.
Verhalten Singt von Warten, oft hoch in Bäumen, nicht im Singflug.
Nahrung Insekten und Spinnen.
Brut Mai–Juni, 1 Brut; ovales Backöfchennest meist in einer Bodenmulde unter Gras versteckt.
Der ähnliche **Grünlaubsänger** *Phylloscopus trochiloides* hat einen ausgeprägten, hellen Überaugenstreif und eine schmale Flügelbinde. Brutvogel in Nordostdeutschland und Polen. Gesang relativ laut, aus 3 Teilen.

< Haussperling S IV–IX

Waldlaubsänger *Phylloscopus sibilatrix*

Familie Zweigsänger *Sylviidae*

Typisch Häufig im Buchenwald.
Merkmale Etwas größer und langflügeliger als Zilpzalp; Kehle und Brust gelb, übrige Unterseite kontrastreich abgesetzt weiß, gelber Überaugenstreif. Im Sommer nach der Mauser deutlich blasser, wie auch manche Jungvögel.
Stimme Bei Erregung häufig ein weiches „düh“ oder sanft „witwitwit“. Gesang eine abfallende, trillernde Schwirrstrophe, von einigen „sib“ eingeleitet, klingt wie „sip-sipsip-sipsirr …“, daneben häufig pfeifend melancholisch „düh düh düh düh“.
Vorkommen Brütet in nicht zu dichtem Laub- und Mischwald mit spärlichem Unterwuchs, vor allem im Buchenwald, selten in reinem Nadelwald; im Gebirge bis 1500 m Höhe. Bei uns weit verbreitet, nicht selten.
Verhalten Lebt unter dem Blätterdach von altem, hochstämmigem Laubwald; singt meist auf einem exponierten Ast oder in horizontalem Singflug, lang-

sam und mit schwirrenden Flügeln von Ast zu Ast fliegend; oft gut zu beobachten, aber meistens von unten.
Nahrung Insekten, deren Entwicklungsstadien, und Spinnen.
Brut Mai–Juli, 1 Brut, manchmal auch 2 Bruten; fast kugelförmiges „Backöfchennest“ aus Gras, Blättern und manchmal Farn, in niedrigem Bewuchs und oft durch altes Laub getarnt.

< Haussperling S IV–IX

Zilpzalp *Phylloscopus collybita*

Familie Zweigsänger *Sylviidae*

Typisch Der wie „zilp zalp" klingende Reviergesang.
Merkmale Sehr ähnlich wie Fitis, wirkt aber weniger schlank; Flügel kürzer, Kopf etwas rundlicher; in der Regel mit dunklen Beinen, Oberseite meist weniger gelb, sondern olivbraun; Unterseite weißlich Oberseite bei Jungvögeln (kleines Foto) mehr braun.
Stimme Ruft bei Erregung einsilbig „hüid", lauter und etwas härter als der Fitis. Gesang monoton und unregelmäßig, klingt wie „zilp zalp zelp zilp zalp", zwischen den Strophen oft ein gedämpftes „trr-trr". Singt häufig auch im Herbst. (Manche Fitisse bringen neben ihrem eigenen Gesang auch den des Zilpzalps.)
Vorkommen Brütet in unterholzreichem Laub- und Mischwald, in Auwald und dichtem, hohem Gebüsch, in Parks und Gärten; im Gebirge bis über die Baumgrenze. Bei uns überall häufig.
Verhalten Wirkt durch sein rastloses Benehmen und das ständige Flügelzucken hektisch. Singt häufig in Baumkronen, schlägt bei jedem Ton den Schwanz taktmäßig nach unten.
Nahrung Kleine Insekten, Spinnen.
Brut April–Juli, 1–2 Bruten; Backöfchennest ähnlich wie beim Fitis, aber etwas lockerer und mit vielen trockenen Blättern, meist in dichtem, bodennahen Gestrüpp versteckt.

< Haussperling S III–X

Fitis *Phylloscopus trochilus*
Familie Zweigsänger *Sylviidae*

Typisch Die weichen, schwermütigen Gesangsstrophen.
Merkmale Wirkt schlank und zart; vom sehr ähnlichen Zilpzalp am besten durch den Gesang zu unterscheiden; Gefieder insgesamt etwas gelblicher, gelblicher Überaugenstreif etwas deutlicher. Beine in der Regel (aber nicht immer) hellbraun. Jungvögel unterseits einheitlich gelblich.
Stimme Ruft bei Erregung weich und meist deutlich zweisilbig „hü-id". Gesang flötend und schwermütig, eine klangreine, abfallende Strophe wie „titidje-djü-düe-düi-dju", im Tonhöhenverlauf ähnlich dem Buchfinkenschlag, aber viel zarter und leiser.
Vorkommen Brütet in lichten Laub- und Mischwäldern, in Schonungen, baumbestandenen Feuchtgebieten, Weidengebüsch, an Gewässerufern, in Parks und Gärten mit Birkenbestand. Bei uns überall häufig.
Verhalten Hüpft und flattert in dichtem Blattwerk umher, aber nicht so rastlos wie der Zilpzalp. Singt häufig auf freistehenden Ästen oder Spitzen von Jungbäumen, vor allem im Mai.

Nahrung Kleine Insekten, Spinnen.
Brut Mai–Juni, 1–2 Bruten; überdachtes Nest aus Gras und Moos, innen reichlich mit Federn gepolstert („Backöfchennest"), zwischen hohem Gras oder unter tief hängenden Zweigen.

< Haussperling S IV–X

Wintergoldhähnchen *Regulus regulus*

Familie Goldhähnchen *Regulidae*

Typisch Neben Sommergoldhähnchen kleinste Vogelart Europas.
Merkmale Oberseite olivgrün; Scheitel beim ♂ (kl. Foto) leuchtend gelb mit einigen (oft verborgenen) orangeroten Federn in der Mitte, beim ♀ (oben) einheitlich und heller gelb; kein Augen- oder Überaugenstreif. Jungvögel ohne die gelb-schwarze Scheitelzeichnung.
Stimme Ruft häufig sehr hoch und fein, aber durchdringend „sri-sri-sri-sri". Gesang aus kurzen, sehr hohen und dünnen Strophen, im Gegensatz zur Zwillingsart Strophen ohne Crescendo, sondern auf- und abschwingend und mit einem deutlich abgesetzten, etwas tieferen Schlussteil.
Vorkommen Brütet in dichtem Nadelwald oder in Nadelbäumen, die in Mischwäldern, Parks und Gärten stehen; während des Zuges auch in dichtem Gebüsch und in Laubbäumen. Bei uns weit verbreitet, häufig.
Verhalten Turnt bei der Nahrungssuche mehr an der Unterseite der Zweige als die Zwillingsart. Gesellig, außerhalb der Brutzeit oft mit Tannen- und Haubenmeisen in gemischten Trupps.
Nahrung Kleinste Insekten, deren Entwicklungsstadien, Spinnen.
Brut April–Juni, 2 Bruten; dickwandiges Napfnest, ähnlich dem des Sommergoldhähnchens in die Astgabel eines Nadelbaumes gebaut.

< Haussperling T I–XII

Sommergoldhähnchen *Regulus ignicapillus*

Familie Goldhähnchen *Regulidae*

Typisch Der schwarze Augenstreif und der weißliche Überaugenstreif; insgesamt lebhaftere Färbung als das Wintergoldhähnchen, sehr klein.
Merkmale Oberseite leuchtend gelblich grün, Unterseite heller als beim Wintergoldhähnchen. Scheitel beim ♂ (kleines Foto) orangerot, beim ♀ gelb. Jungvögel ohne „Krönchen", aber mit dunklem Augenstreif.
Stimme Ruft sehr hoch und scharf „sisisi". Gesang eine crescendomäßig anschwellende, aber auf gleicher Tonhöhe bleibende, kurze Strophe aus sehr hohen, dünnen Tönen mit betontem Endteil, klingt wie „sisisisisisirr".

Vorkommen Brütet im Nadelwald, aber nicht so ausschließlich an Koniferen gebunden wie das Wintergoldhähnchen; auch in Friedhöfen, Parks, Gärten und Gebüsch; während des Zuges auch in niedrigen Büschen. Bei uns weit verbreitet und häufig.
Verhalten Lebt verborgen in dichtem Nadelwald, jedoch nicht scheu. Nahrungssuche häufig auf der Oberseite von Zweigen, rüttelt auch vor Zweigspitzen. Wenig gesellig.
Nahrung Kleinste Insekten, deren Entwicklungsstadien, Spinnen.
Brut Mai–Juli, 2 Bruten; dickwandiges, tiefmuldiges Nest aus Moos und Gespinsten, an der Unterseite von Nadelbaumzweigen, meist gut versteckt.

< Haussperling S III–XI

Bartmeise *Panurus biarmicus*

Familie Timalien *Timaliidae*

Typisch Der auffällig lange, zimtbraune Schwanz. ♂ oben, ♀ kleines Foto.
Merkmale Gefieder überwiegend zimtbraun; ♂ mit grauem Kopf und breitem, schwarzem Bartstreif, Augen und Schnabel gelb; ♀ (unten) ohne die auffällige Kopf- und Halszeichnung, Schnabel bräunlich. Jungvögel ähnlich ♀, aber mit schwarzen Partien auf der Oberseite und an den Schwanzseiten.

Stimme Ruft im Flug häufig nasal „dsching“, oft auch gereiht; bei Störung kurz „pik“ oder „pik pik“. Gesang leise Strophen aus rufähnlichen Motiven wie „dsching-dschik-pit-tschräd“.
Vorkommen Brütet in ausgedehnten Schilfbeständen. In Mitteleuropa seltener und meist unregelmäßiger Brutvogel mit starken Bestandsschwankungen wegen der oft hohen Winterverluste. Größere Vorkommen in Holland, Norddeutschland, Polen und am Neusiedler See; in Südwestdeutschland unstete Brutansiedlungen.
Nahrung Insekten, im Winter vorwiegend Schilfsamen.
Brut April–Juli, 2–3 Bruten; großes, napfförmiges Nest mit tiefer Mulde im dichten Schilfgewirr knapp über dem Grund; brütet oft in Kolonien.

~ Haussperling J I–XII

Schwanzmeise *Aegithalos caudatus*

Familie Schwanzmeisen *Aegithalidae*

Typisch Der sehr lange, stufige Schwanz, der über die Hälfte der Körperlänge ausmacht.

Merkmale Mitteleuropäische Unterart (kleines Foto) mit breitem, schwärzlichem Überaugenstreif, nördliche und östliche Unterart mit reinweißem Kopf (oben). Jungvögel mit kürzerem Schwanz und dunklen Wangen.

Stimme Ruft häufig „tsri", „sisisi" oder „sitrr", bei Erregung oft „tserr" oder „tschrrt", im Flug leise und ständig „pt". Gesang selten zu hören, ein leises Potpourri aus zirpenden, zwitschernden und trillernden Lauten.

Vorkommen Brutet in unterholzreichen Wäldern, besonders an Gewässern; in Feld- und Moorgehölzen, Parks und Gärten. Bei uns mäßig häufig.

Verhalten Sehr gesellig, außerhalb der Brutzeit in kleinen Trupps, die durch ständigen Rufkontakt eng zusammenhalten; der Flug wirkt hüpfend.

Nahrung Kleine Insekten, Spinnen.

Brut April–Juni, 1–2 Bruten; sehr kunstvolles, eiförmiges Nest aus Moos, Flechten, Pflanzenwolle, Gespinsten, Federn und Haaren, in Bäumen oder hoch im Gebüsch, meist gut versteckt. Bei der Fütterung der nicht selten mehr als zehn Jungen helfen oft Artgenossen.

< Haussperling T I–XII

Sumpfmeise *Parus palustris*

Familie Meisen *Paridae*

Typisch Die glänzend schwarze, nicht so ausgedehnte Kopfplatte.

Merkmale Etwa blaumeisengroße „Graumeise" mit hellen Wangen und kleinem, schwarzem Kehllatz. Jungvögel mit mattschwarzer Kopfplatte.

Stimme Ruft häufig „zidjä", „pistjü" oder „pistja dädädädädä", die „dä"-Laute viel weniger gedehnt als bei der Weidenmeise. Gesang aus klappernden Strophen, z. B. „tjitjitjitji ...", „zjezjezje ..."; ein ♂ wechselt zwischen mehreren Strophentypen ab.

Vorkommen Brütet in Laub- und Mischwäldern, Feldgehölzen, Parks und Gärten; meist an trockeneren Stellen als die Weidenmeise. Bei uns weit verbreitet und meist häufig.

Verhalten Besucht im Unterschied zur Weidenmeise häufig Futterhäuschen; nimmt dort gerne Hanfsamen, von denen sie oft mehrere im Schnabel aufgereiht transportiert und dann einzeln in Rindenspalten, zwischen dürren Blättern oder an anderen Stellen versteckt.

Nahrung Insekten, deren Larven, Spinnen, Samen von Disteln und anderen Kräutern und Gräsern.

Brut April–Mai, 1 Brut; Nest aus Moos, Haaren und Federn in Baumhöhlen, ausgefaulten Astlöchern, zwischen Baumwurzeln, brüten nur selten in Nistkästen.

< Haussperling J I–XII

Weidenmeise *Parus montanus*

Familie Meisen *Paridae*

Typisch Die nasalen und gedehnten „däh"-Rufe.

Merkmale Sehr ähnlich der etwa gleich großen Sumpfmeise, aber Kopfplatte mattschwarz; diese reicht weiter in den Nacken und bewirkt ein dickköpfigeres Aussehen; Kehllatz zur Brust hin etwas ausgedehnter, Flanken etwas dunkler. Nur bei der Weidenmeise ein helles Flügelfeld (rechts), das im Frühjahr jedoch allmählich verschwindet.

Stimme Typischer Ruf ist ein gedehntes, nasales „däh-däh-däh", oft auch „zI-zI-däh-däh-däh". Gesang: reintonige, etwas absinkende „zjü-zjü-zjü ..."-Reihen; die Alpenform der Weidenmeise singt auf gleicher Tonhöhe bleibend „zie-zie-zie ...". Gelegentlich ein grasmückenartiges Geschwätz.

Vorkommen Brütet in Wäldern auf sumpfigem Boden, besonders mit Erlen-, Weiden- und Birkenbestand, aber auch auf trockenen Lichtungen mit Jungwald; seltener in Gärten und Parks als die Sumpfmeise; die Alpenform besiedelt Nadel- und Mischwald bis zur Latschenregion. Bei uns in den Alpen und gebietsweise im Tiefland häufig.

Nahrung Insekten, deren Larven, Spinnen, kleine Samen.

Brut April–Mai, meist 1 Brut; dürftiges Nest aus Holzteilchen, Moos und Tierhaaren; zimmert meist eine Höhle in morsches Holz von Laubbäumen.

< **Haussperling J I–XII**

Tannenmeise *Parus ater*

Familie Meisen *Paridae*

Typisch Kleinste einheimische Meise, knapp blaumeisengroß.

Merkmale Relativ großer Kopf, auffallend weiße Wangen, großer weißer Nackenfleck. Bei Jungvögeln (kleines Foto) Unterseite und Wangen gelblich.

Stimme Kontaktrufe hoch und dünn „si" oder „zizizi", bei Erregung hoch und etwas nasal „tüi" oder „sitjü". Gesang: zarte Strophen wie „zewizewizewi" oder „sitüi-sitüi-sitüi". Der Gesang ist das ganze Jahr über zu hören, auch die ♀ singen nicht selten.

Vorkommen Brütet in Fichten- und Tannenwald, seltener in Kiefernwald, vom Tiefland bis zur Baumgrenze, ebenfalls in Parkanlangen und Gärten ; außerhalb der Brutzeit auch in Laubwäldern. Bei uns überall häufig.

Verhalten Turnt zur Nahrungssuche oft hoch in Nadelbäumen herum, bewegt sich rastlos, flink und geschickt. Außerhalb der Brutzeit häufig mit anderen Meisenarten und mit Wintergoldhähnchen in gemischten Trupps; besucht häufig Futterhäuschen.

Nahrung Insekten, deren Larven, Spinnen, Nadelbaumsamen, Nüsse.

Brut April–Juni, 2 Bruten; verfilztes Nest aus Moos und Spinnweben, mit Pflanzenwolle und Haaren gepolstert; nistet in Baumhöhlen, Baumstubben, Erd- und Mauerlöchern und in nicht zu hoch aufgehängten Nistkästen.

< Haussperling J I–XII

Haubenmeise *Parus cristatus*

Familie Meisen *Paridae*

Typisch Die schwarzweiß gesprenkelte Federhaube.

Merkmale Oberseite braun, Unterseite weißlich mit rahmfarbenen Flanken, Jungvögel (unten) mit kürzerer und matter gefärbter Haube.

Stimme Ruft bei Erregung häufig schnurrend und rollend „gürrr“ oder „zi-zi-gürrrr-r“. Gesang: eine Folge der arttypischen Rufe, selten auch ein variables Schwätzen.

Vorkommen Brütet im Kiefern-, Fichten- und Tannenwald bis zur Baumgrenze, auch in kleinen Nadelwaldinseln im Laubwald; sehr standorttreu. Bei uns weit verbreitet, aber deutlich seltener als die Tannenmeise.

Verhalten Turnt wie die Tannenmeise oft hoch auf Nadelbäumen, aber mehr in Deckung, daher nicht so leicht zu beobachten; wenig gesellig, auch außerhalb der Brutzeit in der Regel paarweise; erscheint an Futterhäusern nur im Nadelwald.

Nahrung Insekten, deren Larven, Spinnen, Nadelbaumsamen, Nüsse.

Brut April–Juni, 1–2 Bruten; Nest aus Moos und Flechten, innen mit Wolle und Haaren ausgekleidet; nistet in engen Baumhöhlen, in Baumstümpfen, gelegentlich auch in alten Eichhornkobeln und sogar in bewohnten Greifvogelhorsten. Die Meisen zimmern sich ihre Bruthöhlen meistens selbst.

< Haussperling J I–XII

Blaumeise *Parus caeruleus*
Familie Meisen *Paridae*

TYPISCH Der einzige einheimische Kleinvogel mit blau-gelbem Gefieder.
MERKMALE Klein und gedrungen mit kurzem Schnabel; ♀ etwas blasser, mit grünlich brauner Oberseite und gelben Wangen. Jungvögel noch blasser.
STIMME Ruft bei Störung häufig nasal ansteigend „tserretetet", daneben „tsi-tsi-tsi". Gesang: Strophen von sehr hellen und reinen Tönen, auf die tiefere, trillernde Reihen folgen wie „zii-zii-tütütütü ..." oder „zizizizizirr".
VORKOMMEN Brütet in Laub- und Mischwäldern, besonders mit Eichenbestand, in Feldgehölzen, Parks und Gärten. Im Winter zur Nahrungssuche häufig im Schilf. Bei uns überall häufig.
VERHALTEN Sehr lebhaft; turnt geschickt an dünnen Zweigen, auch mit dem Bauch nach oben; wenig scheu; außerhalb der Brutzeit oft in gemischten Meisentrupps. Singt bereits ab Februar, fliegt während der Balz oft kurze Strecken in schmetterlingsartigem Segelflug.
NAHRUNG Insekten, deren Larven, Spinnen, feine Samen; Talg, Nüsse.
BRUT April–Juni, 1–2 Bruten; filziges Nest aus weichen Pflanzenteilen, Wolle, Haaren und Federn; in Baumhöhlen, Nistkästen, Mauerlöchern, gelegentlich auch in Briefkästen oder an ähnlichen ausgefallenen Standorten.

< Haussperling | I–XII

Kohlmeise *Parus major*

Familie Meisen *Paridae*

Typisch Die größte und häufigste einheimische Meise.
Merkmale Auffällig schwarzweißer Kopf, gelbe Unterseite mit breitem (♂ kleines Foto) oder mit schmalem (♀ oben) Längsstreif in der Mitte. Jungvögel mit gelblichen Wangen, sonst am Kopf schwarzbraun gefärbt, insgesamt weniger kontrastreich.
Stimme Vielseitiges Repertoire; ruft häufig buchfinkenartig „pink" oder „zipink", Warnruf schnarrend „tscher-r-r-r" oder „terrr terrr"; daneben „zituit" und gedehnt „sii"; ahmt häufig die Rufe von Blau-, Sumpf- und Tannenmeise nach. Gesang: einfache Strophen von mehrfach wiederholten Motiven, z. B. „zi-zi-be-zi-zi-be" oder „zipe zipe".

Vorkommen Brütet in Wäldern aller Art, in Parks und Gräten, auch mitten in der Großstadt.
Verhalten Wenig scheu; gebietsweise sogar futterzahm; häufiger als andere Meisen auf dem Boden; besucht häufig Futterstellen.
Nahrung Insekten, deren Larven, Spinnen, Samen, Nüsse, Talg.
Brut April–Juli, 1–2 Bruten; Nest aus Moos, Wurzeln, Halmen und Wolle, innen mit Haaren und Pflanzenwolle ausgepolstert; meist in Baumhöhlen, Mauerlöchern und Nistkästen.

< **Haussperling J I–XII**

Kleiber *Sitta europaea*

Familie Kleiber *Sittidae*

Typisch Gedrungen und mit kurzem Schwanz; starker, an Spechte erinnernder Schnabel.

Merkmale Oberseite und Scheitel blaugrau, Unterseite rahmgelb, Flanken beim ♂ kastanienbraun und deutlich gegen die Unterseitenfärbung abgesetzt, beim ♀ (oben) nur schwach abgesetzt, heller braun.

Stimme Ruft häufig „twit twit twit", „tui tutui" oder (bei Störung) scharf „titi-tsirr". Gesang weit hörbar, pfeifend und trillernd „wiwiwiwiwiwiwi ...", „tuituituitui ..." oder hoch „trirrr ...".

Vorkommen Brütet vor allem in Laub- und Mischwäldern, in Feldgehölzen, Parks und Gärten; in den Alpen bis in rund 1700 m Höhe. Bei uns weit verbreitet und häufig.

Verhalten Klettert unermüdlich an Stämmen und Ästen, auch an der Unterseite und sogar abwärts mit dem Kopf nach unten. Besucht oft Futterhäuschen in Wald- und Parknähe. Wenig gesellig, auch außerhalb der Brutzeit meist paarweise.

Nahrung Insekten, deren Larven, grobe Samen, Nüsse, Talg.

Brut April–Juni, 1 Brut; Nest aus großen Mengen feiner Rindenstücke (vor allem Kiefernspiegelrinde) und trockenen Blättern; nistet in Spechthöhlen und Nistkästen; zu große Höhleneingänge werden bis auf ein kleines Schlupfloch mit Lehm zugemauert.

~ **Haussperling J I–XII**

Mauerläufer *Tichodroma muraria*

Familie Mauerläufer *Tichodromadidae*

Typisch Die langen, abgerundeten Flügel mit auffallend rotem Feld und weißen Flecken.

Merkmale Langer und dünner, gebogener Schnabel, kurzer Schwanz; Kehle beim ♂ im Prachtkleid (rechts) schwärzlich, bei ♀ und im Schlichtkleid hell. Flug erinnert an Schmetterling.

Stimme Das ganze Jahr über, aber nicht oft zu hören, da sie häufig in Wind- oder Wasserrauschen untergeht. Ruft fein pfeifend „tüi" oder unrein „tchruit". Der Gesang besteht aus hellen, ansteigenden und teilweise etwas kratzigen Pfeiftönen. Auch die ♀ singen.

Vorkommen Brütet an steilen Felswänden mit Rissen und Spalten für die Nestanlage, in tiefen Schluchten und Klammen, besonders wenn es dort Wasserfälle gibt. Im Winter oft in tieferen Lagen, dann auch an Gebäuden wie Türmen und Ruinen. In den Alpen weit verbreiteter, aber nicht häufiger Brutvogel; nur selten im Tiefland.

Verhalten Einzelgänger; klettert mit etwas ruckartigen Bewegungen und unter ständigem Flügelzucken an senkrechten Felsen.

Nahrung Insekten und Spinnen.

Brut Mai–Juli, 1 Brut; Nest meist in tiefen Felsspalten oft über Bergbächen.

> Haussperling J I–XII

Gartenbaumläufer *Certia brachydactyla*

Familie Baumläufer *Certhiidae*

Typisch Der Gesang, eine kurze, ansteigende Strophe.

Merkmale Größe wie Blaumeise, schlank; langer zarter, abwärts gebogener Schnabel, langer Stützschwanz, Gefieder oberseits rindenfarbig graubraun, unterseits weißlich mit bräunlichen Flanken.

Stimme Ruft oft laut und hoch „tüt" oder „tüt tüt tüt", daneben hoch „sri". Gesang: kurze, laute Strophe aus ansteigenden hohen und feinen Pfeiftönen wie „tütütütütiroiti".

Vorkommen Brütet in lichtem Laub- und Mischwald, besonders mit Eichen, Ulmen und Eschen, in Parks und Gärten mit alten Laubbäumen und in Streuobstflächen; in den Alpen oberhalb 800 m Höhe selten, ab 1300 m fehlend. Bei uns weit verbreitet und meist häufig.

Verhalten Klettert bei der Nahrungssuche in kleinen Sprüngen an Baumstämmen hoch, oben angekommen fliegt er zum Fuß eines anderen Baumes. Nicht sehr gesellig, im Winter Schlafgemeinschaften.

Nahrung Kleine Insekten und deren Larven, Spinnen; im Winter auch kleine Samen und Talg an Futterstellen.

Brut April–Juli, 1–2 Bruten; Nest aus Reisern, Halmen und Moos, hinter abstehender Baumrinde, in Baum- und Mauerspalten oder in speziellen Baumläufer-Nistkästen.

< Haussperling J I–XII

Waldbaumläufer *Certhia familiaris*

Familie Baumläufer *Certhiidae*

TYPISCH Der Gesang, eine zweiteilige, abfallende Tonreihe.

MERKMALE Vom Gartenbaumläufer am besten anhand der Stimme zu unterscheiden; Schnabel meist etwas kürzer und weniger gebogen, der weiße Überaugenstreif ist deutlicher ausgeprägt, der Oberkopf stärker hell gestreift, die Unterseite ist reinweiß, die Oberseite heller, der Bürzel rostbraun.

STIMME Ruft hoch und etwas vibrierend „srii", oft gereiht, bei Gefahr „srii-tsi-tsitsi", im Flug „tititi". Gesangstrophen länger und leiser als beim Gartenbaumläufer, eine abfallende Reihe aus zwei Trillern, von denen der erste sehr hoch beginnt und langsam abfällt, der zweite fast ebenso hoch beginnt, jedoch schneller abfällt.

VORKOMMEN Brütet in größeren Nadelwaldgebieten, aber auch in Mischwald; seltener in Parks und Gärten mit Nadelbaumbestand; in den Alpen bis zur Baumgrenze. Bei uns häufig.

VERHALTEN Streift außerhalb der Brutzeit oft mit Meisentrupps umher.

NAHRUNG Insekten, deren Larven, Spinnen; feine Samen, Talg.

BRUT April–Juli, 1–2 Bruten; Nest aus Reisern, Moos und Halmen hinter abstehender Rinde, in Baumspalten oder in Nistkästen mit seitlichem, schlitzförmigem Einschlupfloch.

< Haussperling J I–XII

Beutelmeise *Remiz pendulinus*

Familie Beutelmeisen *Remizidae*

Typisch Das an einer Zweigspitze hängende Beutelnest.
Merkmale Nur knapp blaumeisengroß; einziger Kleinvogel mit kastanienbraunem Rücken; auffallende schwarze Gesichtsmaske. ♀ (kl. Foto) weniger kontrastreich gefärbt; Jungvögel ohne schwarze Gesichtszeichnung.
Stimme Ruft hoch und gezogen „ziih" oder „siiüü", ähnlich dem Ruf der Rohrammer, aber dünner und reiner. Gesang: leise und abwechslungsreiche Strophen, die häufig den „siiüü"-Ruf und kürzere Folgen von „tlü"-Lauten enthalten.
Vorkommen Brütet im Auwald, im Uferdickicht mit Weiden- und Pappelbeständen an Teichen, Flüssen und Seen. Vorwiegend im östlichen Mitteleuropa, bei uns selten und vielfach unstet, aber im Zunehmen begriffen und neuerdings auch in den westlichen Landesteilen Brutvogel; außerhalb der Brutzeit wesentlich häufiger, im Winter jedoch nur ausnahmsweise.
Verhalten Turnt meisenartig geschickt im Gezweig, sucht im Sommer meist hoch in Laubbäumen Nahrung.
Nahrung Kleine Insekten, Spinnen; im Winter auch Samen.
Brut April–Juni, 1 Brut; filziges, an einem Zweigende frei hängendes Beutelnest mit einer Einflugröhre, häufig über dem Wasser gebaut.

< Haussperling T, (W) II–XI

Pirol *Oriolus oriolus*
Familie Pirole *Oriolidae*

Typisch Die auffallende gelb-schwarze Färbung und der leicht nachzupfeifende Gesang des ♂.
Merkmale Ohne Kenntnis der Stimme oft schwer zu entdecken. ♂ unverkennbar schwarz und gelb, ♀ (oben links) und Jungvögel (unten) mit grünlicher Oberseite und hellgrauer, schwach gestreifter Unterseite, Flügel und Schwanz schwarzbraun.
Stimme Ruft bei Beunruhigung rau und gepresst „krää" oder „grewäh". Gesang: ein angenehm flötendes, leicht nachzupfeifendes „düdlio".

Vorkommen Brütet in alten Laubwäldern, in Auwäldern, Parks und Alleen mit altem Laubbaumbestand; gebietsweise auch in Kiefernwald; bei uns im Flachland weit verbreitet, aber nicht häufig und vielerorts fehlend.
Verhalten Scheu; lebt zur Brutzeit sehr versteckt im Blätterdach der Bäume. Fliegt schnell und in großen, flachen Bögen, das letzte Stück, bevor er in einer Baumkrone landet, pfeilartig und mit angelegten Flügeln.
Nahrung Größere Insekten, deren Larven (Raupen), Beeren, Obst.
Brut Mai–Juli, 1 Brut; kunstvolles Napfnest aus Grashalmen, Bast und manchmal Papier, in eine Astgabel oder zwischen zwei waagrechte Zweige geflochten, meist hoch auf Laubbäumen.

< Amsel S V–IX

Neuntöter *Lanius collurio*

Familie Würger *Laniidae*

Typisch Sitzt in aufrechter Haltung exponiert auf Buschspitzen.

Merkmale ♂ auffällig gefärbt, der dicke schwarze Augenstreif ist oft schon von weitem erkennbar; ♀ (kleines Foto) mit rotbrauner Oberseite und heller, quer gewellter Unterseite. Jungvögel mit kräftiger Schuppenzeichnung.

Stimme Ruft bei Störung „dschää", „gäck" oder hart „trrt-trrt", oft auch nasal „dewewi". Gesang selten zu hören, abwechslungsreich schwätzend, mit gepressten Lauten; häufig mit eingeflochtenen Imitationen anderer Vogelstimmen. Wenn das ♀ in der Nähe ist, erfolgen die Gesangsstrophen deutlich hastiger zwitschernd. Die Bettelrufe der flüggen Jungen sind laut und durchdringend wie „quää".

Vorkommen Brütet in Moor- und Heidegebieten, an Waldrändern mit Dornengebüsch, in der kleinräumigen Kulturlandschaft mit breiten, möglichst dornigen Hecken und einzelnen Büschen. Bei uns weit verbreitet, selten.

Verhalten Fliegt geradlinig, rüttelt manchmal; bei Erregung drehende Schwanzbewegungen. Spießt bei Nahrungsüberschuss Beutetiere auf Dornen und Stacheldraht auf.

Nahrung Großinsekten, Eidechsen, Jungvögel, junge Mäuse.

Brut Mai–Juli, 1 Brut; Nest in dornigen Büschen, 1–3 m hoch.

< Amsel S V–IX

Rotkopfwürger *Lanius senator*

Familie Würger *Laniidae*

Typisch Oberkopf und Nacken rostrot, auffallend weiße Schulterflecken.
Merkmale Etwas breiterer Kopf und kürzerer Schwanz als der Neuntöter; Oberseite schwärzlich, ganze Unterseite reinweiß. ♀ (kleines Foto) etwas blasser gefärbt, Oberseite mehr bräunlich, schwarze Gesichtsmaske weniger markant. Jungvögel ähnlich jungen Neuntötern, aber oberseits mehr braun, Schulter- und Bürzelbereich heller.
Stimme Ruft haussperlingsähnlich „dscherrt", schackernd und hölzern „dschä-dschä", bei Erregung oft mehrfach wiederholt. Gesang anhaltend zwitschernd und plaudernd mit rauen und harten Lauten sowie vielen Imitationen anderer Vogelarten.
Vorkommen Brütet in offener Landschaft mit Büschen und Feldgehölzen, in Streuobstflächen und Heidelandschaften, an Alleen. Seltener Brutvogel der Schweiz und Ostösterreichs, Ungarns, Tschechiens, der Slowakei und Polens. Bei uns vor allem durch die Zerstörung von Streuobstflächen selten geworden; brütet nur noch in warmen Gegenden Süddeutschlands.
Nahrung Große Insekten, vor allem Käfer und Hummeln.
Brut Mai–Juli, 1 Brut; fest gefügtes Nest aus Reisern, Halmen und Wurzeln, häufig in 2–6 m Höhe in Apfel- oder Birnbäumen.

< Amsel **S** **IV–IX**

Schwarzstirnwürger *Lanius minor*
Familie Würger *Laniidae*

TYPISCH Die schwarze Maske, die sich bis über die Stirn zieht.
MERKMALE Etwas kleiner als der Raubwürger, Schnabel und Schwanz kürzer, Flügel jedoch länger; Unterseite rötlich überhaucht. ♀ mit etwas weniger breiter Maske. Jungvögel mit grauer Stirn, oberseits mit feinem Schuppenmuster. Im Flug fällt vor allem die weiße Flügelbinde auf (kleines Foto).
STIMME Ruft bei innerartlichen Auseinandersetzungen gepresst „gschwää", „gerrib" oder sperlingsartig tschilpend. Gesang schwätzend mit hervorragenden Imitationen vieler verschiedener Vogelarten, z. B. von Amseln, Grasmücken und Meisen.
VORKOMMEN Brütet in warmer, offener Landschaft mit einzelnen Bäumen oder Büschen, in Alleen, Weingärten und Streuobstflächen. Seltener Brutvogel Ungarns, der Slowakei und Polens; bei uns im letzten Jahrzehnt aufgrund von Landschaftszerstörung, Pestizidanwendung und einer Serie kalter, nasser Sommer als Brutvogel Ende der 1980er Jahre ausgestorben, in Österreich fast verschwunden.
NAHRUNG Vorwiegend Großinsekten wie Käfer und Heuschrecken.
BRUT Mai–Juli, 1 Brut; sorgfältig gebautes Napfnest aus Zweigen, Gräsern und Würzelchen; nistet oft hoch in Obstbäumen oder Pappeln.

< Amsel S V–IX O

Raubwürger *Lanius excubitor*

Familie Würger *Laniidae*

Typisch Der breite, schwarze Augenstreif, der durch einen schmalen weißen Bereich von der Oberkopffärbung getrennt ist.

Merkmale Deutlich größer als der Neuntöter; Flügel relativ kurz, Schwanz ziemlich lang und etwas gestuft, das Gefieder wirkt aus der Ferne hell schwarzweiß, erinnert etwas an Elster. ♀ mit mehr oder weniger feiner Wellenmusterung auf der Brust. Jungvögel unterseits dunkel quer gewellt.

Stimme Ruft scharf zwei- oder dreisilbig „wääd" oder „schrrie", manchmal elsterähnliches Schackern. Der Gesang besteht aus kurzen Strophen, klingt oft metallisch oder vibrierend, daneben auch kontinuierliche, schwätzende Gesangsformen mit Imitationen.

Vorkommen Brütet in Moor- und Heidegebieten mit Baumgruppen, in Heckenlandschaften und Obstgärten. Bei uns durch Lebensraumzerstörung selten geworden.

Verhalten Flug langsam, rüttelt oft. Klemmt bei Nahrungsüberschuss Beutetiere in Astgabeln ein oder spießt sie auf Dornen und Stacheldraht auf.

Nahrung Großinsekten, Vögel, Mäuse, Spitzmäuse, Eidechsen.

Brut April–Juni, 1 Brut; stabiles Nest aus Zweigen, Moos und Halmen in höheren Büschen oder hoch auf einzeln stehenden Bäumen.

< Amsel T I–XII

Eichelhäher *Garrulus glandarius*

Familie Krähenvögel *Corvidae*

Typisch Die auffällig blau-schwarz gebänderten Flügelfedern.

Merkmale Oberkopf gestrichelt, zu einer Haube aufstellbar, schwarzer Bartstreif. Die weißen Abzeichen an Flügeln und Schwanz fallen besonders im Flug und beim Abflug auf.

Stimme Ruft bei Erregung laut und rau kreischend „rrää", oft mehrfach wiederholt, auch „schrähi" und leise „gahi", häufig ein bussardähnliches „hii-ä". Gesang sehr abwechslungsreich, leise schwätzend, mit bauchrednerischen Lauten und mit Imitationen.

Vorkommen Brütet vor allem in Misch- und Laubwäldern, in Parks und Gärten mit größerem Baumbestand, seltener in Nadelwald; in den Alpen bis rund 1700 m Höhe. Fast überall häufiger Brutvogel.

Verhalten Fliegt langsam und mit unregelmäßigen Flügelschlägen; hüpft zur Nahrungssuche oft auf dem Boden; im Winterhalbjahr vielfach in kleinen, locker zusammenhaltenden Trupps, besucht auch Futterstellen für Kleinvögel.

Nahrung Vielseitig; vor allem Samen, Eicheln, Nüsse, Bucheckern, Insekten, Würmer, Jungvögel, Eier.

Brut April–Juni, 1 Brut; relativ kleines, flaches Nest meist gut versteckt in Bäumen oder Büschen.

< Rabenkrähe T I–XII

Tannenhäher *Nucifraga caryocatactes*

Familie Krähenvögel *Corvidae*

Typisch Der heisere und etwas nasale Ruf „grährr-grähr".
Merkmale Im Flug fallen die breiten, abgerundeten Flügel, der kurze Schwanz mit weißer Endbinde und die signalweißen Unterschwanzdecken auf.
Stimme Der typische Ruf wird häufig mehrfach wiederholt, daneben oft ein dohlenartiges „jäk jäk". Gesang unbedeutend, leise schwätzend und nur selten zu hören; mit Imitationen anderer Vogelstimmen untermischt.

Vorkommen Brütet in Nadel- und Mischwäldern der Alpen bis 2000 m Höhe und in den Mittelgebirgen; im Winter oft in den Alpentälern, in manchen Jahren bei uns invasionsartige Einflüge von Tannenhähern der dünnschnäbeligen sibirischen Unterart *N. c. macrorhynchos*.
Verhalten Sitzt häufig auf den höchsten Baumspitzen; fliegt langsam und etwas unregelmäßig; legt im Herbst Vorratslager von Arven- und anderen Baumsamen an.
Nahrung Vor allem Nüsschen der Zirbelkiefer (Alpen und Sibirien) und Haselnüsse (sonst in Europa); daneben Bucheckern, Beeren, im Sommer auch verschiedene Insekten.
Brut März–Mai, 1 Brut; Nest aus Reisig, Gräsern und Flechten, mit etwas Erde verfestigt, hoch auf Nadelbäumen.

< Rabenkrähe J I–XI

Elster *Pica pica*

Familie Krähenvögel *Corvidae*

Typisch Das glänzend schwarzweiße Gefieder und der lange, stufige Schwanz; schackernde Rufe.

Merkmale Im Flug fällt das weiße Handschwingenfeld auf (kleines Foto). Jungvögel mit viel kürzerem Schwanz, Gefieder noch kaum glänzend.

Stimme Ruft häufig schackernd „schakschakschak" oder „tscharrakakak", auch „kekekekek" oder „jekjekjek". Gesang: ein rau gurgelndes Schwätzen, mit schnarrenden, gepressten und pfeifenden Lauten.

Vorkommen Brütet in der offenen Landschaft mit Hecken, Feldgehölzen und Alleen; in Dörfern, Parks und Gärten mit Baumbestand, auch mitten in der Stadt; meidet geschlossenen Wald; im Gebirge bis rund 1500 m Höhe. Bei uns weit verbreitet und häufig.

Verhalten Läuft am Boden in wackelndem Gang; wachsam und scheu; gesellig, meist paarweise oder in kleinen Trupps.

Nahrung Würmer, Schnecken, Insekten, Früchte, Samen, Abfälle, Eier, Jungvögel, Mäuse, Frösche.

Brut April–Juni, 1 Brut; großes, überdachtes Reisignest mit seitlichem Eingang, mit Erde verfestigt; meist hoch in Bäumen oder Büschen.

< Rabenkrähe J I–XII

Dohle *Corvus monedula*

Familie Krähenvögel *Corvidae*

Typisch Die hellen Rufe.
Merkmale Gefieder überwiegend schwarz, Nacken und Hinterkopf grau, Augen hell. Jungvögel mit bräunlichschwarzem Gefieder.
Stimme Ruft häufig kurz und laut „kja" oder „kjak", auch gereiht, daneben schnarrend „kjerr", bei Bedrohung hoch „jüb". Gesang selten zu hören; ein leises Schwätzen mit knackenden Tönen und miauenden Lauten.
Vorkommen Brütet in Laubwäldern mit Schwarzspechthöhlen, in Felswänden und Steinbrüchen, in Feldgehölzen und Parks mit altem Baumbestand, an Kirchen, Burgen und Ruinen; gebietsweise häufig, fehlt aber vielerorts.
Verhalten Lebenslange Paarbindung; sehr gesellig. Nahrungssuche meist in kleinen Trupps auf offenem Gelände. Dohlen fliegen oft in Saatkrähenschwärmen mit, sie fallen neben der geringeren Größe durch ihre helleren Rufe und schnelleren Flügelschläge auf.

Der weltberühmte Verhaltensforscher Konrad Lorenz studierte das Sozialverhalten von Dohlen sehr intensiv.
Nahrung Insekten, Würmer, Schnecken, Früchte, Samen, Körner, Jungvögel, Mäuse, Abfälle.
Brut April–Juni, 1 Brut; Koloniebrüter in Baumhöhlen, Felsspalten und -nischen, Mauerlöchern und Nistkästen; oft großes Reisignest.

< Rabenkrähe T, W I–XII

Alpendohle *Pyrrhocorax graculus*

Familie Krähenvögel *Corvidae*

Typisch Häufig um Berggipfel, an Seilbahnstationen und Skihütten.

Merkmale Gelber, schwach gebogener Schnabel, orangerote Beine. Jungvögel mit grauschwarzen Beinen und bräunlichem Schnabel.

Stimme Ruft häufig scharf und schrill „psia" oder „zja", bei Gefahr durchdringend „tschrirr". Gesang selten zu hören, ein unbedeutendes Schwätzen mit harten metallischen Pfiffen.

Vorkommen Brütet in den Alpen oberhalb der Baumgrenze; im Winter auch in den Tälern.

Verhalten Sehr gesellig und lärmend, tritt häufig in Schwärmen von mehreren hundert Vögeln auf; wenig scheu, die Dohlen lassen sich oft an Berghütten füttern.

Nahrung Insekten, deren Larven, Würmer, Schnecken, Aas, Beeren, Früchte, Abfälle.

Brut; April–Juli, 1 Brut; Nest aus Reisig, Wurzeln und feinen Halmen, tief in Spalten an Felswänden, oft in größeren Naturhöhlen oder in Tunnels angelegt. Die etwas größere **Alpenkrähe** *Pyrrhocorax pyrrhocorax* hat einen langen und gebogenen, roten Schnabel. Brütet nur sporadisch in den Alpen Mitteleuropas (Wallis), meist oberhalb der Baumgrenze an schroffen Felsen.

< Rabenkrähe J I–XII

Kolkrabe *Corvus corax*

Familie Krähenvögel *Corvidae*

Typisch Größter Rabenvogel, auffallend tiefe Rufe.

Merkmale Sehr kräftiger, schwarzer Schnabel, Gefieder schwarz mit bläulichem Glanz. Im Flug fallen die langen, gleichmäßig schmalen Flügel, der keilförmige Schwanz und der starke Schnabel auf.

Stimme Sehr vielseitig; ruft tief und sonor „grok“, „krah“ oder „kroar“, auch hohl „klong“, hölzern „k-k“ und bei Gefahr „kra-kra“. Gesang abwechslungsreich schwätzend mit rufähnlichen, schnarrenden und schnalzenden Lauten und mit zahlreichen Imitationen.

Vorkommen Brütet in sehr unterschiedlichen Lebensräumen wie offenen, zusammenhängenden Waldgebieten, Gebirgs- und Küstenregionen, Tundren und Steppen. Bei uns vor allem in den Alpen, im Alpenvorland und in Waldgebieten Schleswig-Holsteins und Niedersachsens.

Verhalten Fliegt mit wuchtigen Flügelschlägen, dabei pfeifendes Fluggeräusch; segelt häufig.

Nahrung Aas, Insekten, Würmer, Schnecken, kleine Säuger, Vögel.

Brut Februar–April, 1 Brut; großes Nest aus Ästen und Zweigen in Nischen steiler Felswände oder auf hohen Bäumen des Tieflandes.

> **Rabenkrähe** **J I–XII**

Rabenkrähe *Corvus corone corone*

Familie Krähenvögel *Corvidae*

Typisch Anpassungsfähiger Kulturfolger, überall häufig.

Merkmale Rabenkrähe und Nebelkrähe (*C. c. cornix*) werden oft als Unterarten derselben Art, der Aaskrähe (*C. corone*) angesehen. Bei der Nebelkrähe (unten) sind Rücken und Unterseite hellgrau. In der Überlappungszone treten Mischlinge beider Formen auf.

Stimme Ruft häufig „kräh", „wärr", „kirrk" oder „konk", bei Gefahr kurz „krr". Gesang bauchrednerartig schwätzend mit pfeifenden und kreischenden Lauten und mit zahlreichen Imitationen untermischt.

Vorkommen Brütet häufig in offener Kulturlandschaft, in Mooren, an der Küste, in Parks und Gärten, auch innerhalb der Stadt; im Gebirge bis 2000 m Höhe. Östlich der Elbe, in Teilen der Südschweiz und in Ostösterreich ist die Nebelkrähe heimisch.

Verhalten Meist paarweise oder in Trupps, aber nie in riesigen Schwärmen wie Saatkrähen.

Nahrung Würmer, Schnecken, Insekten, Mäuse, Eier, Jungvögel, Aas, Früchte, Pflanzenteile, Abfälle.

Brut März–Juni, 1 Brut; großes, stabiles Nest aus Zweigen und Erde, meist hoch auf Bäumen.

Bezugsart J I–XII

Saatkrähe *Corvus frugilegus*

Familie Krähenvögel *Corvidae*

Typisch Die unbefiederte Schnabelwurzel der Altvögel; Jungvogel rechts..

Merkmale Gefieder schwarz, metallisch blau schillernd; Kopf mit steiler Stirn, wirkt eckig; das Bauch- und Schenkelgefieder steht im Gegensatz zu dem der Rabenkrähe meist locker ab.

Stimme Ruft tiefer und rauer als die Rabenkrähe: „kroh", „krah" oder „korr", daneben „kja" und ein mechanisch klingendes „krrr". Gesang schwätzend und schnarrend mit metallischen und krächzenden Lauten durchsetzt.

Vorkommen Offene Kulturlandschaft mit Gehölzen, Ränder von Laub- und Nadelwäldern, Parks, auch in größeren Städten. Brütet bei uns nur gebietsweise (im Tiefland).

Verhalten Sehr gesellig, im Winter häufig große Schwärme von Saatkrähen aus nördlichen und östlichen Brutgebieten, die auf Feldern, in Parks und Anlagen Nahrung suchen.

Nahrung Insektenlarven wie Raupen und Drahtwürmer; Schnecken, Mäuse, Samen, Pflanzenteile, Abfälle.

Brut März–Mai, 1 Brut; Koloniebrüter in Baumkronen; großes Nest aus Zweigen, Halmen und Erde.

~ Rabenkrähe T, W I–XII

Star *Sturnus vulgaris*
Familie Stare *Sturnidae*

Typisch Der wackelnde Gang.
Merkmale Kurzschwänzig und untersetzt, mit langem und spitzem, gelbem Schnabel; im Herbst mit braunem Schnabel und dicht weiß getupft (Perlstar, kleines Foto) durch weiße Federsäume; diese nutzen sich zum Frühjahr hin allmählich ab, so erscheint das grün-violette Prachtkleid. Jungvögel einheitlich graubraun mit heller Kehle, Schnabel dunkel. Im Flug fallen die dreieckigen, spitzen Flügel auf.
Stimme Ruft häufig heiser „rrhää" oder „ärr", schrill „schriin" oder bei Gefahr hart „wätt wätt". Gesang: ein abwechslungsreiches Schwätzen aus pfeifenden, schnalzenden und ratternden Lauten; viele Imitationen anderer Vogelstimmen und Geräusche.
Vorkommen Brütet überall häufig, wo es Bäume mit Naturhöhlen oder Nistkästen gibt; in Laub- und Mischwald, offenem Kulturland, Parks, Gärten. Nur wenige Stare überwintern bei uns (im Tiefland).
Verhalten Sucht in wackelndem Gang und ständig stochernd auf dem Boden nach Nahrung, hüpft nicht. Sehr gesellig, oft in großen Schwärmen.
Nahrung Insekten, Schnecken, Würmer, Obst (Weintrauben), Beeren.
Brut April–Juli, 1–2 Bruten; unordentliches Nest aus Stroh, Stängeln und Blättern in Baumhöhlen, Nistkästen.

< Amsel T, D, (W) II–XII

Schneesperling *Montifringilla nivalis*

Familie Sperlinge *Passeridae*

Typisch Die besonders im Flug auffallende schwarzweiße Zeichnung von Flügeln und Schwanz.

Merkmale Wirkt groß und finkenartig; im Prachtkleid ♂ (unten) mit grauem Kopf, schwarzem Schnabel und schwarzem Kehlfleck, ♀ mit mehr braungrauer Kopffärbung und undeutlicherem Kehlfleck, das Weiß im Flügel etwas weniger ausgedehnt. Im Winter (oben) ♂ und ♀ mit gelbem Schnabel und ohne den schwarzen Kehlfleck.

Stimme Ruft häufig kurz und nasal „pchie", „zuziek" oder „wähk", bei Gefahr ähnlich der Haubenmeise weich trillernd „pchrrt". Gesang ein einfaches, etwas stotterndes Zwitschern aus wiederholten Lauten, z. B. „titt-titt-tsche", wirkt etwas zögerlich.

Vorkommen Brütet in der alpinen Felszone der Schweiz, Österreichs und Bayerns, meist über 1900 m Höhe; im Winter auch an Seilbahnstationen und Berghütten, jedoch nur selten in den Tälern anzutreffen.

Verhalten Sehr gesellig, brütet meist zu mehreren Paaren, tritt außerhalb der Brutzeit in oft größeren Schwärmen auf, nicht selten an Berghotels.

Nahrung Insekten, Samen.

Brut Mai–Juli, 1–2 Bruten; Nest in Spalten und kleinen Höhlen, gebietsweise auch an Gebäuden.

>Haussperling J I–XII

Haussperling *Passer domesticus*

Familie Sperlinge *Passeridae*

Typisch Ein allbekannter Kleinvogel.
Merkmale ♂ (großes Foto) kontrastreich gefärbt mit schwarzem bis zur Vorderbrust reichenden Latz. ♀ (unten) und Jungvögel schlicht graubraun.
Stimme Ruft bei Erregung durchdringend „tetetet" oder „tsched-tsched", im Flug häufig „tschuib" oder „dschlue". Gesang: das allbekannte, rhythmische Tschilpen wie „tschilp tschelp ...".

Vorkommen Überall, wo es Häuser gibt; noch häufiger Kulturfolger in Dörfern, Städten und an Einzelgehöften; auch an manchen Berghütten. Vielfach dramatischer Bestandsrückgang.
Verhalten Sehr gesellig, oft in lärmenden Trupps, die einander ständig verfolgen und dabei tschilpen und zetern; im Gegensatz zum Buchfink auf dem Boden hüpfend; badet gerne im Staub; häufig Gruppenbalz mehrerer ♂ mit hängenden Flügeln und gestelztem Schwanz sowie laut tschilpend.
Nahrung Insekten, deren Larven, Samen, Früchte, Beeren, Knospen, Getreide, Abfälle.
Brut April–August, 2–3 Bruten; wenig sorgfältiges, überdachtes Nest aus Halmen, Stängeln, Papier und Lumpen, meist unter Hausdächern oder in Mauerlöchern.

Bezugsart J I–XII

Feldsperling *Passer montanus*

Familie Sperlinge *Passeridae*

TYPISCH Im Verhalten viel unauffälliger als der Haussperling.
MERKMALE Etwas kleiner und schlanker als der Haussperling, leicht durch den kastanienbraunen Oberkopf und Nacken sowie den schwarzen Ohrfleck und kleineren schwarzen Kehlfleck zu unterscheiden.
STIMME Ruft bei Erregung und im Flug hart „tek tek tek", oft auch mit „zwit" kombiniert, daneben „dschäd dschäd". Gesang ähnlich dem des Haussperlings. Ein rhythmisches, stammelndes Tschilpen, jedoch geräuschhafter.
VORKOMMEN Weniger an Siedlungen gebunden als der Haussperling; brütet in offener Kulturlandschaft mit Hecken, Feldgehölzen und Obstgärten; in Parks und an Stadt- und Dorfrändern.
VERHALTEN Ebenso gesellig wie der Haussperling, aber nicht so lärmend; im Winter häufig an Dorfrändern, besucht Futterhäuschen, aber zurückhaltender als der Haussperling.

NAHRUNG Insekten, Samen, Früchte, Knospen, Getreide, Abfälle.
BRUT April–August, 2–3 Bruten; überdachtes Nest aus Halmen und Stängeln, innen mit Federn gepolstert, in Baumhöhlen, Nistkästen und sogar in alten Uferschwalbenröhren.

< Haussperling T I–XII

Buchfink *Fringilla coelebs*

Familie Finkenvögel *Fringillidae*

TYPISCH Häufigster Fink.
MERKMALE Oberkopf beim ♂ (oben) im Prachtkleid leuchtend blaugrau, im Schlichtkleid bräunlich grau; ♀ (unten) oberseits olivbraun, unterseits graubraun. Besonders im Flug sind die leuchtend weißen Flügelabzeichen und die weißen Schwanzkanten auffällig.
STIMME Ruft bei Gefahr laut und kurz „pink", ähnlich wie die Kohlmeise, bei Erregung weich „füid" oder wiederholt „wwrüt" („Regenruf"), beim Auffliegen kurz „jüb". Gesang: eine laut schmetternde, abfallende Strophe mit betontem Schluss „zizizjezja-jzo-ritju-kik", das „kik" – vom Buntspecht imitiert – fehlt regional.

VORKOMMEN Überall häufig, wo es Bäume gibt, in Wäldern alle Art bis zur Baumgrenze, in Parks und Gärten. Bei uns überwintern fast nur ♂.
VERHALTEN Nahrungssuche meist am Boden, trippelt mit ruckartigen Kopfbewegungen; außerhalb der Brutzeit oft in großen Schwärmen.
NAHRUNG Samen, Früchte, Insekten, Spinnen, Sämereien, Getreide.
BRUT April–Juli, 2 Bruten; kunstvolles, festes Napfnest, relativ hoch in Bäumen und Büschen.

~ Haussperling T I–XII

Bergfink *Fringilla montifringilla*

Familie Finkenvögel *Fringillidae*

Typisch Der weiße Bürzel beim Auffliegen meist deutlich zu sehen.

Merkmale Beim ♂ im Prachtkleid (nicht abgebildet) Kopf, Schnabel und Rücken schwarz, Brust und Schultern orangefarben; beim ♂ im Schlichtkleid (oben) schwarze Gefiederpartien bräunlich geschuppt, durch Abnutzung der hellen Federsäume entsteht im Frühjahr allmählich die Schwarzfärbung. ♀ (rechts) mit grauen Wangen, schwärzlich gestreiftem Scheitel und stets braun gemustertem Rücken.

Stimme Ruft auffällig quäkend „dschäe" oder „kwäig", im Flug kurz „jäk", beim Abflug gereiht. Gesang nicht sehr laut, eine Kombination von grünfinkenartigem Quetschlauten wie „dsäää" und scheppernden Elementen.

Vorkommen Häufiger Brutvogel in Fjällbirken- und Nadelwäldern des Nordens; im Winterhalbjahr in oft großen Schwärmen in Buchenwäldern. Parks, Gärten und auf Feldern. Besucht regelmäßig Futterstellen und Futterhäuser.

Verhalten Im winterlichen Buchenwald flattern Bergfinken mit halb geöffneten Flügeln im Neuschnee, um so die begehrten Bucheckern freizulegen.

Nahrung Insekten und deren Larven, im Winter Bucheckern, grobe Sämereien, Getreide, Nüsse.

~ Haussperling W, D X–IV O

Girlitz *Serinus serinus*
Familie Finkenvögel *Fringillidae*

TYPISCH Kleinster heimischer Fink, sehr kurzer Kegelschnabel.
MERKMALE Gefieder mit viel Gelb (♂), ♀ (kleines Foto) mehr graugrün, unterseits gestreift, Bürzel wie beim ♂ gelb, im Flug oft gut zu erkennen. Jungvögel bräunlich, stark dunkel gestreift, ohne gelben Bürzel.
STIMME Ruft im Flug hoch trillernd „tir-ri", „girr" oder „girlitt", bei Beunruhigung gedehnt „dschäi". Gesang: ein anhaltendes hohes und klirrendes Gezwitscher auf etwa gleicher Tonhöhe.
VORKOMMEN Brütet in Friedhöfen, Parks, Gärten, Obstgärten und Weinbergen, in lichtem Laub- und Mischwald bis rund 1200 m Höhe. Bei uns im Tiefland weit verbreitet.
VERHALTEN Flug schnell und leicht bogenförmig. Nahrungssuche häufig am Boden; tritt meist paarweise oder in kleinen Trupps auf. Singt auf Baumspitzen, Telegrafenleitungen oder in fledermausartigem Singflug, wobei der Vogel in weiten Bögen in Baumkronenhöhe fliegt und nach dem Landen intensiv weitersingt.
NAHRUNG Feine Wildsamen, grüne Pflanzenteile, Insekten.
BRUT April–Juli, 2 Bruten; kunstvolles Nest aus Wurzeln, Halmen und Moos mit Federn, Haaren und Pflanzenwolle ausgepolstert; meist halbhoch in Nadelbäumen, Hecken und Büschen.

< **Haussperling S III–X**

Zitronengirlitz *Serinus citrinella*

Familie Finkenvögel *Fringillidae*

Typisch Klein und unauffällig, am besten an der Stimme zu erkennen.

MERKMALE Gesicht und Unterseite ungestrichelt gelb, Nacken und Halsseiten grau, zwei gelblich-grüne Flügelbinden, Schwanz ohne Gelb; ♀ weniger gelb und dunkler, oberseits schwach gestreift. Jungvögel (rechts) mehr bräunlich, unterseits deutlich gestreift.

STIMME Ruft im Flug häufig hoch und etwas nasal „dit dit", auch schnell gereiht, bei Störung „ziä". Der Gesang erinnert in der Klangfarbe an den des Stieglitzes und ist ähnlich anhaltend wie der des Girlitzes, ein sprudelndes Gezwitscher, das oft mit einem gedehnten Quetschlaut endet.

VORKOMMEN Brütet relativ häufig in lockerem Nadelwald der Alpen ab 1400 m Höhe bis zur Baumgrenze; einige Brutplätze im Schwarzwald. Nur wenige überwintern bei uns.

NAHRUNG Samen von Nadelbäumen, Kräutern und Gräsern, Insekten.

BRUT April–August, 1–2 Bruten; Nest aus Gräsern, Wurzeln, Moos und Flechten, innen mit Pflanzenwolle und Federn ausgepolstert, meist hoch auf Nadelbäumen; häufig auf Lichtungen mit einzelnen Nadelbäumen, im Schwarzwald an Rändern von Skipisten.

< Haussperling T II–X

Grünfink *Carduelis chloris*
Familie Finkenvögel *Fringillidae*

TYPISCH Größter gelbgrüner Fink.
MERKMALE Besonders im Flug auffallende gelbe Flügelabzeichen. ♂ im Prachtkleid mit viel Gelb in Flügeln und Schwanz. ♀ (unten) überwiegend graugrün, gelbe Abzeichen an Flügeln und Schwanz weniger deutlich. Jungvögel kräftig dunkel längs gestreift.
STIMME Ruft beim Abfliegen laut und klangvoll „gügügügügüg", bei Störung nasal „diu" oder „dschwuit", bei Auseinandersetzungen schnarrend „tsrr". Gesang aus kanarienartig klingelnden und trillernden Touren, dazwischen an Kleiber erinnernde Pfeiflaute und gedehnte Quetschlaute wie „dejäieh".

VORKOMMEN Brütet häufig in lichten Mischwäldern, an Waldrändern, in Hecken, Parks, Obstgärten und Alleen, auch in Gärten mitten in der Großstadt. Bei uns einer der häufigsten Brutvögel.
VERHALTEN Gesellig; besucht oft Futterhäuschen. Singt in fledermausartigem Balzflug mit stark verlangsamten Flügelschlägen.
NAHRUNG Samen, Knospen, Blüten, Insekten, Sonnenblumenkerne.
BRUT April–August, 2–3 Bruten; lockeres Nest meist halbhoch in dichten Büschen und Bäumen, auch in Blumenkästen auf dem Balkon.

~ **Haussperling T I–XII**

Stieglitz *Carduelis carduelis*

Familie Finkenvögel *Fringillidae*

Typisch Ungewöhnlich bunt.
Merkmale Jungvögel ohne die schwarz-weiß-rote Kopffärbung, aber mit dem typischen gelben Flügelstreif.
Stimme Ruft sehr häufig hoch klingelnd und schnell „didilit" oder „zidit", bei Gefahr nasal gezogen „wäii", bei innerartlichen Auseinandersetzungen schnarrend „tschrrr". Die klangvollen hohen und eilig vorgetragenen Gesangsstrophen bestehen aus zwitschernden und trillernden Folgen sowie nasalen Elementen und werden meist durch „didilit"-Rufe eingeleitet.
Vorkommen Brütet in Parkanlagen, Obstgärten, Heckenlandschaften, Alleen und Gärten, häufig in Dörfern mit alten Laubbäumen; außerhalb der Brutzeit in offenem Gelände und an Wegrändern; einige Stieglitztrupps überwintern in Mitteleuropa.
Verhalten Sehr gesellig; singt meist hoch auf Bäumen; Nahrungssuche oft in kleinen Trupps auf Wildkräuterflächen mit Disteln und anderen samentragenden Stauden.

Nahrung Samen von Disteln, Löwenzahn und Laubbäumen; während der Brutzeit auch kleine Insekten
Brut Mai–August, 2 Bruten; das ♀ baut ein dickwandiges und verfilztes Nest, meist hoch oben in der Astgabel eines Laubbaumes.

< **Haussperling T I–XII**

Erlenzeisig *Carduelis spinus*

Familie Finkenvögel *Fringillidae*

Typisch Die wehmütigen Flugrufe.
Merkmale Sehr klein, relativ schlanker, spitzer Schnabel; Gefieder grünlichgelb, Flügel schwarz mit breiter gelber Flügelbinde. ♂ (oben links) mit schwarzer Kopfplatte und kleinem schwarzem Kinnfleck; ♀ (oben rechts) graugrün, stärker gestrichelt und ohne schwarze Kopfplatte. Jungvögel (kl. Foto) oberseits mehr braun, stärker gestrichelt.
Stimme Ruft im Flug oft wehmütig „tüli", „tsie" oder „diäh", Betonung auf der ersten Silbe, häufig auch kurz „tet" oder „tetet". Gesang (auch im Singflug) eilig zwitschernd, oft mit eingeflochtenen „tüli"-Rufen, vielen Imitationen anderer Vogelstimmen und am Ende mit einem gedehnten Quetschlaut.
Vorkommen Brütet in Fichten- und Mischwald, besonders in Bergwäldern bis zur Baumgrenze; im Winterhalbjahr häufig im Tiefland.
Verhalten Turnt bei der Nahrungssuche geschickt auf Erlen und Birken; gesellig, außerhalb der Brutzeit oft in großen Schwärmen; singt bereits ab Ende Januar, oft hoch in Bäumen.
Nahrung Samen von Laub- und Nadelbäumen, Insekten, feine Sämereien, Nüsse, Talg.
Brut April–Juli, 2 Bruten; Nest aus Halmen, Moos und Flechten, meist hoch auf Nadelbäumen.

< Haussperling T I–XII

Birkenzeisig *Carduelis flammea*

Familie Finkenvögel *Fringillidae*

Typisch Die Flugrufe.
Merkmale; Sehr klein; hornfarbener, spitzer Schnabel; Gefieder überwiegend gestreift, mit tiefrotem Scheitelfleck und schwarzem Kinn. ♂ (Nominatform, oben) im Prachtkleid mit rötlicher Brust (♂ Alpenform, kleines Foto). Jungvögel ohne Rot.
Stimme Typischer Flugruf ein schnelles, weit hörbares „dschedschedsche", bei Störung ein nasales, gezogenes „wäid" oder „wüid". Gesang anhaltend, rau zwitschernd mit schwirrenden Lauten, klangvollen Pfeiftönen und mit Flugrufen untermischt.
Vorkommen Brütet in lockerem Nadelwald der Alpen ab 1400 m Höhe, besonders an der Baumgrenze; in Mittelgebirgen und in Moorgebieten des Alpenvorlandes, auch in Erlen- und Weidengehölzen sowie in Nadelholzschonungen des Tieflandes und in einigen Städten Süddeutschlands.
Verhalten Sehr gesellig, im Winterhalbjahr in Schwärmen auf Erlen und Birken; singt häufig im normalen Flug oder Singflug mit verlangsamten Flügelschlägen.
Nahrung Samen von Bäumen und Kräutern; Insekten; feine Sämereien, Nüsse, Talg.
Brut Mai–Juli, 2 Bruten; Nest aus Reisern, Moos und Halmen in Büschen oder Bäumen.

< Haussperling T I–XII

Berghänfling *Carduelis flavirostris*

Familie Finkenvögel *Fringillidae*

TYPISCH Im Winter in dichten Schwärmen an der Küste.

MERKMALE Sehr ähnlich dem Hänflings-♀, aber weniger Weiß an Flügeln und Schwanz; Gefieder mehr braun; Kehle anders als beim Hänfling nicht weißlich, sondern gelblich braun; Bürzel beim ♂ (kleines Foto) rosafarben, beim ♀ meist ohne Rosa. Schnabel im Schlichtkleid (großes Foto) gelblich.

STIMME Ruft im Flug „diep-ep-ep", weicher als der Hänfling, daneben gezogen und etwas quäkend „gjä gjä gjä" oder „djedu". Gesang schon im Spätwinter zu hören, holprig und gequetscht zwitschernd, mit variierten Rufen und gedehnten Schnarrlauten.

VORKOMMEN Brütet in steinigen und vegetationsarmen Küstengebieten, in Gebirgslagen und auf Moor- und Heideflächen Nordeuropas; im Winterhalbjahr regelmäßig auf Strandwiesen, Quellenflächen und Stoppeläckern an der norddeutschen Küste, selten auf Äckern und Ödflächen des Binnenraumes bis ins Alpenvorland.

VERHALTEN Sehr gesellig, sucht im Winter oft in Schwärmen auf krautigen Pflanzen und auf dem Boden Nahrung.

NAHRUNG Samen von Kräutern.

BRUT Mai–Juli, 2 Bruten; relativ großes Nest aus Gräsern, Stängeln, Wolle und Haaren, meist in bodennahem Bewuchs oder in Höhlungen.

< Haussperling W X–IV O

Bluthänfling *Carduelis cannabina*

Familie Finkenvögel *Fringillidae*

Typisch Die nasalen Rufe.

Merkmale Vorderer Scheitel und Brust beim ♂ im Prachtkleid (oben) leuchtend rot; Schlichtkleid insgesamt blasser, kein Rot am Kopf; ♀ (rechts) stets ohne Rot, streifig und oberseits dunkelbraun, Jungvögel stark gestreift.

Stimme Ruft im Flug nasal stotternd „gegegeg", bei Beunruhigung gedehnt und nasal „düje" oder „glü". Gesang nasal geckernd, aber wohlklingend, beginnt mit einer Serie der typischen Rufe, die in hastige Triller, Pfeiftöne und geräuschhafte Laute übergehen.

Vorkommen Brütet in offener Kulturlandschaft mit Hecken und Gehölzen, in Friedhöfen, Weinbergen, Wacholderheiden, Parks und Gärten, häufig an Dorfrändern, im Gebirge bis zur Baumgrenze. Außerhalb der Brutzeit oft in größeren, dicht zusammenhaltenden Schwärmen in offener Landschaft.

Verhalten Bei der Nahrungssuche weniger agil als Zeisige, picken Samen vom Boden oder niedrigeren Kräutern.

Nahrung Samen von krautigen Pflanzen und Bäumen, Insekten.

Brut. April–August, 2 Bruten; Nest niedrig in Hecken, Büschen und Jungbäumen; oft mehrere Brutpaare gemeinsam.

< **Haussperling T I–XII**

Karmingimpel *Carpodacus erythrinus*
Familie Finkenvögel *Fringillidae*

Typisch Das Karminrot von Kopf, Kehle, Brust und Bürzel des mindestens zweijährigen ♂ (oben).
Merkmale Flügel und Schwanz dunkelbraun, zwei schmale Flügelbinden. ♀ (kleines Foto) und junge ♂ unauffällig bräunlich mit hellerer Unterseite und gestreifter Brust.
Stimme Ruft bei Störung am Nest weich „djüi", klingt häufig auch gequetscht, daneben kurz „zit" oder „zlit" (Lockruf). Gesang einprägsam und weit hörbar: ein stereotypes, etwas an Pirol erinnerndes, jedoch rein pfeifendes „siwidjü-widju", die letzte Silbe ist deutlich abwärts gezogen.
Vorkommen Brütet in buschreichen Feuchtgebieten, besonders in Weiden- und Erlenbeständen in Gewässernähe, in lichtem, kräuterreichem Bruchwald, in Parklandschaften und Anpflanzungen, Brutvogel im östlichen Mitteleuropa, seit einigen Jahrzehnten Ausbreitung nach Westen; heute lokale Brutvorkommen in Österreich, der Schweiz, Südbayern, Niedersachsen und Nordostdeutschland.
Nahrung Insekten, deren Larven, Knospen, Triebe, Beeren, vor allem aber Samen (besonders Vogelbeere).
Brut Mai–Juli, 1 Brut; Nest locker gebaut aus Halmen und Gräsern, mit Würzelchen und Haaren ausgelegt, meist in 0,5–2 m Höhe in dichtem Gebüsch oder in einer Jungfichte.

~ Haussperling S V–IX

Fichtenkreuzschnabel *Loxia curvirostra*

Familie Finkenvögel *Fringillidae*

TYPISCH Der kräftige Schnabel mit übereinander gekreuzten Spitzen.
MERKMALE Gedrungen und mit dickem Kopf, kurzer, gegabelter Schwanz; ♂ ab dem 2. Lebensjahr (oben) ziegelrot, ♀ (rechts) olivgrün mit gelblichem Bürzel. Jungvögel stark gestreift.
STIMME Ruft häufig hart „gip gip gip" oder „klip klip klip", oft auch im Flug, daneben weicher „tjük" oder „tjök". Gesang: viele verschiedene, 2–3 mal wiederholte, laute und klare Elemente, untermischt mit den typischen „gip"-Rufen und mit härteren Lauten.
VORKOMMEN Brütet in Nadelwald, vor allem in Bergfichtenwald bis zur Baumgrenze. Die Vögel vagabundieren auf der Suche nach reifen Fichtenzapfen oft weit umher. Bei uns weit verbreitet, jedoch unterschiedlich häufig.
VERHALTEN Gesellig, meist in kleineren bis größeren Trupps; die Vögel klettern papageienartig an Fichtenzapfen. Singt fast zu jeder Jahreszeit.

NAHRUNG Vor allem Fichtensamen, Blüten und Knospen von Laubbäumen.
BRUT Das ganze Jahr über, jedoch meist Dezember–Mai, 1–2 Bruten; stabiles Nest aus Reisern, Moos und Flechten, hoch auf Fichten.

> **Haussperling J I–XII**

Gimpel *Pyrrhula pyrrhula*

Familie Finkenvögel *Fringillidae*

Typisch Die leuchtend rosenrote Unterseite des ♂ (oben).

Merkmale Wirkt gedrungen und plump, kräftiger, hoher schwarzer Kegelschnabel. ♀ (kleines Foto) mit bräunlich grauer Unterseite. Jungvögel bräunlich, keine schwarze Kopfkappe. Im Flug fällt der weiße Bürzel auf.

Stimme Ruft sanft und weich, etwas abfallend „djü" oder „düp", leicht nachzupfeifen; beim Abflug leise „büt büt". Gesang: ein zartes, pfeifendes und zwitscherndes Geplauder mit eingestreuten Lockrufen und gepressten Tönen. Käfigvögel lernen Lieder nachzupfeifen.

Vorkommen Brütet in Nadel- und Mischwald, in Fichtenschonungen, an Waldrändern, in Parks, Gärten und Friedhöfen mit viel Gebüsch.

Verhalten Wenig scheu, lebt in der Regel paarweise; außerhalb der Brutzeit meist mehrere Paare in kleinen Trupps; sitzen im Winter oft dick aufgeplustert in beerentragenden Sträuchern; häufig an Futterhäuschen.

Nahrung Samen und Knospen von Bäumen und Kräutern; Beeren, Früchte, auch Insekten. und Spinnen.

Brut; April–August, 2 Bruten; lockeres Nest in dichtem Gebüsch und jungen Nadelbäumen versteckt.

> **Haussperling T I–XII**

Kernbeißer *Coccothraustes coccothraustes*

Familie Finkenvögel *Fringillidae*

Typisch Gedrungen mit großem Kopf und extrem klobigem Schnabel.
Merkmale Schnabel im Sommer stahlblau, im Winter (oben) hornfarben. ♀ (rechts Prachtkleid), blasser gefärbt. Jungvögel bräunlich mit starker Musterung. Im Flug an der dicken Gestalt und den teilweise hell durchscheinenden Flügeln, beim Auffliegen am weißen Schwanzende zu erkennen.
Stimme Ruft schrill und scharf „zicks" oder „zieck", „zittit" oder hoch „jickz". Gesang selten zu hören, eine klirrende und holprige Aneinanderreihung von variierten Rufen und nasalen Lauten.
Vorkommen Brütet in Laub- und Mischwald, besonders mit Buche und Ahorn, in Parks und Gärten mit hohen Laubbäumen. Bei uns weit verbreitet.
Verhalten Ziemlich scheu; hält sich im Sommer meist in Baumkronen auf; besucht im Winter Futterhäuschen. Flug schnell und geradlinig in weiten Bögen und meist in Baumkronenhöhe.
Nahrung Samen von Laubbäumen, besonders Hainbuche, Ahorn; Kerne von Steinobst; Knospen, Insekten.
Brut April–Juni, 1–2 Bruten; umfangreiches Nest aus Zweigen, Wurzeln und Halmen, meist hoch in Laubbäumen.

> Haussperling T I–XII

Schneeammer *Plectrophenax nivalis*

Familie Ammern *Emberizidae*

TYPISCH Das besonders beim ♂ auffällige weiße Flügelfeld.

MERKMALE ♂ im Prachtkleid (kl. Foto) mit weißem Kopf und weißer Unterseite, Flügel schwarz mit großem, weißem Feld, Schnabel schwarz; ♀ weniger kontrastreich, Oberseite mehr bräunlich. Im Schlichtkleid (großes Foto ♂) Rücken bräunlich und schwarz gemustert, Ohrbereich, Oberkopf und ein angedeuteter Halsring orangebraun; ♀ oberseits hell bräunlich gemustert, mehr Braun an Kopf, Brust und Flanken, kleineres weißes Flügelfeld.

STIMME Ruft im Flug trillernd „tirr" oder „diüh", von landenden Trupps hört man oft ein scharfes „tsrr". Gesang: eine hell trillernde, lerchenartige Strophe mit schnellem Tonhöhenwechsel.

VORKOMMEN Brütet in felsigen und steinigen Fjäll- und Tundragebieten Nordeuropas; im Winter regelmäßig an der Nord- und Ostseeküste auf offenen, kurzrasigen Flächen, manchmal auch an Seeufern und auf Ödland im mitteleuropäischen Binnenland.

NAHRUNG Insekten, Spinnen; im Winterhalbjahr Samen.

BRUT Mai–Juli, 1 Brut; Bodennest aus Tundrapflanzen, mit Federn und Wolle ausgepolstert, meist in Felsspalten.

> **Haussperling W (D) X–II O**

Spornammer *Calcarius lapponicus*

Familie Ammern *Emberizidae*

Typisch Die im Schlichtkleid kastanienbraun gefärbten Flügeldecken, die von den beiden weißen Flügelbinden eingerahmt werden.
Merkmale ♂ im Prachtkleid (oben) sehr auffällig und kaum zu verwechseln. Im Schlichtkleid ähnlich der Rohrammer, aber mit längeren Flügeln und kürzerem Schwanz, dem typischen Flügelmuster und (beim ♂) Resten der rostbraunen Nackenfärbung; Schnabel gelblich; junge ♀ (rechts) oft mit braungelblicher Kopffärbung.
Stimme Ruft während des Zuges häufig etwas schnarrend „prrt" oder „tjüprrrt", am Brutplatz „djüi", manchmal auch abwechselnd „djüi" und „tchiü". Der Gesang ähnelt dem der Schneeammer, klingt aber etwas holpriger.
Vorkommen Brütet in niedriger Buschvegetation oberhalb der Baumgrenze in nordeuropäischen Fjällgebieten. Im Winterhalbjahr regelmäßig auf küstennahen Wiesen, Weiden und

Äckern an der Nord- und Ostsee; nur ausnahmsweise im mitteleuropäischen Binnenland.
Verhalten Während des Zuges meist auf dem Boden, läuft geduckt und rasch in niedrigem Bodenbewuchs.
Nahrung Meist Samen, Insekten.

> **Haussperling W X–III O**

Goldammer *Emberiza citrinella*

Familie Ammern *Emberizidae*

TYPISCH Die auffällige Gelbfärbung des ♂ an Kopf und Unterseite (oben).
MERKMALE Schlank und langschwänzig, Bürzel zimtbraun; ♀ (kleines Foto) mit weniger Gelb, auch an Kopf und Kehle dunkel gestreift. Beim Auffliegen weiße Schwanzkanten sichtbar.
STIMME Ruft häufig „zrik" oder „trs", beim Abflug trillernd „tirr". Gesang: eine kurze, melancholische und oft verkürzt vorgetragene Strophe „zizizizizizii-düh", häufig mit „wie wie wie hab' ich Dich lieb" wiedergegeben.
VORKOMMEN Fast überall häufig in abwechslungsreicher Kulturlandschaft mit Hecken, Feldgehölzen, gebüschreichen Waldrändern und in Fichtenschonungen; im Gebirge bis rund 1200 m Höhe; vor allem im Winter auch in Dörfern. In Mitteleuropa starker Rückgang.
VERHALTEN Zuckt häufig mit dem Schwanz; singt oft auf Buschspitzen, Leitungen und anderen Warten, auch noch im Hochsommer; im Winter in kleinen Trupps.
NAHRUNG Insekten, Spinnen, Samen, Getreide, grüne Pflanzenteile.
BRUT April–Juli, 2 Bruten; Nest meist niedrig im bodennahen Gestrüpp, in kleinen Bäumen, an Weg- und Straßenböschungen.

> **Haussperling T I–XII**

Zaunammer *Emberiza cirlus*

Familie Ammern *Emberizidae*

Typisch Sehr auffällig (♂ oben).
Merkmale Unterseite beim ♂ gelb mit grünlichem Brustband, Flanken dunkel gestrichelt, Kopf und Hals auffällig gelb-schwarz gezeichnet. ♀ (unten) viel weniger kontrastreich gefärbt, recht ähnlich einem Goldammer-♀, aber weniger gelb und mit graubraunem (nicht zimtbraunem) Bürzel.
Stimme Ruft ähnlich der Goldammer, aber dünn und hoch „ziih" oder „tzii", auch kurz und hart „tick" oder „tsittit".

Der Gesang erinnert etwas an den der Klappergrasmücke.
Vorkommen Brütet in offener und buschreicher Landschaft mit einzelnen höheren Bäumen, an Weinbergen, im Süden vor allem an sonnigen und trockenen Berghängen. Seltener Brutvogel der Schweiz und Österreichs; bei uns nur noch kleine Brutvorkommen im Südwesten und Süden.
Verhalten Viel weniger auffällig als die Goldammer, meist schwer zu entdecken. Singt auf höheren Warten, oft bis zum Herbst. Streift außerhalb der Brutzeit gerne mit Goldammern in gemischten Trupps auf Äckern umher.
Nahrung Vorwiegend Samen, zur Jungenaufzucht Insekten.
Brut Mai–August, 2 Bruten; Nest in dichtem Gebüsch oder in jungen Bäumen, meist nah am Boden.

> Haussperling T I–XII

Ortolan *Emberiza hortulana*

Familie Ammern *Emberizidae*

Typisch Der hell gelbliche Augenring und der rötliche Schnabel. Gr. Foto ♂.

Merkmale Im Prachtkleid mit graugrünlichem Kopf, gelber Kehle und gelbem Bartstreif. ♀ (kl. Foto) heller, weniger grünlich, Brust dunkel gestrichelt. ♂ im Herbst sehr ähnlich wie ♀.

Stimme Ruft bei Erregung „psip" oder „psié", oft mit „djüb" abwechselnd. Gesang: eine kurze, etwas schwermütige Strophe wie „zri-zri-zri-zri-djü-djü-djü" oder ähnlich; jedes ♂ bringt bis zu vier verschiedene Strophentypen.

Vorkommen Brütet in klimatisch milden Gegenden; in der kleinräumigen, abwechslungsreichen Feldflur mit Streuobstflächen, Laubbaumreihen an Landstraßen oder Bächen, an Waldrändern und Feldgehölzen mit Laubbäumen, oft auch am Rand von Feuchtgebieten. Bei uns seltener und lokaler Brutvogel im Tiefland. Rückgang durch Biotopzerstörung und nasskalte Witterung zur Brutzeit.

Verhalten Singt häufig auf Baum- und Buschspitzen; außerhalb der Brutzeit meist in kleinen Trupps.

Nahrung Vor allem verschiedene Samen, zur Brutzeit auch Insekten.

Brut Mai–Juli, 1–2 Bruten; Nest aus Halmen, Gras und Wurzeln, innen mit feinen Gräsern und Tierhaaren ausgelegt, meist am Boden zwischen Stauden oder unter Büschen.

> Haussperling S IV–X

Zippammer *Emberiza cia*
Familie Ammern *Emberizidae*

TYPISCH Der aschgraue Kopf mit schmalen schwarzen Streifen und silbergrauer Kehle (Foto oben ♂).
MERKMALE Gefieder überwiegend zimtbraun, Bürzel ungestreift rotbraun, Schwanz mit weißen Außenkanten. ♀ (unten) mit mehr braungrauem Kopf und dunkelbraunen Kopfstreifen. Jungvögel zart gestrichelt, junge ♀ oft sehr unscheinbar gefärbt, jedoch am rotbraunen Bürzel zu erkennen.
STIMME Ruft häufig kurz „zip" oder hoch „zie". Die wenig variierten, hell klingenden und hastig gesungenen Strophen erinnern etwas an die der Heckenbraunelle, sie werden oft mit „zip" eingeleitet.
VORKOMMEN Brütet an sonnigen und trockenen, oft sehr steilen Hängen mit vielfältigen Kleinstrukturen wie Büschen, Felsbereichen, Trockenmauern, kleinen Wildkräuterflächen; oft in nicht bereinigten Weinbergen. Seltener Brutvogel Österreichs, Ungarns und der Schweiz. Bei uns nur noch wenige Brutplätze im Westen und Südwesten.
VERHALTEN Ziemlich scheu, fliegt oft schon auf große Entfernung weg. Singt auf erhöhten Warten.
NAHRUNG Samen, zur Brutzeit vor allem Insekten.
BRUT April–Juli, 1–2 Bruten; Nest aus Gräsern, Halmen und Wurzeln, meist in Felsnischen gebaut.

> Haussperling S (W) III–X

Rohrammer *Emberiza schoeniclus*

Familie Ammern *Emberizidae*

Typisch In Feuchtgebieten häufig.
Merkmale Beim ♂ im Frühjahr (oben) und Sommer, Kopf, Kinn und Kehle schwarz, Bartstreif und Nackenband weiß, im Winter sind Kopf und Nacken verwaschen bräunlich. ♀ (kleines Foto) und Jungvögel tarnfarben mit auffälligem, weißem Bartstreif.
Stimme Ruft scharf und etwas absteigend „zieh" oder „ziüh", tiefer als der Luftalarmruf von Amsel und Rotkehlchen; daneben oft ein stumpfes „tschö" oder „pse". Gesang: eine kurze, stammelnde, häufig auch verkürzt vorgetragene Strophe wie „zje zje toi ziri", „zip zip tete zink tet" oder „dip dip dip tiö tete". Jedes ♂ bringt nur einen Strophentyp; häufig singen Reviernachbarn unterschiedliche Strophen.
Vorkommen Brütet in Verlandungszonen an Flüssen und Seen mit Schilf- und Seggenbeständen und feuchtem Weidengebüsch; manchmal auch in Getreidefeldern in einiger Entfernung zum nächsten Gewässer.
Nahrung Insekten, kleine Krebstiere, Schnecken, Grassamen.
Brut Mai–Juli, 2 Bruten; baut ein großes Nest aus Schilfblättern und Halmen, häufig niedrig im Gebüsch auf umgebrochenem Schilf.

~ Haussperling T I–XII

Grauammer *Miliaria calandra*

Familie Ammern *Emberizidae*

Typisch Unscheinbar lerchenartig gefärbt; singt oft auf exponierten Warten.
Merkmale Wirkt plump und gedrungen; Gefieder ohne auffällige Abzeichen. Unterseite rahmfarben, an Kehle und Flanken bräunlich gestrichelt, Schwanz ohne Weiß. Jungvogel unten.
Stimme Ruft kurz vor dem Abflug und im Flug ein kurzes „tick", häufig 2- bis 3mal wiederholt. Der Gesang besteht aus kurzen, tickenden Lauten, die sich beschleunigen und in einen klirrenden Schlussteil übergehen „tititititit ... schnirrps".

Vorkommen Brütet in offener, trockener Landschaft mit Getreidefeldern, Wiesen und einzelnen Büschen und Bäumen, an Trockenhängen und auf Ödland. Bei uns nur im Tiefland; besorgniserregender Bestandsrückgang.
Verhalten Fliegt oft mit flachen Flügelschlägen und herabhängenden Beinen; singt mit weit aufgesperrtem Schnabel, häufig exponiert auf Leitungsdrähten und Buschspitzen, besonders an Landstraßen. Außerhalb der Brutzeit streifen Grauammern mit anderen Ammern und mit Lerchen umher.
Nahrung Insekten, kleine Schnecken, Samen, grüne Pflanzenteile.
Brut Mai–Juli, 1–2 Bruten; lockeres Nest aus Gras und Wurzeln, in einer Bodenmulde oder im Gestrüpp.

> **Haussperling T I–XII**

Flugbilder von Enten

Flugbilder von Enten

Flugbilder von Greifvögeln und Falken

Flugbilder von Greifvögeln

Flugbilder von Watvögeln

JK

Sandregenpfeifer

JK

Seeregenpfeifer

JK

Flußregenpfeifer

JK

Kiebitzregenpfeifer

JK

Goldregenpfeifer

SK

PK

Steinwälzer

JK

Alpenstrandläufer

JK

Sanderling

JK

Temminckstrand-
läufer

JK

Zwergstrandläufer

JK

Sichelstrandläufer

JK

Knutt

Flugbilder von Watvögeln

Flugbilder von Möwen

Flugbilder von Möwen und Seeschwalben

Register

Bei den deutschen Namen weisen **halbfette** Seitenzahlen auf die Artbeschreibung hin.

Der Vogelschnabel als „Werkzeug“ am Beispiel einiger Singvögel

Kernbeißer (S. 361):
Kurz und sehr kräftig zum Samenknacken

Gartenbaumläufer (S. 328):
Lang und gekrümmt zum Herausstochern von Insekten aus der Baumrinde

Bachstelze (S. 274):
Lang und schlank zum Ergreifen zarter Insekten

Fichtenkreuzschnabel (S. 359):
Kräftig und mit gekreuzten Spitzen zum Spalten der Zapfenschuppen und Herausholen der Samen

Kleiber (S. 326):
Meißelförmig zum Bearbeiten der Baumrinde und Aufhämmern von Samen

Neuntöter (S. 332):
Hakenschnabel zum Ergreifen, Festhalten und Zerteilen von Insekten und kleinen Wirbeltieren

Buchfink (S. 348):
Kegelförmig, aber relativ schlank, zum Knacken von Samen, aber auch zum Ergreifen von Insekten

Rauchschwalbe (S. 266):
Schlank, kurz und mit breiter Basis fı die Insektenjagd in der Luft